本书获江苏高校“青蓝工程”资助

学前心理学

主　审　高　崴

主　编　王丽丽　王　欣　臧楠楠

副主编　徐华芹　宋天意　陈小慈

张美娟　耿夫静

苏州大学出版社
Soochow University Press

图书在版编目(CIP)数据

学前心理学 / 王丽丽, 王欣, 臧楠楠主编. — 苏州:
苏州大学出版社, 2023.12(2024.8 重印)
ISBN 978-7-5672-4658-4

Ⅰ.①学… Ⅱ.①王… ②王… ③臧… Ⅲ.①学前儿
童—儿童心理学 Ⅳ.①B844.12

中国国家版本馆 CIP 数据核字(2024)第 005507 号

书　　名	**学前心理学**
主　　编	王丽丽　王　欣　臧楠楠
责任编辑	刘一霖
出版发行	苏州大学出版社 (苏州市十梓街 1 号　215006)
印　　刷	苏州市深广印刷有限公司
开　　本	889 mm×1 194 mm　1/16
印　　张	13
字　　数	339 千
版　　次	2023 年 12 月第 1 版
印　　次	2024 年 8 月第 2 次印刷
书　　号	ISBN 978-7-5672-4658-4
定　　价	48.00 元

图书若有印装错误,本社负责调换
苏州大学出版社营销部　电话:0512-67481020
苏州大学出版社网址　http://www.sudapress.com
苏州大学出版社邮箱　sdcbs@suda.edu.cn

前　言

学前心理学是基于学前教育专业人才培养规格的要求，为幼教师范生开设的一门专业基础课程，为学前教育学、幼儿园教育活动设计与指导等课程的学习奠定坚实的学科基础。

本教材以习近平新时代中国特色社会主义思想和党的二十大精神为指导，根据《新时代幼儿园教师职业行为十项准则》《幼儿园教师专业标准（试行）》《3—6岁儿童学习与发展指南》，结合学前心理学的课程标准进行编写，旨在帮助学生掌握学前儿童心理发展的相关知识，训练学生运用理论知识解决实际问题的能力，加强学生对专业标准和学前教育新理念的理解，更加有力地推动学前教育专业课程和教学的改革。

本教材在结构内容、体例形式上对接专业标准与岗位标准，反映最新的课改理念，服务教学。编者在编写过程中遵循的原则是：

首先，在结构和内容上，本教材体现时代性、科学性，反映学前心理学的最新研究成果。教材吸纳了目前国内外关于学前儿童心理发展的部分最新理论和实践成果，在一定程度上反映了当下学前心理学学科发展的最新进展。

其次，在体例和形式上，本教材力求突出职业教育“做中学、做中教”的特点。教材力图使抽象观点具体化，图文并茂，形式活泼，可读性强。将经典理论与最新研究成果相结合，注重学生实践技能与理论水平的提升，突出实用性与操作性。

本教材主要有以下特点：

1. 构建更加合理的结构框架。强调描绘学前儿童心理发展的概貌，将所有知识点串成一个知识链，勾勒出学前儿童心理发展轨迹的整体性。

2. 紧密联系学前教育实际。在阐述基本理论时，注重介绍学前儿童心理的研究方法，体现理论联系实际；在阐述学前儿童心理发展的基本特点和规律时，注重对各种心理能力的培养，提出相应的培养策略和活动设计方案，体现理论联系学前教育实际。

3. 反映学前教育新成果。本教材力图反映当下学前儿童心理学研究的新进展、新动向，紧跟国际学前儿童心理研究步伐，展示新时代学前儿童心理研究与学前儿童教育新特色，将国际最新的科学研究成果适当融入教材。

4. 强调教学、科研和实践相结合。本教材在每一章的开头编排了“目标导航”和“思维导图”，有利于师生把握每一节相关内容的主线；在相关知识点中增加了“拓展阅读”内容，有利于拓宽学生的阅读视野；每一章最后还安排了“思考与练习”，在帮助学生复习巩固该章内容的同时，引导学生结合学前儿童的教育实际进行相应的实践探索和深入思考。

本教材主要由王丽丽、王欣两位老师构思、设计总体框架并统稿。具体编写分工如下：第一章、第二章、第三章、第四章、第八章由王丽丽编写；第五章、第六章由臧楠楠编写；第七章由徐华芹编写；第九章、第十一章由王欣编写；第十章由宋天意编写；第十二章由陈小慈编写。张美娟老师整理了第五章、第六章的资料和习题；耿夫静老师提供了幼儿园的真实案例。

我们在编写教材的过程中做了很多的努力，但由于学识水平和时间有限，书中难免存在疏漏之处。恳请各位专家、同行和广大读者批评指正，以便我们进一步修改和完善。

编　者

目 录

第一章 学前心理学概述

【目标导航】

1. 了解心理学、学前心理学的基本概念。
2. 掌握心理学、学前心理学的研究对象与内容。
3. 理解并掌握人的心理实质。
4. 理解并掌握学前儿童心理发展的影响因素。
5. 了解学前心理学的研究方法。

【思维导图】

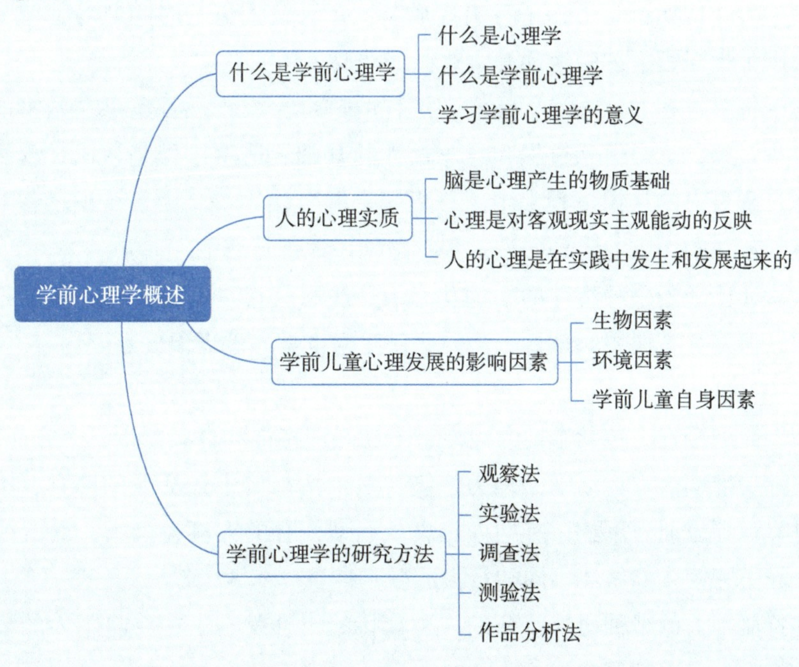

第一节　什么是学前心理学

学前心理学是儿童心理学的一个分支，是幼儿园教师专业素养培养的一个重要部分，而儿童心理学又是心理学的一个分支，因此要解释什么是学前心理学，就应该先了解什么是心理学、什么是儿童心理学。

一、什么是心理学

心理学是以人的心理现象为研究对象的科学。

（一）心理学的研究对象——个体的心理现象

我们都知道人和动物都有各种心理现象。心理现象是人类最普遍、最熟悉，也是最复杂、最深奥的现象。为了研究神秘的心理现象，心理学家们通常将人的心理现象分为心理过程和个性心理两大类。

1. 心理过程

心理过程包括认识过程、情感过程和意志过程。

认识过程是人脑反映客观现实的过程，它包括感觉、知觉、记忆、想象、思维等过程。比如：人们可以知道物体的形状、颜色、软硬度、气味等个别属性，这是感觉的反映；综合各种个别属性判断出该物体是什么就是知觉；在头脑中对过去经验进行反映就是记忆；在日常生活中或艺术活动中，人们根据感知、记忆提供的表象材料创造出新形象，这就是想象；人们通过现有现象发现事物的本质、事物之间的关系，从而发现问题、解决问题，这就是思维的作用。

情感过程是个体在认识客观事物的过程中表现出来的各种内在体验，建立在认识过程的基础之上，比如人的喜、怒、哀、乐、悲等都是人在认识周围客观事物时所产生的内在体验。

意志过程是指为了实现预定目的而有意识地计划和调节自己的行动，克服困难，从而实现预定目的的心理过程。比如：学生为了考出好成绩，每天花大量的时间复习，减少娱乐时间；减肥的人坚持每天晚上少吃饭，加强运动等。这些都涉及个体的意志及意志品质。

认识过程、情感过程和意志过程是心理过程的三个方面，三者也存在紧密的联系。认识过程是最基本的心理过程，它是情感过程和意志过程的基础。情感过程是认识过程和意志过程的动力或阻力。意志过程对人的认识过程和情感过程具有调节作用。总之，认识过程、情感过程、意志过程三者是密切相联的，人的各种心理过程总是统一地进行着的。

心理过程中还伴随着一种特殊的心理状态——注意。它是保证各种心理过程顺利进行必不可少的心理现象，但是又不属于心理过程。因此，注意也是心理现象的重要内容之一。

2. 个性心理

个性心理，简称个性，包括个性倾向性、个性心理特征和自我意识三个方面。

个性倾向性是推动人进行活动的动力系统，是个性结构中最活跃的因素，主要包括需要、兴趣、动机、世界观等方面。例如，有的人热衷于运动，有的人喜爱读书，而有的人喜欢绘画……正是不同的兴趣爱好使人们做出不同的行为选择。

个性心理特征是人的多种心理特征的一种独特的组合。它集中反映了人的精神面貌的类型差异。例如：有的人有高度发展的音乐才能，有的人有高度发展的数学才能，有的人有高度发展的绘画才能，这是能力差异；有的人自信，有的人自卑，有的人勤劳，有的人懒惰，这是性格差异；有的人热情活泼、反应敏捷，有的人敏感、情绪体验深刻或孤僻，有的人安静稳重、反应迟缓，这是气质差异。

自我意识是一个人对自己以及自己和他人关系的意识。它具有复杂的心理结构，是一个多维度、多层次的心理系统。

（二）心理学

心理学一词来源于希腊文，意思是关于“灵魂”的科学，是研究人的心理现象及其发生、发展规律的科学。其基本任务是探索心理现象的本性、机制、规律和事实。心理现象是人类日常生活中一种非常普遍的现象。我们的祖先很早就对其产生兴趣。古代人们关于心、性、思、情、意、知、觉、想、念、虑以及精、气、神、鬼、梦和灵魂等的观念，都是对心理现象的描述，或直接或间接地涉及心理现象和心理活动，但多属于思辨性的论述，而且和哲学思想混杂在一起。19世纪中叶，自然科学迅速发展，许多研究者开始应用自然科学的方法探索心理现象的奥秘，使心理现象的研究有了新的进展。1879年，德国哲学家、生理学家、心理学家威廉·冯特在莱比锡大学建立了第一个心理实验室，用实验手段研究人的心理现象，才使心理学成为一门独立学科，从哲学中分离出来。德国著名心理学家艾宾浩斯曾这样概括地描述心理学的发展历程：“心理学有一个漫长的过去，但只有短暂的历史。”

心理学成为独立学科以来，得到飞速的发展。随着心理学家们研究的不断深入，心理学已经发展成一个非常庞大的学科体系，包含多种多样的心理学分支。这些心理学分支有些担负理论的任务，有些担负实践的任务，根据担负的任务的不同，可以大致划分为两个大的领域：基础领域的心理学和应用领域的心理学。基础领域的心理学包括普通心理学、实验心理学、比较心理学、发展心理学（可分为婴幼儿心理学、儿童心理学、少年心理学、青年心理学、成年心理学和老年心理学）、生理心理学和社会心理学等。应用领域的心理学包括教育心理学、劳动心理学、管理心理学、医学心理学、商业心理学、军事心理学和运动心理学等。

二、什么是学前心理学

（一）学前心理学

学前心理学是儿童心理学的一个分支。

1. 儿童心理学

1882年，德国的儿童心理学家普莱尔根据自己对其孩子的3年观察，出版了《儿童心理》一书，标志着儿童心理学的诞生。这部著作被公认为第一部科学的、系统的儿童心理学著作，至今仍具有一定的生命力和参考价值。

继普莱尔之后，一批心理学家涌现出来，继续用观察和实验的方法对儿童进行研究。他们将研究对象的年龄范围逐渐扩大，基本上确立了儿童心理学的年龄研究范围是从出生到成熟时期，即0~18岁。因此，儿童心理学是研究从出生到成熟时期（0~18岁）儿童心理的科学。

2. 学前心理学

学前心理学是儿童心理学的一个分支。学前儿童有广义和狭义之分。广义上的学前儿童指0~

6岁进入小学之前的儿童，狭义上的学前儿童指3~6岁的幼儿。本书的研究范围是广义上的学前儿童。

学前心理学以学前儿童为研究对象，是研究从出生到入学前（0~6岁）儿童心理发生、发展特点和规律的科学。

（二）学前心理学的研究对象与内容

1. 学前心理学的研究对象

学前儿童是学前心理学的研究对象。我国通常将学前期分为三大阶段，又将每个阶段再次细化，如图1-1所示。

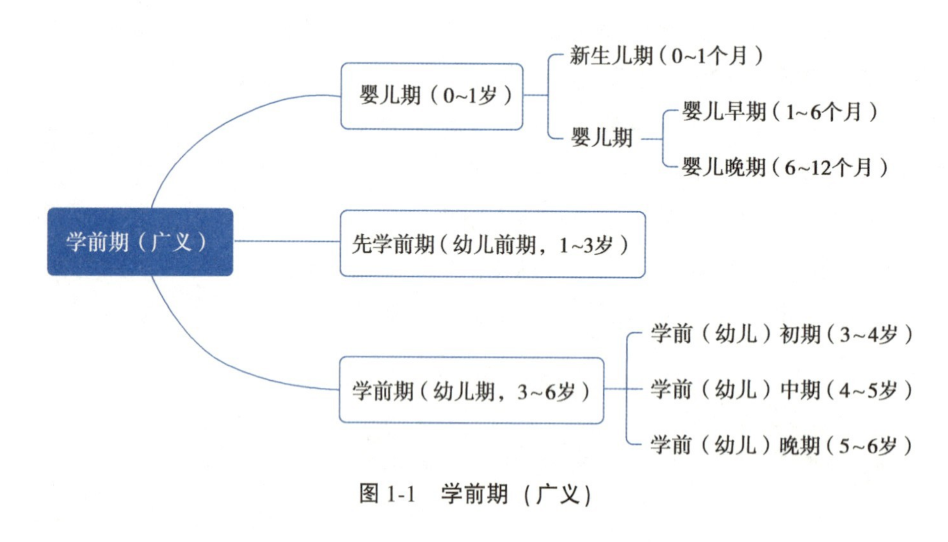

图1-1　学前期（广义）

2. 学前心理学的研究内容

（1）个体心理的发生阶段。

儿童出生时，仅有最简单的感知活动，而且这些活动与生理活动难以区分。人类特有的心理活动，包括人类的感知觉、注意、记忆、想象、思维、言语、情绪和情感、意志以及个性心理，都是在出生后学前阶段发生的。因此，研究个体各种心理是何时发生的，是学前心理学的重要内容。

（2）学前儿童心理发展的一般特点和规律。

每个学前儿童心理发展的表现是不同的，有早晚的差异。而且学前儿童心理发展的过程都呈现出阶段性、顺序性、不平衡性，从简单到复杂，从具体到抽象，从零乱到成体系，从被动到主动。相同年龄儿童一般具有大致相似的心理特征。比如：学前儿童的注意在学前阶段容易发生分散，学前儿童的想象在学前阶段主要以无意想象为主，学前儿童不同的气质呈现的行为不同，等等。因此，学前儿童心理发展的一般特点和规律也是学前心理学研究的重要内容。

（3）学前儿童心理发展的影响因素。

在日常生活中，不同学前儿童的心理表现是不同的。即使是同卵双胞胎，他们的心理过程和个性心理也表现出很大差异。学前儿童的心理发展受多种因素的影响。因此，学前儿童心理发展的影响因素也是学前心理学研究的重要内容。

（4）学前儿童心理发展的培养策略。

只有了解学前儿童心理发生的时间、发展的特点和规律，影响学前儿童心理发展的因素，才能帮助学前儿童顺利度过每一个发展阶段，解决在发展中遇到的困难或问题。我们不仅要解决发展是什么、为什么发展的问题，还要解决怎么办、怎么指导发展的问题。例如：我们通过认识学前儿童思维发展特点，有针对性地培养其思维，明确学前儿童气质的特点，根据气质特点采取有针对性的方法促进学前儿童个性的发展，从而促进学前儿童的健康成长。

三、学习学前心理学的意义

（一）有助于认识学前儿童心理发展的特点和规律

学习学前心理学有助于我们消除对学前儿童心理的神秘感，并遵循学前儿童心理发展规律来开展活动。学前心理学主要探讨学前儿童心理发生、发展中呈现的特点和一般规律，揭示学前儿童心理发展的主要年龄特征，阐述学前儿童心理发展的影响因素，促使我们对学前儿童心理有一个全面的认识。

（二）有助于确立科学合理的学前儿童发展观、教育观

学习学前心理学有助于我们形成对学前儿童的科学认识。儿童是人，有着正常人的心理。儿童是发展中的人，其心理还处于不断的发展中。教育者应该用发展的眼光去看待儿童。学前期是人的一生中生长发育最旺盛、变化最快、可塑性最强的时期之一。通过学习学前心理学，我们可以基于科学的儿童观开展教育，给学前儿童提出适当的发展要求和目标，动态地评价学前儿童的发展，根据学前儿童的个别差异，因材施教，促进每个学前儿童在原有的基础上得到最大限度的发展和提高。

（三）有助于更好地开展学前教育工作和学前教育研究

学前教育工作者学习学前心理学是开展学前教育工作所需要的。首先，学前心理学揭示了学前儿童认识过程的特点和规律，为教师组织幼儿园的各项活动、选择适当的教学方法提供了心理学依据，为了解学前儿童情绪、情感和意志提供了有效的方法。其次，学习学前心理学有助于教师了解学前儿童个性心理形成的规律，从而更好地培养学前儿童的性格、气质、能力、自我意识等个性。

每一位学前教育工作者都应该认真学习学前心理学知识，不断提升自己的理论素养，为学前教育事业做出贡献。

第二节 人的心理实质

心理是人类普遍存在的现象。它是如何产生的呢？它产生于人的哪个器官呢？它的产生需要哪些条件呢？我们将从三个方面去探索心理的实质。

一、脑是心理产生的物质基础

（一）脑是心理产生的器官

随着科学技术的发展，人们逐渐认识到人的心理活动不是由心脏产生，也不是什么灵魂的产物，而是人脑和神经系统共同活动的产物。脑是神经系统的重要组成部分，是一个结构复杂的器

官，它由大脑、小脑、脑干（延髓、脑桥、中脑）、间脑组成（图 1-2），其中最发达的部分是大脑。

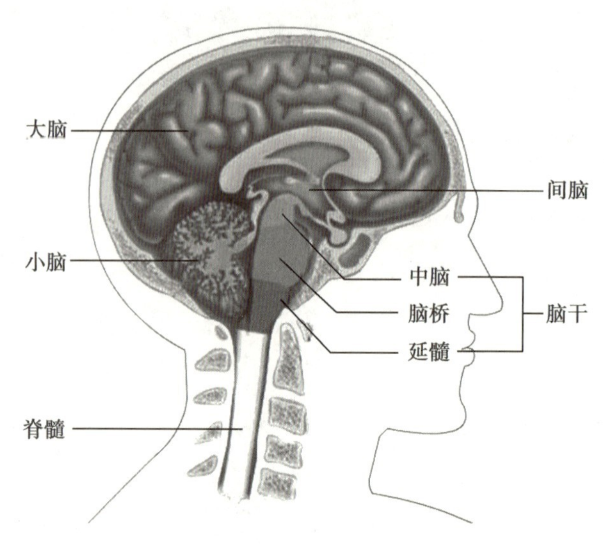

图 1-2　人脑结构图

人的大脑由左、右两个半球构成，表面覆盖着大脑皮质（简称皮质）。皮质厚 2 ~ 3 mm，是神经元细胞体高度集中的地方。其表面凹凸不平，有很多沟、回，大大增加了皮质的面积，展开时面积约有 2 200 平方厘米。根据沟、回的分布，人们一般把大脑皮质分为四个部分，即额叶、顶叶、颞叶和枕叶。四个叶所占皮质比例不同，而且四个叶在个体成长过程中，成熟的时间也有先后，成熟的顺序是枕叶—颞叶—顶叶—额叶。

（二）心理是人脑的机能

大脑是人脑最发达的部分。大脑的主要机能是接收、分析、综合、储存提取各种信息。大脑皮质上几个叶的机能也是有所不同的。枕叶与视觉有关；颞叶与听觉有关；顶叶与躯体感觉有关；额叶在人的心理活动中具有特殊作用，控制人的有目的、有意识的行为。额叶损伤不仅会引起智力低下，还会引起个性方面的障碍。

大脑分为左、右两个半球。大脑左、右半球分别对身体对侧的感觉和运动负责，即大脑左半球主管身体的右半边，大脑的右半球则主管身体的左半边，如右手由左脑控制，左手由右脑控制。

现代科学研究表明，人的一切心理活动就其产生方式来说都是脑的反射活动。反射是大脑皮质最基本的活动方式，是有机体通过脑对刺激做出反应的活动。例如，当蚊子叮咬我们的时候，我们就会去打蚊子；外界强光刺激我们的眼睛时，我们会自然地眨眼；学生听到上课铃声会赶紧进入教室。这些都是反射，是不同类的反射，有的是先天就有的，有的是后天习得的。

反射按照起源分为无条件反射和条件反射。无条件反射是先天固有的，遗传而来的反射，如食物入口引起唾液分泌（或吸吮），强光刺激引起瞳孔收缩（或合眼），针刺肢体引起躲闪，等等。这类反射数量不多，却具有维持生命的意义。但仅有无条件反射，有机体还不能很好地应付周围复杂多变的环境，还需要条件反射的加入。

条件反射是后天形成、习得的反射。人与高等动物为了适应复杂多变的客观环境，经过无条件反射与某些无关刺激的多次结合，形成新的神经联系，产生了条件反射。例如，在幼儿园里，教师摇动摇铃，幼儿就保持安静；教师播放做操音乐，幼儿就做出相应的动作。这些都是后天训练而来的条件反射的表现。引起条件反射的信号有两大类：一类是具体信号，它包括各种视觉的、听觉的、触觉的、嗅觉的、味觉的刺激物，人和动物均可借助此类信号形成条件反射；另一类是抽象信号，如人类的语言，这是人类特有的。

拓展阅读

先天的无条件反射

吸吮反射：奶头、手指或其他物体如被子的边缘碰到了新生儿的脸，但并未直接碰到他的嘴唇，新生儿也会立即把头转向物体，张嘴做吃奶的动作。这种反射使新生儿能够找到食物。

眨眼反射：物体或气流刺激睫毛、眼皮或眼角时，新生儿会做出眨眼动作。这是一种防御性的本能，可以保护新生儿的眼睛。

怀抱反射：当新生儿被抱起时，他会本能地紧紧靠贴抱他的人。

抓握反射：物体触及掌心时，新生儿立即把它紧紧握住。这种反射又称达尔文反射，在出生后4~5月消失。

巴宾斯基反射：物体轻轻地触及新生儿的脚掌时，他本能地竖起大脚趾，伸开小趾，这样，五个脚趾形成了扇形。该反射约在6个月时消失。

惊跳反射：受到突如其来的高噪声刺激，或者被人猛烈地放到小床上，新生儿会立即把双臂伸直，张开手指，弓起背，头向后仰，双腿挺直。这种反射又称莫罗反射。

迈步反射：大人扶着新生儿的两腋，把他的脚放在桌子、地板或其他平面上，他会做出迈步的动作，好像两腿协调地交替走路。此反射又称行走反射，在出生后2个月左右消失。

游泳反射：让婴儿俯伏在小床上，托住他的肚子，他会抬头、伸腿，做出游泳的姿势。如果让婴儿伏在水里，他会本能地抬起头，同时做出协调的游泳动作。此反射在出生后6个月左右消失。

巴布金反射：如果新生儿的一只手或双手的手掌被压住，他会转头张嘴；当手掌上的压力减去时，他会打哈欠。

蜷缩反射：当新生儿的脚背碰到平面边缘（类似楼梯的边缘）时，他会本能地做出像小猫那样的蜷缩动作。

经典条件反射

伊万·彼得罗维奇·巴甫洛夫（图1-3），苏联心理学家、医师、高级神经活动学说的创始人，高级神经活动生理学的奠基人，同时也是一位实验生理学家。他的研究多以狗为被试。在实验中他和助手无意中发现了一个很有意思的现象：研究人员在给狗喂食时，狗会分泌唾液。但反复多次实验之后，狗只要看到食物，即使没有吃到，也会分泌唾液，甚至尚未看到食物，只看到食物容器或听到研究人员的脚步声，都会分泌唾液。这个现象引起了巴甫洛夫的好奇。为此，他专门设计了一个实验，这便是著名的经典条件反射实验（图1-4）。

图 1-3　巴甫洛夫

图 1-4　狗进食的摇铃实验（经典条件反射实验）

实验简介：

巴甫洛夫用狗做实验时发现狗吃食物（无条件刺激）时会分泌唾液，这是先天的无条件反射。给狗听铃声，不会引起唾液分泌，但如果每次给狗吃食前都给狗听铃声，这样反复多次之后，只要铃声一响，狗就会分泌唾液。铃声（称为无关刺激或中性刺激）本来与唾液分泌无关，由于多次与食物结合，就具有引起唾液分泌的作用，成为进食的“信号”了。这时，铃声已经转化为信号刺激或条件刺激，条件反射便形成。可见，形成条件反射的基本条件就是无关刺激与无条件刺激在时间上结合。这个过程称为强化。若条件刺激多次出现，而没有无条件刺激的强化，这个条件反射就可能消退。也就是说如果多次出现铃声，而没有喂食物，则原先建立的条件反射可能也会逐渐消退。

如果一种条件反射已经形成并得到巩固，再用另一个新的无关刺激与这个条件刺激相结合，还可以形成第二级条件反射。例如，铃声同吃食物结合形成巩固的唾液分泌条件反射，再让彩灯和铃声结合，也可以形成唾液分泌条件反射。同样，在已巩固的第二级条件反射的基础上，第三级条件发射也可以形成。

斯金纳的操作性条件反射

巴甫洛夫的经典条件反射主要与唾液分泌、胃液分泌等自主神经系统的控制功能有关。与此不同，斯金纳提出了操作性条件反射理论。他认为，与经典条件反射中的条件刺激相比较，操作性条件反射中的条件刺激来自被试内部，与此相应的反应被认为是“随意”的，是被试为了达到某种目的对环境进行的操作。

斯金纳设计了一种现在被称为斯金纳箱的实验装置（图 1-5）。该装置实际上是一种特殊条件的控制箱。箱内隔光、隔音，并装有自动控制和记录的光、声系统及一套按压杆和喂食器。只要在箱内按下按压杆，喂食器就自动

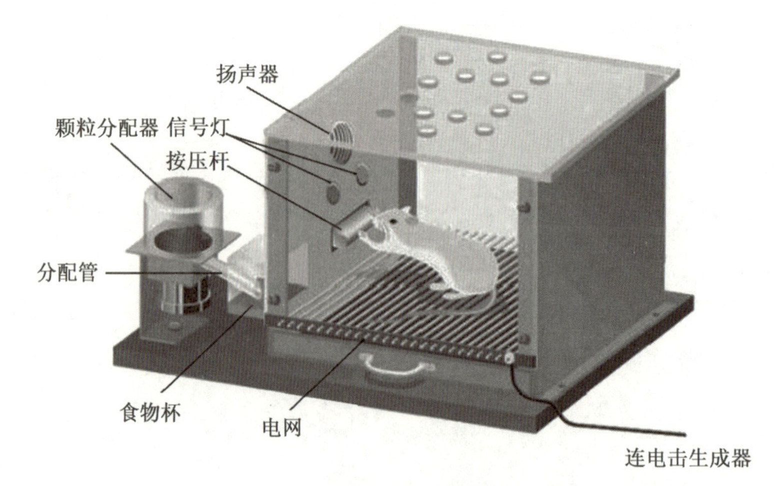

图 1-5　斯金纳箱

供给食物。实验时将禁食的小白鼠置入箱内。开始时小白鼠在箱内乱跑并向四周攀附。当它偶然触压按压杆时，就可以得到一粒食物。不久在记录器上就可看到小白鼠经常触压按压杆。这说明它很快学会了主动触压按压杆以获得食物。小白鼠通过训练形成的反应被称为操作性条件反射或工具性条件反射。

二、心理是对客观现实主观能动的反映

（一）客观现实是心理产生的源泉

人脑是产生心理的器官，但并不是有健全的人脑就能产生心理现象。人的心理总是有一定的内容，这些内容就是客观事物。无论是简单的心理现象还是复杂的心理现象，其内容都可以在客观现实中找到源泉。例如，你的视线范围内存在一个篮球，你的头脑中就会产生篮球的形象。再如，作家在创造小说中的人物形象时，这些人物形象不是凭空产生的，他们也来源于生活中各种原型，作家只是将各种原型整合成所需要的形象而已。甚至头脑中出现的虚构的鬼神等现实生活中不存在的荒诞的形象，也都可以在客观现实中找到他们的原型。因此，客观现实是心理产生的源泉。离开了客观现实，心理就成了无源之水、无本之木，各种心理现象也不可能产生。

人所处的客观现实就是人赖以生存的环境，而环境又包括自然环境和社会环境。自然环境涵盖得比较广泛，例如天体宇宙、山川河流、花草树木、飞禽走兽、高楼大厦、乡村住宅等自然和人造的环境。社会环境则包括社会政治环境、经济环境、文化环境和心理环境等大的范畴。无论是自然环境还是社会环境，都是人的心理源泉。但比较而言，社会环境对人的心理具有特别重要的作用。人们的需要、兴趣、信念、世界观、价值观、自我意识以及人的个性心理特征的形成和发展，都是人们所处的社会环境影响的结果。美国学者曾做过一个实验，从孤儿院选了 40 名幼儿，将他们分别安排在单独的隔离室喂养，剥夺他们社会交往的机会。经过多年喂养，这 40 名幼儿变成了痴呆儿。这个残暴的实验足以说明缺乏正常的社会环境刺激，幼儿心理便不会得到正常的发展。

（二）心理是对客观现实主观能动的反映

人的心理是人脑对客观现实的反映。但人脑对客观现实的反映，不是像照镜子那样反映物象本身，不是消极被动的反映，而是在实践活动中对客观现实能动的、主观的反映。

人的心理反映具有主观能动性，表现为人脑对客观现实的反映受到个人的经验和个性的影响，反映周围事物带有主观性。对客观现实的反映总是在具体的人身上发生。每个人的兴趣爱好、知识修养、生活经验和个性特点不同，对同样的事物的反映也会不一样。比如面对同样一幅画，缺乏审美素养的人和一位美术大师，其感受是不同的。正如莎士比亚的名言："一千个读者眼中就会有一千个哈姆雷特"，每个人对一部作品的解读都不一样，所以每个人都有自己的观点。因此，不同人对同一客观现实有着不同的反映。

人的心理反映具有主观能动性还表现为心理能够支配调节人的行动，使人能动地反作用于客观现实，改造社会，以满足人的各种需要。例如，幼儿园要开展春游。在活动之前，教师总是要规划活动方案；在活动过程中，要根据具体情况对活动方案做出修改和调整；在活动结束后，还要进行总结评价，以便在今后的活动中取得更好的效果。心理活动的这种能动性使人的行为更加符合预先的目标。

由此可见，人的心理一方面受客观现实的制约，另一方面又受人的主观条件的折射。也就是说，人的心理反映既反映客观现实，又带有主观性。

三、人的心理是在实践中发生和发展起来的

人的心理是在实践活动中发生和发展起来了的，并表现在实践活动中。例如，1920 年，印度人辛格在狼窝里发现两个小女孩。小的约 2 岁，很快就死去了；大的约 8 岁，取名卡玛拉。卡玛拉用四肢爬行，用双手和膝着地休息；只吃丢在地上的肉，不吃别人手里拿着的肉；怕水，从不让人给她洗澡；怕火、怕强光，夜间却视觉敏锐，每到深夜就嚎叫，白天就蜷伏在墙角里睡觉；从不穿衣，即使天气寒冷，也撕掉给她御寒的衣服和毯子。经过辛格的细心照料和教育，卡玛拉两年学会了站立，4 年学会了 6 个单词，6 年学会了直立行走，7 年学会了 45 个词，同时学会了用手吃饭，用杯子喝水。直到 17 岁去世前，卡玛拉的心理只相当于 4 岁正常儿童的心理发展水平。这一事实有力地说明，一个人如果脱离人类社会实践活动，就不可能产生正常心理，更谈不上心理的发展。

实践活动不仅是人的心理发生、发展的基础，同时也是检验人对现实的反映是否正确的标准。人们对周围事物的认识是否正确，是依靠客观上的社会实践的结果而定的。例如，农民在种植庄稼过程中了解每种植物的生长特点，总结种植的方法，并将这些种植方法加以应用，而庄稼生长情况是种植方法是否正确、有效的判定依据。

综上所述，人的心理是在实践中发生和发展起来的，并受实践经验的检验。

第三节　学前儿童心理发展的影响因素

近朱者赤，近墨者黑。

龙生龙，凤生凤，老鼠的儿子会打洞。

玉不琢，不成器。

思考：以上耳熟能详的话语说明了什么？为什么？

学前儿童心理发展的影响因素

要回答上面的问题，需要探索影响学前儿童心理发展的因素有哪些，分别起到什么作用。那么，有哪些因素在影响学前儿童心理的发展呢？对此，心理学家有不同的观点。遗传决定论的创始人英国的高尔顿在 1869 年出版了《遗传的天才》一书。书中说："一个人的能力，乃由遗传得来的，其受遗传决定的程度，如同一切有机体的形态及躯体组织之受遗传的决定一样。"环境决定论代表人物华生则认为环境对学前儿童心理发展起决定性作用。但是经过多年的争论，学界基本上达成共识，遗传和环境都对学前儿童心理发展起重要作用，缺一不可。同时，儿童自身因素也影响其心理的发展。

一、生物因素

遗传素质和生理成熟是制约学前儿童心理发展的生物因素。良好的遗传素质和成熟的生理是学前儿童心理发展的自然物质前提，为学前儿童心理发展提供了可能性。

（一）遗传素质

遗传是一种生物现象。人类通过遗传将祖先长期形成和固定下来的生物特征传递给下一代。

生物特征即遗传素质，是指有机体通过遗传获得的生理构造、形态、感官和神经系统等方面的解剖生理特征，如人体的外貌形态、身体结构、肤色、血型等。

1. 遗传素质是学前儿童心理发展的自然前提

遗传素质为学前儿童心理发展提供了可能性，是学前儿童心理发展的前提和物质基础。学前儿童继承了前辈的遗传素质，在一定的条件下才有可能发展成一个具有良好心理品质的人。不具备人类的遗传素质，就不会产生人的心理。比如，有人曾把黑猩猩和幼小的孩子放在一起抚养训练，但黑猩猩因为不具备人类的遗传素质，最终不可能和儿童一样形成人类的心理。又比如，先天遗传缺陷造成脑发育不全的孩子，其智力障碍往往难以克服。因此，具备正常人的遗传素质才是形成正常人的心理的前提和基础。

2. 遗传素质为学前儿童心理发展呈现个别差异提供了物质基础

人与人之间的遗传素质或多或少存在个别差异。如有的婴儿一出生就活泼好动，有的就比较安静、好睡觉。活泼好动的儿童容易成为活泼外向型的人，而安静好睡的儿童容易成为内向型的人。不同遗传素质的儿童，其发展优势方向也是不同的。美国哈佛大学心理学教授加德纳提出的多元智能理论认为，每个人都有九种主要智能，个体间的九种智能存在明显的差异，造成个体心理发展也呈现出个体差异。如：有的儿童音乐智能比较好，容易成为有音乐才能的人；有的儿童体格健壮、运动智能比较好，容易成为体育运动员；有的儿童语言智能比较好，容易成为主持人、律师等。

当然，遗传素质的差异只是为个体心理发展呈现差异提供了可能。要将可能性转化为现实，还离不开后天的环境作用。

（二）生理成熟

生理成熟是指机体生长发育的程度或水平，在一定程度上制约着心理发展。在某种生理结构和机能达到一定成熟度的时候，给予适当的刺激，就会促使相应心理活动有效发生或者发展，但如果机体尚未成熟，即使给予良性刺激，也难以取得预期的效果。

美国著名儿童心理学家格赛尔用“双生子爬梯实验”说明生理成熟在儿童心理发展中的作用。格赛尔选择了一对同卵双胞胎，他们的身高、体重和健康状况基本一样。格赛尔用实验的方法训练他们爬楼梯。一个从 48 周开始，练了 6 周，到了 54 周学会了爬楼梯；另一个从 52 周开始，练了 2 周，也在 54 周时学会了爬楼梯。尽管后学的用时短，但效果不差，而且具有更强的继续学习意愿。格赛尔原来认为这只是个偶然现象，于是他换了另一对双生子，但结果类似。之后，格赛尔通过系列实验得出结论：个体的发展取决于生理成熟，生理成熟是推动儿童成长的主要动力。

二、环境因素

生物因素为学前儿童心理发展提供了可能性，环境因素则可以将这种可能性转化成现实。环境通常分为自然环境和社会环境两种。自然环境提供个体生存所需要的物质条件，如空气、阳光、水分等；社会环境指社会生活条件，如社会发展水平、社会制度、家庭状况、社会氛围、受教育状况等。

（一）环境使学前儿童心理发展可能性转化为现实

环境为学前儿童心理发展提供了丰富的刺激，尤其是社会环境的刺激，将个体心理发展存在的可能性转化为现实。据有关统计，人类的后代被野兽哺育长大的情况有数十例，有狼孩、熊孩、猴孩等。其中比较典型的就是1920年在印度丛林里发现的“狼孩”。她们虽然具有人类的遗传素质，但是因为脱离了人类社会生活环境，没有形成正常人的心理。我国出现过一名心理畸形的“猪孩”。心理畸形不属于遗传性和代谢性疾病，纯属后天特殊环境造成的心理障碍。这些实例都充分说明，脱离正常的社会生活环境，会对学前儿童正常心理的形成造成十分严重的后果和不可弥补的损失。

随着社会物质文明和精神文明程度的不断提高，社会生活环境给学前儿童心理发展提供了越来越丰富的刺激，促使学前儿童心理发展水平不断提高。成人经常感叹现在的孩子见多识广，越来越聪明，有主见，反应快。另外，社会生活环境的一个重要组成部分——家庭环境对学前儿童心理发展也非常重要。研究表明，溺爱、父母对儿童的限制和包办代替都会减少学前儿童对外界刺激的接受量，影响学前儿童社会性和智力的正常发展。

（二）环境制约学前儿童心理发展的水平和方向

不同的社会生产方式、物质文化水平、精神文明程度会导致个体身心发展的方向、水平不同。尤其是社会生活环境中的教育对儿童心理发展起着主动调控作用。教育是一种有目的、有计划、有系统地对人们施加影响的过程，它比社会环境中的自发的、偶然的、无计划的影响效果要好得多。

学校教育对学前儿童心理发展起主导作用。对于学前儿童，幼儿园可针对儿童不同的先天素质，采取有效措施促进其德、智、体、美全面发展。教师可以灵活地运用集体活动和个别活动相结合的方式，有的放矢地进行因材施教，发挥不同气质类型儿童的长处。对具有先天生理缺陷的儿童，如弱智、聋哑儿童，特殊学校则可以采取特殊教育、训练，尽可能清除其缺陷对心理发展的不利影响。

三、学前儿童自身因素

对于学前儿童心理的发展，我们不能仅看到生物因素和环境因素的作用，还应该关注发展主体的自身内在因素。

（一）学前儿童自身心理因素影响学前儿童心理的发生和发展

不同学前儿童其自身的需要、兴趣、自我意识、心理活动状态（注意、心境等）等心理表现是不同的，而不同学前儿童的不同心理表现使得他们参与实践活动的类型、次数、程度、主动性等方面存在很大差异，从而影响到学前儿童心理的发生、发展。学前儿童的实践活动通常包括对物的活动、对人的交往活动以及游戏活动，其中，游戏活动是学前儿童的主要活动形式，也是最有效的活动形式。

（二）学前儿童心理的内部矛盾是推动学前儿童心理发展的根本原因

学前儿童心理的内部矛盾是推动其心理发展的根本原因或动力。学前儿童心理的内部矛盾可概括成新的需要和旧的心理水平之间的矛盾。新的需要是指新的心理反应，旧的心理水平是指过去的心理反应，二者相互依存。学前儿童的需要依赖其原有的心理水平，而一定心理水平的形成又依赖相应的需要。随着周围环境的影响，儿童会产生新的需要，而原有的心理水平不能满足新的需要，也就是新的需要和旧的心理水平之间产生了矛盾。只有发展心理水平才能解决这一矛盾。

比如，在游戏中，幼儿的规则意识就是在参与游戏的需要和原有缺乏规则的心理水平之间的矛盾中发展起来的。因此，促进学前儿童心理的发展，就是要根据学前儿童已有的心理水平和心理状态提出恰当的要求，帮助其产生新的心理矛盾运动，从而促进其心理的发展。

综上所述，影响学前儿童心理发展的因素主要有生物因素、环境因素和儿童自身因素。首先，生物因素和环境因素是相互联系、相互影响的。只有认识到它们的相互作用关系，才能明确学前儿童心理发展的原因。其次，成人要充分肯定生物因素和环境因素对学前儿童心理发展的作用，同时不能忽视学前儿童自身因素对生物因素和环境因素的反作用。生物因素、环境因素和儿童自身因素是相互作用的，始终伴随着学前儿童心理的发展过程。

第四节　学前心理学的研究方法

研究学前儿童心理常用的方法有观察法、实验法、调查法、测验法、作品分析法等。这些方法各有优缺点。

一、观察法

学前儿童心理具有明显的外显性。观察其外显的行为表现，可以达到了解学前儿童心理活动的目的。观察法是研究学前儿童心理最常用、最基本的方法。观察法是指通过感官或辅助仪器，有目的、有计划地收集学前儿童在日常生活、游戏、学习等情境中的言语、表情、行为和动作等，并根据观察结果分析学前儿童心理发展特征和规律的一种研究方法。早期的学前儿童心理研究多采用观察法。

（一）观察法的种类

观察法从不同的维度可以有不同的分类。下面列举几种常见分类方法。

1. 根据观察情境的控制情况分为自然观察和实验观察

自然观察法是指在学前儿童日常生活、游戏、学习的自然情境中对学前儿童的语言、行为和动作进行观察、记录，从而掌握学前儿童心理和行为发展变化规律的方法。实验观察法是指研究者人为地改变和控制一定的条件，有目的地引起观察对象的某些行为，观察、记录相关结果，分析学前儿童心理和行为发展变化规律的方法。

2. 根据观察者的参与性分为参与式观察和非参与式观察

参与式观察是指研究者通过参与观察对象的活动而达到观察目的的方法；非参与式观察是研究者不介入观察对象正常活动而达到观察目的的方法。

3. 根据观察时是否借助仪器辅助设备分为直接观察和间接观察

直接观察是指研究者借助自己的感官获取资料的方法，如观察幼儿游戏时的表现。间接观察是指研究者利用仪器或通过某种技术手段，间接地对行为现象进行观察，获取资料的方法，如录音、录像。

4. 根据观察时间分为长期观察和定期观察

长期观察是指在较长时间内进行有计划、有系统的观察，积累并整理观察结果，分析观察结果并得出结论的方法。如观察学前儿童动作发展的规律，就需要几年的时间。定期观察是指在一定时间内定时观察，如每周观察一次或两周观察一次等。

除了以上四种维度的分类，观察还可以分为全面观察和重点观察、群体观察和个体观察、结构式观察和无结构式观察等。

（二）观察法的优缺点

观察法是研究学前儿童心理的常用方法。该方法有着一定的优势，但也存在一定的局限性。使用者在实施该方法前，需要明确其优点和缺点。

优点：观察者可以在自然的条件下对被观察者进行观察，获得第一手资料并记录相关内容（表 1-1）。这样获得的资料比较真实、生动、可靠，具有真实性、情境性。观察法具有及时性的优点，能捕捉到被观察者正在发生的现象。观察法还具有纵贯性。做较长时间的反复观察与跟踪观察有利于对被观察者行为的动态演变进行分析。

表 1-1　××幼儿园个案观察记录表

班级		观察对象		观察时间	
观察者			所在区角		
观察情况记录					
观察分析					
措施与结果					

缺点：在自然的观察条件下，事件很难以相同的方式重复出现，因此观察者很难进行重复观察，并对观察结果进行验证和检查；观察法受观察者观察水平的限制，致使观察质量得不到保障；观察法不适合大范围的观察，在同一时间观察对象的数量不宜多，小样本也不适合大面积的研究；观察法受干扰的因素较多，观察结果有时缺乏科学性。

二、实验法

对学前儿童心理进行实验研究，通过控制和改变学前儿童的活动条件，发现由此引起的心理现象的恒定变化，以揭示特定条件与心理现象之间的变化关系，这种方法就是实验法。实验法可以分为自然实验和实验室实验。

自然实验是指在儿童的日常生活或游戏等实际生活情境中，由实验者创设或改变某些条件，以引起被试的某些心理活动，再加以研究的方法。心理学上有好多实验都是采用这种方法，如皮格马利翁效应实验、街头的从众实验等。在自然实验中，被试摆脱了实验可能产生的紧张心理而始终处于自然状态中，因此，实验得到的资料比较切合实际。但是，在自然的生活条件中开展实验，难免受各种不易控制的因素的影响。

实验室实验是指在严格控制实验条件的前提下，借助专门的实验仪器，引起并记录被试的心理现象并进行研究的方法。心理学研究中，好多都采用了实验室实验的方法，如班杜拉的“波波玩偶实验”、艾斯沃斯的“陌生情景实验”等。实验室实验是在严格控制实验条件的前提下开展的，可以重复进行，可通过特定的仪器设备探测一些不易观察的情况。但是对于被试来说，实验室毕竟是一种特殊的环境，会使被试心理在一定程度上超出常态，因此实验室实验所得实验结果具有一定的局限性，很难用于研究较复杂的心理。

三、调查法

调查法是按照一定规则从一总体中抽取一定的样本，就调查的问题要求被调查者回答他（他们）的想法或做法，整理分析并推测总体情况的研究方法。调查可采用访谈和问卷两种形式进行。

（一）访谈法

访谈法就是通过与调查对象进行谈话来收集资料、分析结果、得出结论的一种方法。比如，研究者可以通过与学前儿童、幼儿园教师、家长等进行谈话，收集资料，并对收集的资料进行分析，得出一定的研究结论。此方法在使用过程中，谈话的形式是自由的，但是内容要围绕研究的问题展开。谈话前要做好充足的准备，明确谈话的目的。

与学前儿童进行谈话时要注意：首先，选好谈话对象，谈话始终围绕研究目的进行；其次，研究者需要和谈话对象建立亲密的关系，谈话时态度要和蔼，谈话氛围要轻松愉悦；再次，谈话提出的问题数量不可以太多，以免谈话对象感到疲劳和厌烦；最后，记录要及时，应按照谈话对象原来的语气和原词进行记录，不应该事后凭记忆补记。

（二）问卷法

问卷法是通过让调查对象自行填写由一系列问题构成的调查问卷来收集资料，分析和推测学前儿童心理特点以及有关心理状态的基本研究方法。问卷法主要针对与学前儿童有关的成人进行调查，请被调查者按照拟定的问卷进行书面回答。也可以直接用于年龄较大的幼儿，但是由于幼儿识字不多，只能采取口头方式进行调查。

问卷法可以使研究者在短时间内获得大量的资料，经过整理、分析、统计，进而得出结论。但是问卷编制并不容易，题目的信度、效度要经过考验。此外，被调查者若不认真合作将会影响问卷的真实性，从而也会影响问卷的回收率及结果的准确性。

四、测验法

测验法是用标准化的测验量表对个体心理特征进行量化研究的方法。心理测验的种类很多，如智力测验、性格测验、能力测验等。利用测验法研究学前儿童的心理时，要注意三点：一是测验方式一般采用个别测验，逐个进行，不宜采用团体测验；二是测验人员必须专业，测验前、测验中都需要取得幼儿的信任与积极配合，使幼儿在测验中表现出真实水平；三是不能将一次测验的结果作为判定某个幼儿心理发展水平的依据，需要多次复测，因为幼儿心理活动稳定性差。

测验法使用起来比较简便，在较短时间内能够粗略了解幼儿的发展状况，但其对研究者的要求比较高。由于测验只能得到结果，研究者不了解过程，难以进行定性分析，且被试的测验结果也可能受到练习、经验等因素的影响，因此，测验法一般会与其他研究方法配合使用。

五、作品分析法

作品分析法是通过分析学前儿童的作品（如绘画、手工、沙雕、言论等），了解学前儿童心理发展状况的研究方法。学前儿童的作品在不同程度上反映出他们对外部环境的探索与思考。对其作品进行分析，可以比较客观地把握学前儿童的心理状态，深入了解他们的兴趣、爱好、情绪、经验等。对学前儿童作品的分析最好结合观察法和实验法进行。“绘人测验”既是一种测验法又是一种作品分析法。

研究学前儿童心理的方法是多样的。研究者可以根据自己研究的目的，在研究过程中，针对不同年龄幼儿的特点，灵活地使用各种研究方法，以便取得好的研究结果。

思考与练习

一、名词解释

1. 心理学：

2. 学前心理学：

3. 无条件反射：

4. 条件反射：

二、选择题

1. 生活在不同环境中的同卵双胞胎的智商测试分数很接近，这说明（　　）。

A. 遗传和后天环境对儿童的影响是平行的

B. 后天环境对智商的影响较大

C. 遗传对智商的影响较大

D. 遗传和后天环境对智商的影响相对

2. 儿童身心发展差异性的物质基础是（　　）。

A. 家长教育能力的差异　　B. 个体遗传素质的差异

C. 家庭经济条件的差异　　D. 家长教育程度的差异

3. “孟母三迁”的故事可用来说明影响儿童心理发展的主要因素是（　　）。

A. 遗传　　B. 环境　　C. 训练　　D. 活动

4. “玉不琢，不成器”说的是（　　）对心理发展的作用。

A. 遗传因素　　B. 自然环境　　C. 社会环境和教育　　D. 生理成熟

5. 为了解幼儿同伴交往特点，研究者深入幼儿所在的班级，详细记录其在交往过程中的语言和动作等。这一研究方法属于（　　）。

A. 访谈法　　B. 实验法　　C. 观察法　　D. 作品分析法

6. 教师根据幼儿的图画来评判幼儿发展的方法属于（　　）。

A. 观察法　　B. 作品分析法　　C. 档案袋评价法　　D. 谈话法

7. 在儿童的日常生活、游戏等活动中，创设或改变某种条件，以引起儿童心理的变化，这种研究方法是（　　）。

A. 观察法　　B. 自然实验法　　C. 测验法　　D. 实验室实验法

8. 对偶故事法属于（　　）。

A. 访谈法　　B. 调查法　　C. 投射法　　D. 观察法

三、简答题

1. 人的心理实质是什么？

2. 制约学前儿童心理发展的因素有哪些？

3. 请列举几个常用的研究学前儿童心理的方法。

4. 请联系实际谈一谈学习、研究学前心理学的意义。

四、案例分析题

美国心理学家华生有一句名言：“给我一打健全的儿童，我可以用特殊的方法任意地加以改变，或者使他们成为医生、律师、艺术家、富商，或者使他们成为乞丐和强盗。”

问题：请分析华生的观点，并谈谈制约学前儿童心理发展的因素有哪些。

第二章

学前儿童心理发展的主要特征

【目标导航】

1. 理解并掌握学前儿童心理发展阶段中的几个相关概念。
2. 了解学前儿童心理发展的特点和趋势。
3. 了解学前儿童各年龄段心理发展的主要特征。

【思维导图】

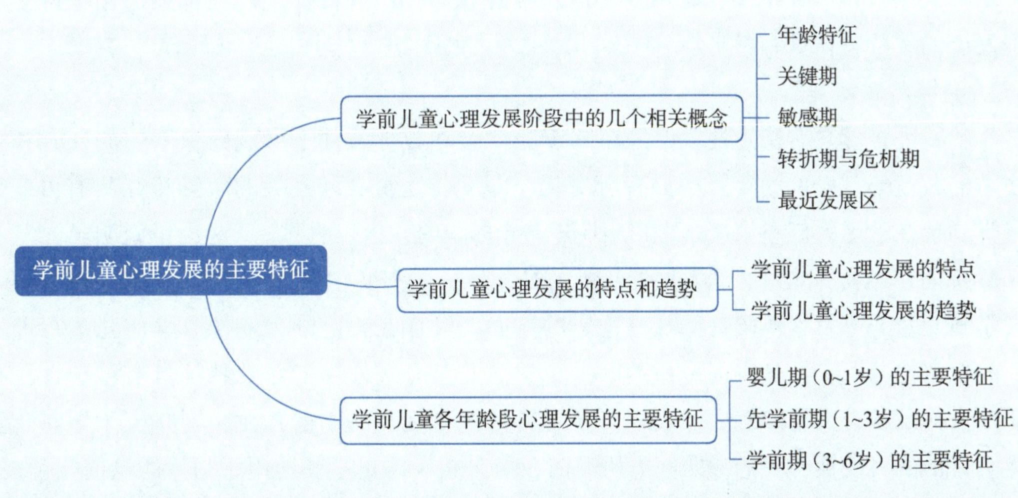

第一节 学前儿童心理发展阶段中的几个相关概念

一、年龄特征

（一）年龄特征的概念

从生活经验看，不同年龄的人特点不同，老人有老人的特点，孩子有孩子的特点，年轻人有年轻人的特点。显然这些特点与年龄是分不开的。同一年龄阶段的人所表现出来的典型的、普遍的特征叫年龄特征。年龄特征包括生理特征和心理特征。

学前儿童的年龄特征就是指学前儿童所特有的、不同于其他年龄阶段的特征。如刚出生的婴儿不会走路、不会说话，1 岁左右的孩子会走路、会说话。这种和生理成熟有关的年龄特征就是学前儿童生理的年龄特征。学期儿童心理发展的年龄特征是指在一定的社会和教育条件下，学前儿童在发展的每个阶段中所形成和表现出的一般的、典型的、本质的心理特征。

理解学前儿童心理发展的年龄特征需要关注以下四点：一是学前儿童心理发展的年龄特征以年龄为划分标准；二是学前儿童心理发展的年龄特征是在一定社会和教育条件下形成的；三是每个阶段学前儿童心理发展的年龄特征是通过概括得出的，具有普遍性，但不代表这个阶段的每一个儿童都有相应的心理特征；四是学前儿童心理发展的年龄特征和学前儿童的生理有一定的关系。

（二）年龄特征的稳定性与可变性

1. 年龄特征的稳定性

心理产生的物质基础是脑。学前儿童自出生后脑的发育会按照一定顺序和不同的速度向成熟靠近。不同时期的学前儿童均呈现出这样的发育特点，这样的年龄特征就有一定的稳定性。学前儿童相应的心理机能也遵循由低级到高级、由量变到质变的过程，这个变化过程也是稳定的。而且早期的学前儿童心理学家们通过研究得出了许多学前儿童心理发展的年龄特征，如幼儿期典型的思维方式是具体形象思维，幼儿爱模仿、爱游戏等，这些特征到现在都还适用，可见学前儿童心理发展的年龄特征具有稳定性。

2. 年龄特征的可变性

年龄特征虽然具有稳定性，但是在一定的社会和教育条件下形成的，不同的社会和教育条件会使学前儿童心理发展的年龄特征有所变化，即学前儿童心理发展的年龄特征具有可变性。我们经常听到现在的老人们感叹：“现在的小孩子可真聪明，懂得真多。”这也正说明了儿童心理发展的年龄特征和过去的儿童心理发展的年龄特征相比，是有变化的。

学前儿童心理发展年龄特征既有稳定的一面，又存在一定的可变性。学前儿童心理发展年龄特征的稳定性与可变性是辩证统一的。由于学前儿童心理发展的年龄特征具有稳定性，我们应该参照前人揭示的有关年龄特征的表现，来了解和教育现在的学前儿童；同时由于学前儿童心理发展年龄特征的可变性，我们参照前人研究时，要分析，不可生硬地用于当今的学前儿童。

二、关键期

关键期这一概念是奥地利著名的动物学家劳伦茨提出的，源于他所做的“印刻实验”。1935

年，劳伦茨发现，小鹅在刚孵化出来后的几个到十几个小时之内，会有明显的认母行为。它会追随第一次见到的活动物体，把它当成母亲而跟着走。如果小鹅第一眼见到的是鹅妈妈，它就跟着鹅妈妈走；如果第一眼见到的是劳伦茨，就把他当成母亲，跟着他走；而当它第一眼见到的是跳动的气球时，它也会跟着气球走，把气球当成妈妈。然而，如果在出生后的20小时内不让小鹅接触活动物体，那么过了一两天，无论是货真价实的鹅妈妈还是劳伦茨自己，无论再怎样努力与小鹅接触，小鹅都不会跟随，更不会认母。这说明，小鹅的认母行为能力丧失了。看来，这种能力是与小鹅特定的生理时期密切相关的。劳伦茨将这一特定的时期称为“关键期”。

研究表明，这种关键期现象不仅发生在小鹅身上，人类也存在类似现象。不仅“认母”行为具有关键期，一些其他行为也有类似的关键期现象。于是，人们开始把主要精力放在人类各种行为的关键期的研究上，人类心理发展的关键期理论便随之产生了。

人类心理发展的关键期理论认为：人类的某种行为和对知识、技能的掌握，在某个特定的时期发展得最快，最容易受环境影响。如果在这个时期施以正确的教育，可以收到事半功倍的效果。

关键期问题有待进一步研究。值得注意的是：

（1）要科学地确定学前儿童发展各方面的关键期，而不是简单地推断。

（2）对于不同的个体来说，关键期的出现是有差异的，有专家认为大约相差4个月，但大致的趋势是相似的。

（3）要充分利用关键期，采取积极的教育措施促进发展，而不是等待自然发展。

（4）要重视关键期对发展的作用，但不局限于此。错过关键期的学前儿童仍可通过适宜的教育获得良好的发展。

三、敏感期

关键期与敏感期

学前儿童心理发展的许多方面并不存在严格意义的关键期，也就是说，许多心理能力和特征并不是错过了某一特定时机就不能发展了，经过后期的弥补也能达到理想的发展状态，只是难度较大，发展速度较为缓慢。因此，“关键期”的概念不宜普遍运用。在一般情况下，有关学前儿童心理发展的时机问题，采用“敏感期”或“最佳期”的提法较为恰当。

“敏感期”这一词是荷兰生物学家德西里在研究动物成长时首先使用的。后来，蒙台梭利在长期与儿童相处中，发现儿童的成长也会产生同样的现象，因而提出了敏感期的原理，并将它运用在幼儿教育上。

学前儿童心理发展的敏感期或最佳期，是指学前儿童学习某种知识和形成某种能力或行为比较容易、儿童心理某个方面发展速度最为迅速的时期。这种快速发展的现象经过一定时间便会消失。错过敏感期或最佳期，学习某种知识或形成某种能力不是不可以，但是相对敏感期或最佳期来说，较为困难。学前儿童心理发展的几个敏感期如表2-1所示。

蒙台梭利认为敏感期的出现对于同一年龄的儿童来说存在个体差异，同时敏感期是暂时性的，和一定的年龄相适应，它只持续一段短暂的时间，只要消失就不可能重新出现。因此，在学前儿童心理发展的各个阶段中，成人要在学前儿童心理发展的敏感期为其创造合适的环境，提供良好的教育，促使学前儿童心理能够更好地发展。

表 2-1 学前儿童心理发展的几个敏感期

心理表现	敏感期
智力发展	0~4 岁
儿童语音学习	2~4 岁
坚持性行为	4~5 岁
阅读敏感期	4.5~5.5 岁
数概念掌握	5~5.5 岁

四、转折期与危机期

学前儿童心理处于连续发展中，但是其发展的速度不均匀，有时会出现质的飞跃，在短时期内发生急剧变化的情况。这种急剧变化的时期称为学前儿童心理发展的转折期。在这一时期，学前儿童往往会出现违背成人意愿或违反规定的行为，情绪也容易激动，如 3 岁左右的幼儿常常对于成人的要求表现出反抗或执拗行为。

转折期是一定会出现的，危机期却不是必然会出现的。所谓“危机”，往往是学前儿童心理发展迅速导致的心理发展上的不适应。如果成人能够掌握学前儿童心理发展的规律，并给予正确的引导，解决学前儿童心理发展急剧变化时产生的尖锐矛盾，危机就会不知不觉地被化解。

五、最近发展区

最近发展区这一概念是由苏联心理学家维果斯基提出的。他认为儿童的发展有两种水平：一种是儿童的现有水平，指独立活动时所能达到的解决问题的水平；另一种是儿童可能的发展水平，也就是通过模仿或成人的指导帮助才能独立完成任务的水平。两种水平之间的差异就是最近发展区。最近发展区的大小是学前儿童心理发展潜能的重要标志，也是学前儿童可接受教育程度的重要标志。

最近发展区是儿童心理发展的每一时刻都存在的，同时，又是每一时刻都在发生变化的。可是最近发展区也因人而异。因此，在教育教学中，教师应了解学前儿童心理发展的最近发展区，可以向学前儿童提出稍高的，但是力所能及的目标，促进学前儿童达到新的发展水平，帮助学前儿童跨越每一个最近发展区，不断形成新的最近发展区，推动学前儿童心理不断发展。

第二节 学前儿童心理发展的特点和趋势

一、学前儿童心理发展的特点

（一）高速度性

高速度性是学前儿童心理发展的规律和特点。成人的心理变化是缓慢的。也许你多年不见的老朋友见到你，会说：“你还是老样子，和以前一样。”与成人心理变化相比，儿童的心理变化可以说是日新月异。比如，初生的婴儿只会啼哭，但十天半个月后，当妈妈抱他起来时，他已经

"知道"要吃奶了。4 个月不到的婴儿可以被陌生人逗得咯咯笑，但 5 个月左右的婴儿看到陌生人，可能会害怕得哭起来，因为他已经开始认生了。

儿童心理变化的速度常常使成人惊喜。比如，孩子过周岁生日当天还不能独立行走，可是第二天就可以大胆地独立行走了。许多科学研究资料都表明，学前期是儿童心理高速发展的时期。因此，成人在学前儿童成长过程中，要能适应并利用好这种高速发展的特点和规律，更好地促使学前儿童的心理发展。

（二）连续性与阶段性

学前儿童心理的发展是一个不断积累、连续变化的过程，是一个不断从量变到质变的连续发展过程。学前儿童心理发展过程一般不会出现突然的中断，先前发展是后来发展的基础，后来发展是先前发展的结果，是对先前发展的整合与包容。

学前儿童心理发展过程是从量变到质变的过程。学前儿童心理发展到一定程度会出现质的飞跃，也就是说进入新的阶段，此时的心理与前一个阶段的心理相比会有很大的变化，会表现出一定的特殊性。这些特殊性就构成了该阶段心理发展的年龄特征。学前儿童心理发展的阶段性与年龄相关。心理发展的各个阶段的更替是不能省略的，也是不可逆转的，遵循固定发展顺序。

学前儿童心理发展的连续性与阶段性是辩证统一的：连续发展过程中质的变化反映了发展的阶段性，阶段与阶段之间的交叉融合又体现了连续性。

（三）不均衡性

高速发展是学前儿童心理发展的总趋势和一般规律，但学前儿童心理发展又不是匀速前进的。学前儿童心理发展速度会呈现出不均衡性，具体表现在三个方面：

1. 同一学前儿童心理发展不同阶段的速度不均衡

学前儿童心理发展在不同阶段的速度不均衡。在现实生活中，我们发现新生儿的心理可以说一周一个样；满月后，一个月一个样。可是等到周岁以后，心理发展速度就缓慢下来。两三岁的儿童，相隔一周，其心理前后变化一般不那么明显。

2. 同一学前儿童心理发展各个方面的速度不均衡

学前儿童心理发展各个方面并不是均衡发展的。比如，感知能力在出生后迅速发展，很快就达到比较高的水平，而思维的发生要经过相当长的过程。到两岁左右思维才真正发生并发展。到学前晚期，抽象逻辑思维才萌芽，思维仍然处于比较低级的发展阶段。

3. 不同学前儿童心理发展的速度不均衡

由于遗传、生活环境、教育条件等方面的差别，年龄相同的学前儿童心理发展的速度呈现出不均衡的特点。比如，有的孩子一周岁就可以说十几个词，有的孩子已经快两岁却只会叫爸爸、妈妈。不同学前儿童的心理发展速度呈现差异是很正常的现象。正常的儿童早晚都会具备基本的心理活动能力。

二、学前儿童心理发展的趋势

学前儿童心理不仅有必然的发展进步方向，而且有必然的发展顺序或趋势。

（一）从简单到复杂

学前儿童的心理活动最初只是简单的反射活动，之后越来越复杂。这从简单到复杂的发展趋势具体体现在两个方面：

1. 从不齐全到齐全

学前儿童的各种心理过程和个性心理在初生时并不完全齐备，而是在发展过程中先后出现、逐渐齐全的。研究表明，1~3 岁是各种心理逐渐齐全的时期。

2. 从笼统到分化

学前儿童最初的心理活动，无论是认知活动还是情绪态度，都是简单的、单一的，后来逐渐变得复杂和多样化。例如，新生儿的情绪有愉快与不愉快之分，而随着心理发展，其情绪逐渐分化出喜悦、惊奇、兴奋、厌恶、愤怒、惧怕、悲伤等。

（二）从具体到抽象

学前儿童的心理活动最初是非常具体的，以后越来越抽象，越来越概括化。从认识过程来看，学前儿童最初出现的是感觉，是最简单的认识活动，反映事物个别属性；之后出现的是知觉，反映事物整体，具有一定的概括性。可是知觉的概括只是对事物的具体外部特征或属性的一种概括。和之后产生的思维相比，知觉仅仅是低级的或最初的概括，而思维是对事物本质属性的概括、间接的反映。学前儿童的思维的发展从最开始直觉行动思维的出现到具体形象思维的产生，再到抽象逻辑思维的萌芽，也是遵循从具体到抽象的发展趋势。

（三）从被动到主动

1. 从无意到有意

学前儿童的心理活动和行为最初是无意的（或称不随意的），受外部刺激的支配，缺乏明确的目的，也不受意识控制。后来学前儿童逐渐出现了目的性的活动，并能根据活动目的自觉地调整心理活动和行为。如小班幼儿绘画时不知道自己要画什么，看到别人画苹果他就画苹果，可是随着年龄的增长，他有了明确的目的，并且能围绕绘画目的进行绘画。

2. 从主要受生理制约到自己主动调控

学前儿童的心理活动在很大程度上受生理的制约，如注意稳定性差、情绪自控能力差、坚持性差等，这跟生理不成熟有紧密关系。但随着年龄的增长，学前儿童逐渐能主动地调控自己的心理活动。

（四）从凌乱到成体系

学前儿童的心理活动最初是零散混乱的，心理活动之间缺乏有机联系，而且非常容易变化。比如：幼小的儿童经常出现眼泪没有干就笑起来的现象；一会要玩积木，一会要当小医生，一会要去画画，一会又要当小厨师做饭……这些都是心理活动还没有形成体系的表现。但随着年龄的增长，学前儿童的心理活动逐渐组织起来，形成整体，开始系统地发展。

第三节　学前儿童各年龄段心理发展的主要特征

学前儿童心理发展在各个年龄阶段都有其特征。比如 3 岁左右的儿童常常表现出各种反抗行为或执拗现象，不像以前那样听话了，一有机会便采取独立行动。他们常常要求穿某件衣服，还要自己穿衣、穿鞋、吃饭；喜欢说“不”或不让动手摸的偏要摸；不知道什么是危险、什么叫

“不可以”，如果受到成人的限制或强行制止，往往会有强烈的负面情绪。本节将简要介绍学前儿童各年段心理发展的主要特征，也为后面的学习奠定基础。

一、婴儿期（0~1岁）的主要特征

学前儿童出生后的第一年称为婴儿期。这一年是学前儿童心理开始发生和心理活动开始萌芽的阶段，又是学前儿童心理发展最迅速和心理特征变化最大的阶段。这一年的学前儿童心理发展分为三个小阶段：出生到满月（0~1个月），满月到半岁（1~6个月），半岁到周岁（6~12个月）。

（一）出生到满月

从出生到满月的时期称为新生儿期。

1. 心理发生的基础——先天的无条件反射

学前儿童从出生就有了一些应付外界刺激的天生本能。天生的本能表现为无条件反射，比如吸吮反射、眨眼反射、怀抱反射、抓握反射、巴宾斯基反射、惊跳反射、击剑反射、迈步反射、游泳反射、巴布金反射等。先天的无条件反射对于新生儿的生存有着重要意义。但是有许多无条件反射在婴儿长大到几个月时会相继消失，如果过了一定年龄还继续存在，反而是婴儿发育不正常的表现。

2. 心理的发生——条件反射的出现

虽然学前儿童出生后已经具有一些先天的无条件反射，但是这些无条件反射不足以应付外界变化多端的刺激。条件反射的出现使学前儿童获得了维持生命、适应新生活需要的新机制。无条件反射只是本能活动、生理活动，而条件反射既是生理活动，又是心理活动。

学前儿童出生不久，就能建立条件反射。条件反射的出现可以说是心理的发生标志。婴儿条件反射产生的时间与开始训练的时间有关。开始训练的时间越早，条件反射就产生得越早。学前儿童获得知识和能力都是条件反射活动的结果。

（二）满月到半岁

从满月到半岁的时期称为婴儿早期。满月之后，婴儿心理的发展仍然很迅速。

1. 视觉、听觉迅速发展

满月之后，婴儿会主动寻找视听目标。半岁内的儿童认识周围事物主要靠视听觉。

2. 手眼协调动作开始发生

在4~5个月时，婴儿开始出现手眼协调的抓握动作，能将眼睛的视线和手的动作配合，手的运动和眼球的运动协调一致，即能抓住看到的东西。

3. 主动找人

婴儿逐渐会表现出和他人交往的需要，主动找人。这是最初的社会性交往需要。

4. 开始认生

5~6个月的婴儿开始认生，这是婴儿认识能力发展过程中的重要变化。

（三）半岁到周岁

从半岁到周岁的时期称为婴儿晚期。半岁以后，婴儿的动作比以前更加灵活，身体活动的范围也在扩大，双手可以模仿动作，言语开始萌芽，亲子之间的依恋关系也更加巩固。

1. 身体动作迅速发展

（1）婴儿动作发展的规律。

婴儿身体动作的发展是有客观规律的，且每个婴儿动作发展的顺序都大致相同，时间也大致接近。婴儿身体动作发展呈现出如下特点：

① 从整体动作向局部、准确、专门化的动作发展。婴儿最初的动作是全身性的、弥散性的，随后逐渐分化，向着局部化、准确化、专门化的方向发展。

② 从上部动作发展到下部动作——首尾规律。婴儿最先学会抬头，然后学会翻身、坐和爬，最后学会站和走。

③ 从中央部分的动作发展到边缘部分的动作——近远规律。婴儿最早出现的是头部和躯干的动作，然后是双臂、腿部的动作，最后才是手部的精细动作。

④ 从大肌肉动作发展到小肌肉动作——大小规律。从四肢的动作来看，婴儿先学会活动幅度较大的双臂和腿的动作，即粗动作，然后才学会手和脚的动作，特别是手指的精细动作。

⑤ 从无意动作发展到有意动作。婴儿动作发展的方向越来越受心理和意识的支配。

（2）坐、爬、站、走的发展。

婴儿动作的发展存在一个口诀："二抬四翻六坐七滚八爬十站周会走"。这说明婴儿一般在两个月左右时学会抬头，四个月左右时学会翻身，六个月左右时能独立坐，七八个月时学会滚和爬，十个月左右时开始学会扶着站立起来，也开始在成人的帮助下迈步，一周岁左右时能独立行走。

2. 手的动作开始形成

掌握坐和爬的动作有利于手的动作发展。从 6 个月到 1 周岁，婴儿的手日益灵活，具体表现为五指动作分工发展、双手配合摆弄物体、出现重复连锁动作等。

3. 语言开始萌芽

满半岁之后，婴儿喜欢发出各种声音，音节比较清楚，并且此时婴儿可以发出许多重复的、连续的音节。

4. 依恋关系日益发展

出生后半年，婴儿开始用没有真正形成的语言和亲人交往。这种交往是孩子和亲人之间相互了解的萌芽，亲子之间的依恋关系也日益发展。

二、先学前期（1~3 岁）的主要特征

（一）学会直立行走

1 岁左右的学前儿童刚刚开始学步，走路很不稳。两岁以后，便能行走自如，跑、跳和攀登动作也得到发展，但是动作仍然不灵活，比较笨拙缓慢，摔跤也是常有的事。

（二）使用工具

1 岁以后学前儿童手的动作进一步灵活起来，逐渐能拿各种东西，双手开始学习使用工具，如用勺子、端碗、拼插小玩具等。两岁半以后，学前儿童能够自己用小毛巾洗脸，拿起笔来画画。

（三）语言、想象和思维的发生、发展

1 岁之前是语言发生的准备阶段。1 岁到 1 岁半的学前儿童处于语言理解阶段，能听懂许多话，但是说出的很少。1 岁半以后，学前儿童能说出的词明显增多，但是常常以词代句，或句子

非常简单，如“妈妈抱”“妈妈吃”等。2~3 岁学前儿童的语言发展得很快，他们能说出很多词语，也能说出简单的完整句，甚至一些复合句。

2 岁左右的学前儿童，想象开始萌芽。在活动中，2 岁左右的学前儿童已经能够在操作物体的时候进行简单的想象活动，如用牙签给布娃娃打针治病，嘴里还说着“不疼不疼哦”。

人类典型的认识活动——思维也是在这个时期发生的。这时的学前儿童思维活动出现了最初的概括和推理。比如，能够把性别不同、年龄不同的人加以分类，主动叫“奶奶”“爷爷”“阿姨”或“哥哥”“妹妹”。此时，学前儿童的思维是非常具体的，且只能在活动中进行。

（四）独立性开始出现

2 岁左右的学前儿童能够独立行走，外出时不愿意妈妈领着走，而是喜欢自己跑跑跳跳，变得不那么顺从了，这是学前儿童出现独立性的表现。独立性的出现是学前儿童心理发展非常重要的一步，是人出生后头两三年心理发展成就的集中表现，也标志着学前儿童的自我意识开始出现。这时学前儿童知道“我”和他人有区别，在行动上要“自己来”，心理水平有了很大提高。

三、学前期（3~6 岁）的主要特征

（一）学前初期（3~4 岁）儿童的主要特征

1. 生活范围扩大

学期儿童在 3 岁以后进入幼儿园，生活范围从家庭扩大到幼儿园。

2. 易受情绪控制

在整个学前期，情绪在学前儿童心理活动中的控制作用都比较大。情绪性强是整个学前期儿童的特点，但是年龄越小其表现越突出。3~4 岁学前儿童的行动常常受情绪支配，他们常常为一件小事哭闹。教师或家长拿来一块糖果，他们马上就破涕为笑。而且 3~4 岁学前儿童的情绪很容易受感染和暗示。在幼儿园小班常看到，一个小朋友哭，其他小朋友也莫名其妙地跟着哭。

3. 爱模仿

3~4 岁学前儿童的模仿性很强，比如：看到别人画画，就想画画；看到别人搭积木，就想搭积木；看到别人读书，就想读书。而且这个年龄段的孩子喜欢和别人担任同样的角色。因此，在幼儿园小班里，同样的玩具要有足够的数量。

4. 思维靠行动

3~4 岁学前儿童的认识活动往往靠感知和动作进行，而思维是认识活动的核心，且 3~4 岁学前儿童的思维带有很大的直觉行动性。

（二）学前中期（4~5 岁）儿童的主要特征

1. 活泼好动

活泼好动是孩子的天性，这一特点在中班学前儿童身上尤为突出。他们对周围的事物感到好奇、新鲜，总是摸摸这个、看看那个，思维活跃，动作灵活。但是他们的自我控制能力还不强。如果让他们安静地坐着，过不了多久他们就会不断地变换姿势，做各种小动作。这个时期的学前儿童比小班学前儿童活跃很多，也有了自己的主意，需要老师更加注重教育技巧的使用。

2. 思维靠具体形象

具体形象思维是学前儿童思维的特点。这一特点在学前中期最典型。中班学前儿童主要靠表

象或具体形象进行思维，比如他们在计算物体数量时，能借助实物得出结果，而不会依靠抽象的概念。他们只能知道已经有几个苹果，又买了几个苹果，但不能抽象地用几加几来思考。

3. 开始接受任务

中班学前儿童开始能够接受严肃的任务。在日常生活中，4 岁以后的学前儿童对于自己所担负的任务已经产生最初的责任感。对于值日，小班学前儿童常常还是出于对完成任务的兴趣，或对所有物品的兴趣，而中班学前儿童已经开始认识到值日工作是自己的任务，对自己或别人完成任务的质量开始有一定的要求。

4. 开始自己组织游戏

游戏是学前儿童的主要活动形式。4 岁左右是游戏蓬勃发展的时期。中班学前儿童不但爱玩，而且会玩，他们能够自己组织游戏，自己规定主题，其合作水平也开始提高。中班学前儿童在游戏中逐渐与同龄人结成伙伴关系。

5. 初步有规则意识

4~5 岁学前儿童对自己的行为有了一定的约束能力，能够初步遵守一些日常生活中的基本规则，如知道在上课时要举手回答问题，不能乱跑，不能乱扔玩具，饭前便后要洗手，轮流玩玩具等。

（三）学前晚期（5~6 岁）儿童的主要特征

1. 好问、好学

学前晚期儿童都有好奇心，不再满足于了解事物的表面现象，会打破砂锅问到底。他们有强烈的求知欲和好奇心，经常提出各种各样的问题，不仅会问“是什么”，还会问“为什么”“怎么做的”等。大班学前儿童喜欢学习，他们愿意上课，把学到的新知识或技巧讲给别人听，会感到很满足。在集体教学活动中，他们喜欢参与一些动脑筋的活动。在课外，他们常热衷于下棋、猜谜语或做各种智力游戏。

2. 抽象逻辑思维开始萌芽

学前晚期儿童的思维仍然是具体的，但是明显地出现抽象逻辑思维的萌芽。他们能够基本掌握左、右等比较抽象的概念，对因果关系也有所理解，能够运用“因为……所以”一类的连接词，能够连贯地、条理清楚地进行独立讲述。5 岁以后学前儿童在记忆一些事物时，也能自动地进行分类，按类别进行记忆。

3. 开始掌握认知方法

5~6 岁学前儿童出现了自觉控制和调节自己心理活动的能力。在认知方面有了方法，开始运用集中注意和有意记忆的方法。用思维解决问题时，会事先计划自己的思维和行动过程。比如在建构游戏中，大班学前儿童会在头脑中先构思图形，确定想象的目标，做出行动计划，然后按照计划分工行动。

4. 个性初具雏形

5~6 岁学前儿童开始有较稳定的态度、情绪、兴趣等。情绪不像以前那么容易变化，也不太外露，出现内隐性。他们也开始对自己的行为产生顾虑。5~6 岁学前儿童的心理活动已经开始形成系统，个性开始初步形成。

思考与练习

一、名词解释

1. 年龄特征：
2. 关键期：
3. 敏感期：
4. 最近发展区：

二、选择题

1. （　　）是出生后头半年婴儿认知发展的重要里程碑，也是手的真正触觉探索的开始。

A. 手的无意抚摸　　B. 手的抓握反射

C. 手脚并用爬行　　D. 手眼协调动作的出现

2. 学前儿童先会走、跑，后会灵活地使用剪刀，这说明儿童动作发展具有（　　）。

A. 整体局部规律　　B. 首尾规律　　C. 大小规律　　D. 近远规律

3. 一周岁时宝宝还在蹒跚学步，两个月后走得相当稳，这说明儿童心理发展有（　　）。

A. 高速度性　　B. 不均衡性　　C. 整体性　　D. 个别性

4. 下列不属于幼儿园大班阶段儿童的心理特点的是（　　）。

A. 思维仍带有直觉行动性　　B. 好学、好问

C. 抽象概括能力开始发展　　D. 个性初具雏形

5. 儿童心理发展潜能的主要标志是（　　）。

A. 最近发展区的大小　　B. 潜伏期的长短

C. 最佳期的性质　　D. 敏感期的特点

6. 婴儿手眼协调发生的时间在（　　）。

A. 2~3 个月　　B. 4~5 个月　　C. 7~8 个月　　D. 9~10 个月

三、简答题

1. 儿童身体发育中，动作发展的规律有哪些？

2. 简述学前儿童心理发展的特点。

3. 简述学前儿童心理发展的趋势。

四、案例分析题

明明在做抽纸和厚布哪个沉得快的小实验中，发现抽纸沉得比较快。教师问他原因，他回答说："因为纸吸水快，所以抽纸比厚布沉得快。"

1. 请根据材料中明明判断的特点，选择明明大概的年龄段：(　　)。

A. 3~4岁　　B. 4~5岁　　C. 5~6岁　　D. 无法确定

2. 说一说处于这一年龄段的学前儿童的心理发展特点是怎样的？

第三章

学前儿童的注意

【目标导航】

1. 掌握注意的概念、外部表现、功能。
2. 理解并掌握注意的种类及引发各种注意的原因。
3. 了解学前儿童注意的发生。
4. 理解并掌握学前儿童注意的品质及其教育。
5. 知道学前儿童注意分散的原因及如何防止注意分散。
6. 掌握培养学前儿童注意的策略。

【思维导图】

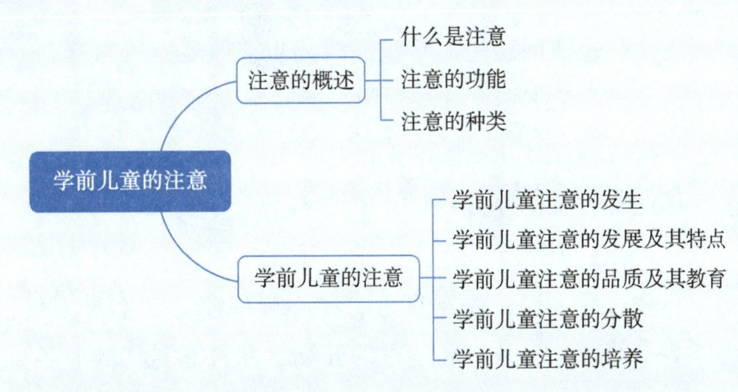

第一节　注意的概述

一、什么是注意

（一）注意的概念

在日常生活中，我们常常听到人们使用“注意”一词，如“注意安全”“眼睛要注意看老师”“注意听”等，可见注意是日常生活中常见的现象，但这里的注意与心理学上讲的注意还是有差异的。

注意是一种常见的心理现象，是心理活动对一定对象的指向和集中。指向性和集中性是注意的两个显著的特点。注意的指向性在实质上就是选择性，指人在清醒状态下的心理活动，在某一时刻选择关注某个事物，而同时离开其他事物。比如在课堂上，学生不是对所有内容都听、都看、都记，而是把精力集中在个别所要听、记、想的内容上。注意的集中性是指心理活动指向某个对象的时候，会在这个对象上集中起来，并与注意的强度或紧张度相联系。

（二）注意的外部表现

人在注意某个对象时，常常伴随有特定的生理变化和外部表现。注意的最显著的外部表现有以下几种：

1. 适应性运动

人在注意听一个声音时，会把耳朵转向声音的方向，即所谓“侧耳倾听”。人在注视一个事物时，会把视线集中在该物体上，目不转睛。人沉浸于思考或想象时，眼睛会朝着一个方向“呆视”着，周围的一切都变得模糊起来，而不致分散注意力。这些都是人在集中注意时表现出的适应性运动。

2. 无关运动的停止

当注意力集中时，一个人会自动停止与注意对象无关的动作，如学生在认真听课时，会停止小动作，非常安静地听课，不会交头接耳。

3. 呼吸运动的变化

人在注意时，呼吸变化轻微而缓慢，呼吸的时间也会改变，一般来说，吸得更短促，呼得更长。在紧张时，人还会出现心跳加速、牙关紧闭、握紧拳头等身体现象，甚至出现呼吸暂停现象，即所谓“屏息”。

（三）注意与心理过程的关系

我们常说“注意听”“注意看”“注意记”等，那么注意本身是什么呢？我们不能直接给它一个描述，因为相对于心理过程来说，注意只是一种心理现象。它本身不是一种独立的心理过程，而是各种心理过程所共有的特性，是心理过程的开端，并且总是伴随着各种心理过程的展开。事实上并不存在离开心理过程的单纯的注意。人们在注意某个事物时，总是在看它、听它、记它或想它。离开心理过程，也就谈不上注意了。所以，注意总是在我们的认识、情感、意志等心理活动过程中得以表现。同时，注意也是一切认识过程的开端。离开了注意，我们有意识的听、说、记忆、思考等也就无法清晰、有效地展开了。

总之，注意是一种心理现象，不是一种独立的心理过程。心理过程自始至终都离不开注意。注意和心理过程具有积极的伴随关系。

二、注意的功能

（一）选择功能

注意使心理活动能够选择有一定意义的、合乎需要的、与当前活动相一致的信息，同时排除那些与当前活动无关的甚至有干扰的刺激。比如，小朋友认真听教师讲故事时，选择教师讲的故事为注意对象，而不去关注其他事物。

（二）保持功能

注意使心理活动反映的对象一直维持在意识中，直到达到目的为止。例如，幼儿在看动画片时，需将注意一直保持在动画片上，才能看懂动画片。

（三）调节和监督功能

当外界情境、本身状态或反映对象发生变化时，注意这种心理现象会促使各方面进行调整，使心理活动处于一种积极状态之中，从而能始终有效地进行。例如，一名幼儿在小医院游戏中扮演医生，给“病人”看病。建构区的小朋友突然发出一声尖叫“成功啦”，吸引了他的注意，使他分心了。这时，注意使他调节心理状态从而集中心思，克服干扰，监督自己继续给“病人”看病，顺利地完成游戏。

三、注意的种类

注意的种类

注意有多种类型。划分的标准不同，注意的种类也不同。

（一）无意注意、有意注意和有意后注意

注意根据有没有自觉目的性和意志努力，可以分为无意注意、有意注意和有意后注意。

1. 无意注意

无意注意也称为不随意注意，是指既没有预定目的，也不需要意志努力的注意。比如大家都在听老师讲课，突然有人敲门进来找老师，大家就不由自主地朝门的方向看，这种没有预定目的，又很被动的注意，就是无意注意。

并不是所有事物都能引起无意注意的。无意注意的产生是有条件的。引起无意注意的条件可分成两类：

（1）刺激物本身的特点，即客观条件。周围事物中一些强烈的、鲜艳的、巨大的、新异的、活动变化的事物容易引起人们的无意注意。

① 刺激物的强度。刺激物的强度可以分为绝对强度和相对强度。如强烈的灯光、巨大的声响、艳丽的色彩、浓烈的气味等都会引起我们的注意。不大的声响，如考场中的窃窃私语，也易引起我们的注意。

② 刺激物间的对比关系。刺激物之间的任何显著的差异都容易引起人们的注意。如“雪中红梅”和“鹤立鸡群”中的红色和鹤易引人注目。

③ 刺激物的运动变化。运动变化的刺激物比无运动变化的刺激物更容易引起我们的注意。如

汽车转弯时闪烁的转向灯会引起人的注意，夜晚中闪烁的霓虹灯等也易引起人的注意。

④ 刺激物的新异性。一般新异的事物容易引起人们的注意。如大街上发型奇特的人、穿着打扮较为新潮的人、动画片中造型奇特的人物等，都易引起人们的注意。

当然，客观事物强烈、新奇等特点只是相对而言的。一个新奇的东西若长期存在或重复出现，也往往会失去吸引注意的作用。

（2）人们本身的状态，也即主观条件。上述刺激物本身的特点，虽易引起人们的注意，但它支配不了人们的无意注意。同样的事物能引起这个人的注意，却不一定能引起另一个人的注意。是否引起注意取决于人们不同的主观条件。这些条件主要指人对事物的需要、兴趣、态度以及个人的情绪状态。一个人感兴趣的或符合一个人倾向性的事物容易引起他的注意。如幼儿在逛超市时，首先就不由自主地注意他最感兴趣的玩具。一个闷闷不乐的人，任何事物都难引起他的注意。此外，无意注意也和一个人的经验、对事物的理解以及机体状态（如饥、渴等）有关，例如食物最容易吸引饥饿的人的注意。

2. 有意注意

有意注意也称随意注意，是指有自觉的目的，需要一定的意志努力的注意。如幼儿认真地听教师讲故事，并克服外界的干扰，这样才能听全教师讲的故事。这样的注意就是有意注意。这是一种人所特有的注意形式，和无意注意有着质的不同。

引起和保持有意注意的主要条件有下列四个：

（1）明确活动的目的和任务。因为有意注意是有预定目的的注意，所以明确活动目的和任务对有意注意具有重大意义。对目的和任务理解得越清楚、越深刻，完成任务的愿望越强烈，那些和达到目的、完成任务有关的事物就越能引起强烈的注意。

（2）间接兴趣的培养。在无意注意中起作用的兴趣是直接兴趣。这种兴趣是由活动过程本身直接引起的。在有意注意中，起作用的是间接兴趣。这种兴趣是对活动目的和结果产生的兴趣。有时活动过程本身并不吸引人，甚至是非常枯燥乏味的，但活动的结果很吸引人，能引起强烈的兴趣。这种兴趣便是间接兴趣。间接兴趣对引起和保持有意注意有很大作用。

（3）用坚强的意志和干扰做斗争。特别在有干扰的情况下，意志的重要性更明显。这些干扰可能是外界的刺激，也可能是机体的某些状态，如疾病、疲劳等，还有可能是一些无关的思想和情绪等。除了采取一定措施排除一些干扰外，还要用坚强的意志和干扰做斗争。坚强的意志对培养有意注意具有积极作用。

（4）合理地组织活动。提出明确的要求，使人理解所要解决的问题，把智力活动和实际操作结合起来，这些都有助于引起和保持有意注意。例如计算时，让幼儿点数桌上的小木棒；观察时，让幼儿用手翻看面前的实物：这些对幼儿有意注意的维持特别起作用。

必须明确的是，开展活动时，不可能单纯依赖哪一种注意形式。一方面要利用刺激的新颖、多变、刺激性强烈等特点，引起幼儿的无意注意；另一方面还要激发幼儿的有意注意。因为单靠有意注意，时间一长便会使幼儿产生精神上的紧张和疲劳。如果给他们的任务单调枯燥，就更难让他们保持长时间的注意。

3. 有意后注意

有意后注意是注意的一种特殊形式。有意后注意又称随意后注意。有意后注意同时具备有意注意和无意注意的部分特征。它有自觉的目的，通常与特定的目标、任务相关联，这与有意注意的目的性特征相符；它不需要意志的努力，这与无意注意的特征相符。简单地说，有意后注意既遵循当前活动的目的，又不需要付出意志努力。

有意后注意的形成有以下两个条件：

一是对活动有浓厚的兴趣。一个对数学不感兴趣的人，学习数学时，需要付出艰苦的意志努力，这时的注意是有意注意。而数学家陈景润对数学达到了痴迷的程度，走路时还在思考数学问题，以至于撞到了树上。他不需要意志努力就能保持自己的注意，这时的注意状态是有意后注意。

二是活动的自动化。刚开始骑自行车的人，操作不熟练，需要高度集中注意。经过练习，他能熟练地骑车时，就很少付出意志努力，骑车已成为自动化的活动，这时的注意状态也是有意后注意。

（二）外部注意和内部注意

根据注意的对象存在于外部世界或个体内部，注意可以分为外部注意和内部注意两类。

1. 外部注意

外部注意的对象存在于注意者的外部世界，是心理活动指向、集中于外界刺激的注意。幼儿的注意常常是外部注意占优势。

2. 内部注意

内部注意的对象是存在于个体内部的感觉、思想和体验等，是指向自己的心理活动和内心世界的注意。内部注意对于幼儿自我意识的发展有重要意义。良好的内部注意使人能清楚地评价自己，实事求是地对待自己，对于人的道德、智慧和审美能力的发展也有重要作用。

学前儿童的注意是按照从无意注意到有意注意的趋势发展的。无意注意是学前阶段的主要的注意，因此，教师在教学活动中要充分地利用学前儿童的无意注意，防止其注意分散，提升教学质量。

一、学前儿童注意的发生

（一）定向性注意的发生

无条件定向反射是新生儿先天的生理反应。新生儿开始接触外部环境就会出现无条件定向反射。比如有声音或光源刺激婴儿，婴儿就会将脸转向声音或光源。无条件定向反射主要是由刺激物的特点引起的，也被称为定向性注意，它是无意注意的最初形式。因此，定向性注意是无意注意发生的标志。

（二）选择性注意的发生

继最初的定向性注意之后出现的便是选择性注意。所谓选择性注意，是指儿童偏向于对一类刺激物注意得多，而在同样情况下对另一类刺激物注意得少的现象。婴儿的选择性注意带有规律性倾向。这些倾向主要表现在视觉方面，因而也被称为视觉偏好。比如，研究表明，婴儿视觉注意偏好复杂的刺激物、曲线、不规则的模式等。

（三）有意注意的萌芽

研究发现，很小的婴儿不会追踪、寻找在他的视线中消失的物体。七八个月以后，婴儿能注视物体藏匿的地方甚至能把它找出来。用视线引导寻找的动作，说明婴儿的注意已带有预期性，即某种目的性的萌芽。随着幼儿活动能力及言语理解能力的发展，成人开始要求他们做一些力所能及的事（如让他们到阳台拿鞋子、衣服等），为此，他们必须使自己的注意服从于所要完成的任务。如此，有意注意就开始萌芽了。幼儿的有意注意主要是由成人提出的要求所引起的。两三岁的幼儿逐渐学会依照语言指令组织自己的注意。

幼儿早期有意注意发展得比较缓慢。只有在成人提出非常具体的任务时，他们才能把注意集中到有关对象上，而且极易分心，对稍微复杂的任务，必须由成人不断用言语提醒、督促，才能排除干扰，完成任务。

二、学前儿童注意的发展及其特点

随着年龄增长，学前儿童的注意逐渐发展，呈现出如下特点：

（一）无意注意率先发展并占优势

3岁前幼儿的注意基本上是无意注意。3~6岁幼儿的无意注意已快速发展。凡是鲜明、直观、生动具体的形象，突然变化的刺激物都能引起幼儿的无意注意。但各年龄段的幼儿由于所受教育以及生理、心理发展等方面的差异，他们的注意表现出不同的特点。

小班幼儿的无意注意占明显优势，新异、强烈及活动着的刺激物很容易引起他们的注意。他们入园后经过一段时间的适应，对于喜爱的游戏或感兴趣的学习活动，也可以聚精会神地参与。但是，他们的注意很容易被其他新异刺激所吸引，也容易转移到新的活动中。例如在“娃娃家”游戏中，刚开始幼儿会把自己当成“娃娃”的妈妈，耐心地照顾“娃娃”，但当她转身去拿衣服给“娃娃”穿，发现其他小朋友正在排队当“病人”时，她的注意会一下子被吸引到“小医院”的游戏区，她就会放下“娃娃”，跑去当“病人”了。小班幼儿的注意很不稳定，如当一个幼儿因为得不到一个玩具而哭闹时，教师可以拿另一个有趣的玩具转移他的注意。这时，虽然他的脸上还挂着泪珠，他却很快又高兴地玩起来了。

中班幼儿经过幼儿园一年的教育，其无意注意已进一步发展，且比较稳定。他们对于有兴趣的活动，能够长时间地保持注意。例如玩“蛋糕房”游戏时，幼儿一看到各种糕点和模具便兴致很高，在游戏中能够较长时间保持注意，玩个不停。在学习活动中，中班幼儿对感兴趣的内容，不但能持久、稳定地保持注意，而且集中的程度也较高。

大班幼儿的无意注意进一步发展和稳定。他们对于有兴趣的活动，能比中班幼儿更长时间地保持注意。直观、生动的教具可以引起他们长时间的探究。中途突然中止他们的活动，往往会引起他们的反感。同样，大班幼儿可以较长时间地听教师讲述有趣的故事，不受外界的干扰，对于影响讲述的因素会明显地表现出不满，而且设法加以排除。大班幼儿的无意注意已高度发展且比较稳定。

（二）有意注意初步发展

幼儿在3岁前已出现有意注意的萌芽。3岁后，有意注意逐渐形成和发展。有意注意是由脑的高级部位，特别是额叶控制的。额叶要比大脑皮层的顶叶、颞叶、枕叶成熟得晚。3岁后，额叶有了一定的发展，为有意注意的发展提供了一定的生理条件。有了这个条件，幼儿的有意注意在成人的要求和教育下就开始逐渐发展。

小班幼儿的注意是无意注意占优势，其有意注意只是初步形成。他们逐渐能够依照要求，主动地调节自己的心理活动，集中注意于应该注意的事物。但有意注意的稳定性很低，心理活动不能有意地持久集中于一个对象上。在良好的教育条件下，他们一般也只能集中注意 3~5 分钟。

中班幼儿随着年龄的增长，在正确教育的影响下，有意注意得到发展。在适宜条件下，有意注意集中的时间可达到 10 分钟左右。在短时间内，他们还可以自觉地把注意集中于一种并非十分吸引他们的活动上。

大班幼儿在正确的教育下，有意注意迅速发展。在适宜条件下有意注意集中的时间可延长到 10~15 分钟。如此，他们就能够按照教师的要求去组织自己的注意。在观察图片时，他们不仅可以了解主要内容，也可在教师提示下或自觉地去注意图片中的细节和衬托部分。

三、学前儿童注意的品质及其教育

注意是心理活动的一种积极状态，是外界信息或知识通向心灵的“门户”，具有四种品质，分别是广度、稳定性、分配和转移。为了提高幼儿教育的质量，促进幼儿心理的发展，教师应当根据幼儿注意的品质或特点组织各种活动。

（一）注意的广度

注意的广度，也叫注意的范围，是指在同一瞬间所把握的对象的数量。“眼观六路，耳听八方”“一目十行”，指的都是注意的广度。它是注意的一个重要品质。注意的范围有一定的生理制约性。在 1/20 秒的时间内，成人一般能注意到 4~6 个相互之间没有联系的黑点，而幼儿只能看到 2~4 个。注意的范围还取决于注意对象的特点以及注意者本人的知识经验。注意对象越集中，排列越有规律，越有内在的意义联系，注意者的知识经验越丰富，注意的范围就越大。例如，10 个胡乱分布的圆点不易引起注意，如果 5 个为一组排成 2 朵梅花形，就很容易被看清楚。

由于受生理和知识经验的限制，幼儿的注意广度比较小，因此，教师在指导幼儿活动或教学中，要努力做到以下几点：

第一，要提出具体而明确的要求，在同一个短时间内不能要求幼儿注意更多的方面。

第二，在呈现挂图或其他直观教具时，同时出现的刺激物的数目不能太多，而且排列应当规律有序，不可杂乱无章。

第三，要采用各种幼儿喜闻乐见的方式或方法，帮助幼儿获得丰富的知识经验，以逐渐扩大他们注意的广度。

（二）注意的稳定性

注意的稳定性指注意在集中于某一对象或某一活动时所能持续的时间。注意持续的时间越长，注意的稳定性就越好。注意的稳定性是一种重要的注意品质，是幼儿游戏、学习等活动获得良好效果的基本保证。

幼儿注意的稳定性与注意对象及幼儿自身状态都有关系。注意对象单调无变化，不符合幼儿的兴趣，幼儿注意的稳定性就差；反之，注意对象新颖生动，活动方式适宜、有趣，幼儿注意的稳定性就好。幼儿注意的稳定性随年龄增长而增强。在良好的教育环境下，3 岁幼儿能集中注意

3~5 分钟，4 岁幼儿能集中注意 10 分钟左右，5~6 岁幼儿能集中注意 10~15 分钟。如果教师组织得法，5~6 岁幼儿可集中注意 20 分钟。研究表明：游戏是幼儿最感兴趣的活动形式；在游戏条件下，幼儿注意稳定的时间比在一般条件下，特别是枯燥的实验室条件下长得多。但总的来说，幼儿注意的稳定性不强，特别是有意注意的稳定性水平较低，他们容易受外界无关刺激的干扰。因此，要提高幼儿教育质量，教师必须努力做到以下几点：

第一，教育教学内容难易适当，符合幼儿心理发展水平。幼儿教育研究和实践说明，教育教学内容过难或过易，都容易导致幼儿注意分散。

第二，教育教学方式新颖多样，富于变化。尤其是在内容较抽象的教学活动中，方式更要新颖、生动有趣。

第三，幼儿园小、中、大班的作业时间长短有别，集中活动的时长适当，活动的内容多样化。教师不能要求幼儿长时间地做一件枯燥无味的事。

（三）注意的分配

注意的分配是指在同一时间内，注意指向两种或几种不同的对象与活动。它是一种重要的注意品质。通俗地说，就是指人在同一时间内，同时注意两个以上的事物或从事两种以上的活动。例如，同学们一边唱歌一边跳舞。一个善于分配注意的人，能够在同一时间内，花费较少的精力从事较多内容的学习或活动。

注意分配的条件是同时进行的两种或几种活动中至少有一种非常熟练，甚至达到自动化程度。如果几种活动都不熟练，注意分配就很困难。注意分配还与注意对象刺激的强度和个人的兴趣、控制力、意志力的强弱等因素有关。幼儿自我控制力差，更缺乏必要的技能技巧，因此幼儿注意的分配较差，常常顾此失彼。例如：幼儿开始学跳舞时，注意了手的动作，脚的动作就乱了；注意了脚的动作，双手又停止不动了。在良好的教育条件下，随着年龄的增长，幼儿注意分配的能力逐渐增强。例如，3 岁幼儿自己活动时，顾及不到别人，所以只能单独玩；4 岁幼儿可以和别的小朋友联合做游戏；5~6 岁的幼儿能参加较复杂的集体游戏和活动，并能和其他小朋友协调一致。要培养幼儿注意分配的能力，增强幼儿的活动效果，可从以下几个方面努力：

首先，通过各种活动，培养幼儿的有意注意以及自我控制能力。

其次，加强动作或活动练习，使幼儿至少对其中的一种动作或活动掌握得比较熟练，不必花费多少注意或精力。比如，教幼儿跳舞时，要先教会幼儿脚的动作，然后可在舞步练习中教手的动作。

再次，使同时进行的两种或几种活动在幼儿头脑中形成密切的联系。如果教师帮助幼儿懂得歌词和表演动作之间的意义联系，让幼儿既懂得歌词的意思，又理解了自己的动作所表达的意思，而且唱和跳的动作都比较熟练，幼儿表演起来就能比较协调、自如，富有感情；否则，幼儿不是忘了歌词，就是忘了动作。

（四）注意的转移

注意的转移是指有意识地调动注意，从一个对象转移到另一个对象上。这反映了注意的灵活性。小班幼儿不善于灵活转移自己的注意，以致该注意另一对象时却难以从原来的对象移开。大班幼儿则能够根据要求比较灵活地转移自己的注意。

影响注意转移快慢的因素：一是先前活动中注意的紧张程度。如果原来活动中注意处于高度紧张状态，随后活动中注意的转移就难，反之则容易。如幼儿参加户外比赛挑战类游戏时没有挑战成功，游戏结束后还会情不自禁地继续思考如何才能挑战成功。二是后续活动对象的特点。如果后面引起注意的事物或活动对一个人更重要、更有趣，注意转移就迅速，如当前面一节课是室内的数学活动，而紧跟着的是一项幼儿感兴趣的户外游戏活动时，此时注意的转移就容易实现，反之就比较困难。三是一个人的神经活动的灵活性。一个神经活动灵活性好的人，其注意转移就快，反之就慢。

四、学前儿童注意的分散

注意的分散，即分心，是被动的，是指注意受到无关刺激的干扰而离开了需要注意的对象。注意的分散不同于注意的转移，注意的转移是主动的。由于身心发展水平的限制，幼儿一般还不善于控制自己的注意。如果教育内容或方法不当，幼儿就很容易出现注意的分散。

（一）学前儿童注意分散的原因

1. 无关刺激过多

学前儿童的注意是无意注意占优势。他们容易被新异的、多变的或强烈的刺激物所吸引，容易受无关刺激的影响，注意的稳定性较差。例如，活动室的布置过于繁杂，环境过于喧闹，都可能影响幼儿的注意，使他们不能把注意集中于应该注意的对象上。实验表明，让幼儿选择游戏时，一般以提供四五种不同的游戏为宜，不能提出太多的游戏，否则，他们既难选择，也难集中注意玩好。

2. 疲劳

由于神经系统的机能还未充分发展，幼儿处于紧张状态或从事单调活动时易产生疲劳，出现“保护性抑制”，起初表现为无精打采，随之注意开始涣散。所以，幼儿教育要注意动静搭配，时间不能过长，内容与方法力求生动多变，引起兴趣，防止幼儿疲劳和注意涣散。

造成疲劳的另一重要原因是缺乏科学的生活规律。有的家长不重视幼儿的作息制度，晚上让幼儿看很长时间的电视，或让幼儿和成人一样晚睡；有的家长在双休日为幼儿安排过多的活动，如上公园、逛商店、访亲友等，破坏了幼儿原来的生活规律：这样会使幼儿得不到充分休息，而且过分兴奋。

3. 目的或要求不明确

有时，教师对幼儿提出的要求不具体，或者活动的目的不能被幼儿理解，也是引起幼儿注意分散的原因。幼儿在活动中常常因为不明确应该干什么而左顾右盼，转移注意，影响其积极从事相应活动。

4. 不善于转移注意

幼儿注意的转移品质还没有充分发展，因而不善于依照要求主动调动自己的注意。例如，幼儿听完一个有趣的故事，可能会长久地受到某些生动的内容情节的影响，难以迅速地把注意转移到新的活动上，因而在从事新的活动时，往往还“惦记”着前一活动而出现注意分散现象。

5. 无意注意和有意注意没有并用

教师只组织一种吸引幼儿注意的形式，也会引起幼儿注意分散，例如，只用新异刺激来引起幼儿的无意注意，而当新异刺激失去新异性时，幼儿便不再注意。教师如果只调动幼儿的有意注意，让他们长时间地主动集中注意，会引起幼儿疲劳，更易导致幼儿的注意分散。

（二）学前儿童注意分散的防止

针对学前儿童注意分散的原因，教师或家长应采用适当措施防止注意分散。

1. 防止无关刺激的干扰

教师组织游戏时不要一次呈现过多的刺激物，上课前应先把玩具、图画书收起并放好，不要过早呈现上课时运用的挂图等教具，用过应及时收起。对年幼的儿童更不要出示过多的教具。教师本身的装束要整洁大方，不要有过多的装饰，以免分散幼儿的注意。

2. 制定合理的作息制度

成人应为幼儿制定合理的作息制度，使幼儿有充分的睡眠和休息时间。晚上不要让幼儿多看电视或看得太晚，周末不要让幼儿外出玩得太久。要使幼儿的生活有规律，保证他们有充沛的精力从事学习等活动。

3. 培养良好的注意习惯

成人应培养幼儿集中注意的良好习惯，以免他们在学习或参加其他活动时随便行动或漫不经心。成人不要随便干扰幼儿，以免分散他们的注意。

4. 适当控制儿童的玩具和图书的数量

这里的数量不是指购买的数量，而是指某一时间段内提供给幼儿的数量。若玩具过多，孩子一会儿玩玩这个，一会儿玩玩那个，很容易什么活动也开展不起来，什么玩具也玩不长。给幼儿适当数量的活动材料，把其余的收起来，有利于培养幼儿集中注意的习惯。儿童玩具应该少而精。

5. 不要反复向幼儿提要求

教师或家长向幼儿提要求或嘱咐时，唯恐他们没听见或没记住，常反复说上许多遍。这种做法十分不利于培养幼儿注意听的习惯，因为在他们看来，这次有没有注意没关系，反正教师或家长还会再讲。如果教师或家长没有这习惯，幼儿反而可能会认真听。

6. 灵活地交替吸引无意注意和有意注意

教师可以运用新颖、多变、强烈的刺激吸引幼儿的无意注意。但无意注意不能持久，而且学习等活动也不是专靠无意注意完成的，因而教师还要培养幼儿的有意注意。教师可向幼儿讲明学习本领和做其他活动的意义和重要性，说明必须集中注意的道理，使幼儿逐渐能主动地集中注意，即使对不十分感兴趣的事物也能努力注意。

7. 提高教学质量

教师要积极提高教学质量，这是防止幼儿分散注意的重要保证。教师要多方面改善教学内容，改进教学方法。所有的教具要色彩鲜明，能吸引幼儿的注意；所用挂图或图片要突出中心，语词要形象生动，能为幼儿所理解。此外教师要激发幼儿旺盛的求知欲和好奇心，以及良好的情感态度，以促进幼儿持久集中注意，防止其注意受到干扰而分散。

拓展阅读

好动与多动症

我们经常感到有一些幼儿特别好动，注意容易分散。这些好动的幼儿常常因为周围细小的动静而不能集中注意。他们在搭积木、画图、听故事时，即使感到有兴趣，也只能在短时间内集中注意。他们参加规则游戏前，往往不注意听教师讲解游戏规则，所以在游戏开始后，并不知道怎样玩，有时甚至妨碍游戏的进行。而在语言课、计算课等学习活动中，他们注意分散的现象就更加明显。他们往往不能按照要求专心参加活动，专心听讲的时间很短暂。他们有时两眼盯着教师，貌似注意，实际上在开小差，根本没有听。当大家回答问题时，他们也会举起手来，但让他们回答时，他们会很茫然。这类幼儿只有当教师严格要求和不断督促时，才能把注意集中得稍久。研究表明，这些幼儿智力水平往往并不低下，只是由于注意分散、集中困难，其学习成绩和发展受到较大影响。

父母和教师对于好动的幼儿十分担心，甚至轻率地断定他们是多动症患者，这是非常不恰当的。

多动症也称轻微脑功能失调，这是一种行为障碍，主要特征是活动过多，注意力不集中，容易激动，行为冲动，情绪不稳定。

一个幼儿是否患多动症，仅凭经验是难以断定的，必须根据生活史、临床观察、神经系统检查、心理测验等进行综合分析，才能确定。

教师首先要从自己的教育教学工作出发来确定幼儿注意分散的原因，切不可把注意容易分散的幼儿轻率地视作多动症患者而加以指斥和推卸责任。这样不仅不能使幼儿改正其行为的缺点，而且会使幼儿从小被贴上多动症的标签而影响他们心理的健康发展。

五、学前儿童注意的培养

（一）培养学前儿童广泛的兴趣

学前儿童的注意受其自身兴趣的制约。直接兴趣是学前儿童无意注意的源泉。学前儿童在做自己感兴趣的事情时，总会很投入、很专心，而且注意维持时间比较长。如他们能够很长时间观察墙角蚂蚁的一举一动，并能在注意的过程中发现或获得一些知识。但如果让他们做加减运算，他们则会漫不经心，注意涣散。

培养学前儿童的兴趣，要采取启发诱导的方式。如欣赏抽象的绘画作品时，可以利用故事或者幼儿感兴趣的事物来吸引其注意。

兴趣是产生和保持注意的主要条件。学前儿童对事物的兴趣越浓厚，其注意维持的时间越久，也越集中。因此，家长和教师应该注意培养学前儿童广泛的兴趣，促进学前儿童注意的发展。

（二）充实学前儿童的生活内容，丰富学前儿童的知识经验

丰富学前儿童的知识经验不仅有助于其兴趣的形成与发展，而且能促进其注意的广度、注意的稳定性、注意的分配等注意品质的发展。因此教师在教学中应当不断充实学前儿童的生活内容，丰富其知识经验。家长和教师可经常带着幼儿去博物馆、科技馆、美术馆、公园、动物园、展览馆、音乐节现场等各种场所，让幼儿边看边玩，边玩边问，边问边记录。幼儿接触的范围越来越广，知识经验会越来越丰富，注意的范围也会越来越大。

（三）让学前儿童明确活动目的，自觉集中注意

学前儿童对活动的目的、意义理解得越深刻，完成任务的愿望越强烈，在活动过程中，注意就越集中，注意维持的时间也就越长。因此，在教育活动中，教师要让学前儿童明确活动的任务、要求，逐步使学前儿童学会根据需要集中自己的注意去完成任务，进而促进其注意的发展。在日常生活中，教师可以训练学前儿童带着目的去自觉地集中和转移注意。如在讲《好饿的毛毛虫》

绘本故事前，事先向幼儿提问“毛毛虫吃了哪些东西，待会儿故事结束后我会请小朋友们告诉我哦”，这样可以有目的地促进幼儿有意注意的发展，使其逐渐养成集中注意的习惯。

（四）在游戏中训练学前儿童的注意力

游戏是最适合学前儿童身心发展的一种活动形式，也是学前儿童最喜爱的活动。在游戏中，学前儿童往往心情愉快、兴趣浓厚，心理活动处于积极状态，而且目的、任务明确，因此游戏时学前儿童很容易集中注意。实验证明，学前儿童在游戏中注意集中程度较高，稳定性较强。如幼儿对吹泡泡感兴趣，教师就可以将吹泡泡活动与美术活动结合起来，这样既可以激发幼儿对美术的兴趣，又能促进其集中注意。家长和教师应当以游戏为载体，将游戏贯穿于五大领域的活动中，在游戏中训练学前儿童的注意力。

思考与练习

一、名词解释

1. 注意：

2. 注意分散：

3. 无意注意：

4. 有意注意：

二、选择题

1. 儿童一进商场就被漂亮的玩具吸引，儿童在这一刻出现的心理现象是（　　）。

A. 注意　B. 想象　C. 需要　D. 思维

2. 幼儿在绘画时常常“顾此失彼”，说明幼儿注意的（　　）较差。

A. 稳定性　B. 广度　C. 分配能力　D. 范围

3. 幼儿认真完整地听完老师讲的故事，这一现象反映了幼儿（　　）。

A. 注意的选择性　B. 注意的广度　C. 注意的稳定性　D. 注意的分配

4. 小班集体教学活动一般都安排 15 分钟左右，是因为幼儿有意注意时间是（　　）。

A. 20~25 分钟　B. 3~5 分钟　C. 15~18 分钟　D. 10~11 分钟

5. 在良好的教育环境下，5~6 岁幼儿能集中注意（　　）。

A. 5 分钟　B. 10 分钟　C. 15 分钟　D. 7 分钟

6. 幼儿开始学跳舞时，注意了脚的动作，手就一动不动；注意了手的动作，脚步又乱了。这说明幼儿注意的（　　）。

A. 稳定性比较差　B. 范围比较小　C. 分配能力较差　D. 转移能力有限

7. “心不在焉，则黑白在前而不见，擂鼓在侧而不闻”说明人的心理活动过程离不开（　　）。

A. 感知　B. 记忆　C. 注意　D. 思维

8. 3~6 岁儿童注意的特点是（　　）。

A. 无意注意占优势，有意注意逐渐发展

B. 有意注意占优势，无意注意逐渐发展

C. 无意注意和有意注意都没什么发展

D. 无意注意和有意注意同步发展

三、简答题

1. 无意注意产生的条件有哪些?

2. 引起和保持有意注意的条件有哪些?

3. 学前儿童注意发展的特点有哪些?

4. 学前儿童注意分散的原因有哪些?

5. 如何培养学前儿童的注意?

四、案例分析题

实习教师张老师为了把课上得更加生动形象，在上课时带去了不少直观教具，如实物、图片、模型等。进教室后，她把这些教具随意地放在桌子上或挂在黑板上。她想，今天的课一定会收到很好的效果，但结果相反。

请运用所学的学前儿童注意的相关知识来进行分析。

第四章

学前儿童的感觉和知觉

【目标导航】

1. 掌握感觉和知觉的概念并理解二者的关系。
2. 了解感觉和知觉的作用。
3. 掌握感觉和知觉的种类。
4. 理解并掌握感觉和知觉的特性。
5. 掌握学前儿童感觉和知觉是如何发展的。
6. 掌握培养学前儿童观察力的方法。

【思维导图】

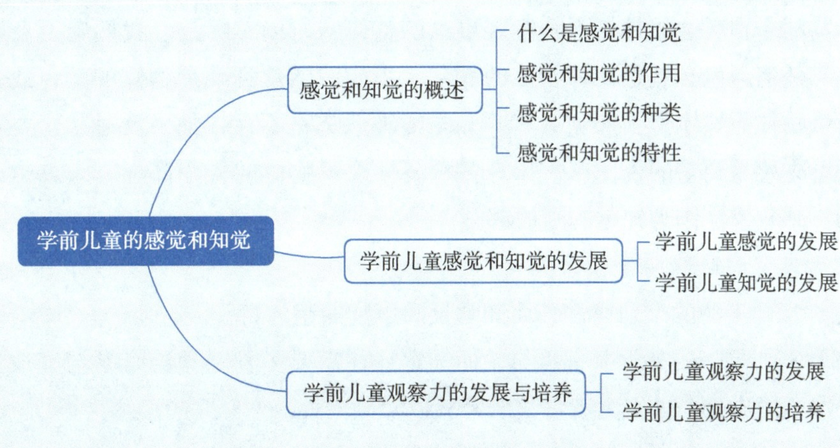

第一节　感觉和知觉的概述

一、什么是感觉和知觉

（一）感觉和知觉的概念

感觉是人脑对直接作用于感觉器官的客观事物的个别属性的反映。如我们面前放一个芒果，我们是怎样认识它的呢？我们用眼睛看，知道它是黄色的，有椭圆的形状；用嘴去咬，知道它是甜的；拿在手上掂一掂，知道它有一定的重量。我们的头脑接受并加工了这些属性，进而认识了这些属性，这就是感觉。但是，任何客观事物的个别属性都不可能孤立地存在。客观事物是由多种个别属性有机结合起来构成的整体。如图 4-1 中的积木，你是如何知道它是积木的呢？其实我们的大脑并非孤立地反映它的颜色、气味、软硬度、形状等特点，而是通过分析和综合，从整体上同时反映出它是积木，这就是知觉。知觉是人脑对直接作用于感觉器官的客观事物的整体反映。其实质是说明作用于感官的事物"是什么"这个问题。它和感觉一样，都是对直接作用于感觉器官的客观事物的反映。

图 4-1　积木

（二）感觉和知觉的关系

感觉和知觉是认识过程的开端，也是认识过程的初级阶段，二者既有联系又有区别。

1. 感觉和知觉的联系

（1）感觉是知觉的基础。

感觉和知觉都是人脑对当前直接作用于感觉器官的客观事物的反映。离开了客观事物对人的作用，人就不会产生相应的感觉与知觉。事物的整体是事物个别属性的有机结合，对事物的知觉也是反映事物个别属性的感觉在头脑中的有机结合。由此看来，感觉是知觉的基础。没有感觉也就没有知觉。感觉越精细、越丰富，知觉就越正确、越完整。

（2）知觉是感觉的深入和发展。

客观事物的个别属性总是离不开客观事物的整体，所以实际上，我们绝不会脱离花而孤立地看花的颜色。任何颜色必然是某种物体的颜色。当我们感觉到某种物体的颜色或其他属性时，实际上已经对该物体的整体有了知觉。离开知觉的纯感觉是不存在的。反过来，要对整个物体有知觉，又必须首先感觉到它的色、形、味等各种属性以及物体的各个部分。人总是以知觉的形式直接反映事物，感觉只是作为知觉的组成部分。

2. 感觉和知觉的区别

（1）感觉反映事物的个别属性，而知觉反映事物的整体特征。

（2）感觉需要单一的感觉器官参与，而知觉往往需要多种感觉器官参与完成，并且知觉还包含其他的一些心理成分，如知觉者过去的经验以及倾向性。

二、感觉和知觉的作用

（一）感觉和知觉是认识的开端，是获得知识的源泉

人对客观世界的认识从感觉和知觉开始。人类的知识无论是来自自身经历的直接经验，还是来自通过阅读书本得到的间接经验，都是先通过感觉和知觉获得的。人类的知识无论多么复杂，都建立在通过感觉和知觉获得的感性知识的基础上。

（二）感觉和知觉是一切心理现象的基础，也是个体与环境保持平衡的保障

感觉和知觉是比较简单的心理过程，但它给高级的复杂的心理过程提供了必要基础。没有感觉和知觉，外部刺激就不可能进入人脑中，人也就不可能产生记忆、想象、思维等高级的心理过程。感觉和知觉不仅为记忆、思维、想象等提供材料，也是动机、情绪、个性特征等一切心理活动的基础。没有感觉和知觉，也就没有人的心理。当人的感觉被剥夺或感觉和知觉缺损时，人的心理就会出现异常，人就会出现严重的心理障碍甚至难以生存。感觉剥夺实验就是最好的证明。在感觉剥夺实验中，人在感觉完全隔绝的情况下，记忆、思维、言语能力都出现了不同程度的障碍，人甚至还产生了幻觉与强迫症状，导致正常的心理活动受到破坏。由此可见，感觉和知觉对于维护人的正常心理、保证人与环境的平衡起着极为重要的作用。

拓展阅读

感觉剥夺实验

所谓感觉剥夺，指的是有机体处于与外界环境刺激高度隔绝的特殊状态。有机体处于这种状态时，外界的声音刺激、光刺激、触觉刺激都被排除。

贝克斯顿等心理学家为了了解感觉对个体发展的意义，进行了感觉剥夺实验并于 1954 年首次报告了实验结果。在实验中，他们把被试关在恒温密闭隔音的暗室内。严格控制被试的感觉输入：如给被试戴上半透明的塑料眼罩，限制他们的视觉；给被试戴上纸板做的套袖和棉手套，限制他们的触觉；让被试的头枕在用 U 形泡沫橡胶做的枕头上，同时用空气调节器的单调嗡嗡声限制他们的听觉。7 天之后，被试出现感觉剥夺的病理心理现象：出现视错觉、视幻觉、听错觉、听幻觉；对外界刺激过于敏感，情绪不稳定，紧张焦虑；主动注意涣散；思维迟钝；暗示性增强；神经症征象；等等。这个实验（这种非人道的实验现在已经被禁止了）表明：丰富的、多变的环境刺激是有机体生存与发展的必要条件。

三、感觉和知觉的种类

（一）感觉的种类

感觉的种类是根据分析器的特点以及它所反映的最适宜刺激物的差异而划分的。感觉可以分为两大类：外部感觉和内部感觉（表 4-1）。外部感觉的感受器位于人体的表面或接近表面的地方，主要接受来自体外的适宜刺激，反映体外事物的个别属性。外部感觉主要有视觉、听觉、味觉、嗅觉、肤觉。内部感觉的感受器位于肌体的内部，主要接受肌体内部的适宜刺激，反映自身的位置、运动和内脏器官的不同状态。内部感觉包括运动觉、平衡觉和机体觉。

表 4-1　感觉的种类

感觉的种类		适宜刺激	感受器	反映属性
外部感觉	视觉	380~780 纳米的光波	视网膜的视锥细胞和视杆细胞	黑色、白色、彩色
	听觉	16~20 000 赫兹的声波	耳蜗的毛细胞	声音
	味觉	溶于水的有味的物质	舌上味蕾的味觉细胞	酸、甜、苦、咸等味道
	嗅觉	有气味的挥发性物质	鼻腔黏膜的嗅细胞	气味
	肤觉	机械性刺激、温度性刺激、伤害性刺激	皮肤和黏膜上的冷点、痛点、温点、触点	冷、痛、温、压、触
内部感觉	运动觉	骨骼肌运动、身体四肢位置状态	肌肉、肌腱、韧带、关节中的神经末梢	身体运动状态、位置变化
	平衡觉	人体位置变化（直线变速或旋转运动）	内耳、前庭和半规管的毛细胞	身体位置变化
	机体觉	内脏器官活动变化时的物理化学刺激	内脏器官壁上的神经末梢	身体疲劳、饥渴和内脏器官活动不正常等

（二）知觉的种类

根据不同标准，知觉可以有不同的分类。

1. 根据知觉过程中起主导作用的分析器分类

根据知觉过程中起主导作用的分析器的差异，我们可以把知觉分为视知觉、听知觉、嗅知觉、味知觉、肤知觉等。如听广播时听知觉起主导作用；看书时视知觉起主导作用。这些是单一知觉，但是看电影时，就是视知觉和听知觉共同起作用了。

【想一想】你能区分视觉与视知觉、听觉与听知觉、嗅觉与嗅知觉吗?

2. 根据知觉对象分类

根据知觉对象的不同，我们可以把知觉分为物体知觉和社会知觉。

(1) 物体知觉。物体知觉是我们针对物的知觉，又可以分为以下三种。

① 空间知觉。空间知觉是对事物的空间特性的反映，它包括对形状、大小、方位、距离等的知觉。通过空间知觉，我们不仅可以认识事物的形状及大小，而且可以认识物体的上下、左右、前后等方位。

② 时间知觉。时间知觉是人脑对客观事物发展变化的顺序性和延续性的反映。时间知觉主要是通过自然界的周期现象，由机体内的各种生理过程有节律的周期变化以及其他计时工具来进行的，同时，它还受人的兴趣、态度、情绪和知识经验的影响。

③ 运动知觉。它是人脑对物体的位置移动及其速度的知觉。运动知觉的主要作用是分辨物体的运动状态以及运动速度。运动知觉的产生依赖物体本身运动的速度、物体与观察者之间的距离以及观察者本身所处的状态及其参照系等。

(2) 社会知觉。社会知觉就是对人的知觉，对由人的社会实践所构成的社会现象的知觉，具体包括对他人的知觉、对自己的知觉和对人与人之间关系的知觉等。

3. 根据知觉内容是否符合客观现实分类

根据知觉内容是否符合客观现实，我们可把知觉分成正确的知觉与错觉。

正确的知觉是人的知觉的主要方面，它是人脑对事物本来面貌的反映。错觉又叫错误知觉，是一种对客观事物不正确的、歪曲的、不符合客观实际的知觉。包括几何图形错觉（高估错觉、对比错觉、线条干扰错觉）、时间错觉、运动错觉、空间错觉、声音方位错觉、形重错觉、触觉错觉等。

四、感觉和知觉的特性

（一）感觉的特性

1. 感受性和感觉阈限

感受性是感觉器官对适宜刺激的感觉能力。不同的人对同等强度刺激物的感觉能力是不一样的。感受性高的人能感觉到的刺激，不一定被感受性低的人感觉到。同一个人在不同条件下，对同一刺激物的感受是不同的。

感觉阈限是用来测量感受性高低的指标，用刚能引起感觉的刺激量来表示，可分为绝对感觉阈限和差别感觉阈限两类。绝对感觉阈限测量绝对感受性。例如，把一个非常轻的物体慢慢地放在被试的手掌上，被试不会有感觉，但如果一次次地稍稍增加物体的重量，并达到一定重量时，就会引起被试的感觉反应。这个刚能引起感觉的最小刺激量称为绝对感觉阈限。感觉出最小刺激量的能力称为绝对感受性。差别感受性是指觉察出两个同类刺激物之间最小差别量的能力，这个最小差别量叫作差别感觉阈限。刺激物引起感觉后，刺激数量的变化并不一定能引起感觉的变化。例如，100 克的重量，再加上 1 克，人并不一定能感觉到重量的增加，但是如果增加 4 克，人就能感受到重量的变化了。4 克就可能是这个被试重量辨别的最小差别量，这又叫作最小可觉差，就是被试的差别感觉阈限。差别感受性的高低用差别感觉阙限的大小来度量，两者成反比关系。差别感觉阈限越小，差别感受性越高；差别感觉阙限越大，差别感受性越低。

2. 感觉的规律

人的感受性并不是一成不变的，由于某种因素的作用，会出现暂时提高或降低的现象，这就是感受性的变化。感受性的变化有下列几种情况。

（1）感觉的适应。

适应是指在刺激物持续作用下感受性的变化。这种变化可以是感受性的提高，也可以是感受性的降低。通常强刺激可以引起感受性降低，弱刺激可以引起感受性提高。此外，一个持续的刺激可引起感受性的下降。例如，一个人从光亮处走进电影院时，起初会感到伸手不见五指，要过一段时间才能慢慢看清周围的东西，这是视觉感受性提高的暗适应；反之，从暗处到光亮的地方，最初强光使人发眩，什么也看不见，但过一会儿视力就恢复了正常，这是视觉感受性降低的明适应。除了视觉适应外，还有嗅觉、味觉、肤觉等其他感觉的适应。

（2）感觉的对比。

同一感受器接受不同的刺激使得感受性发生变化，这种变化形成的对比就是感觉的对比。感觉的对比可分为同时对比和继时对比。比如，“月明星稀”，天空上的星星在明月映衬之下显得比较稀少，而在月光暗淡的黑夜里看起来就明显地增多；灰色长方形在白色的背景下显得比黑色背景下深一些（图 4-2）；

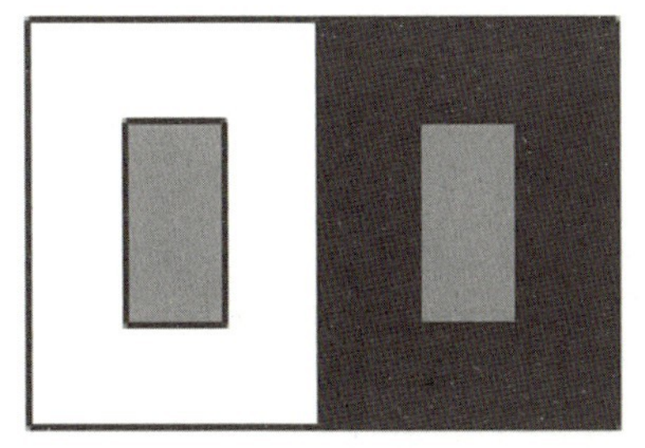

图 4-2　同时对比

这些都是同时对比。又如，在吃过甜点之后再吃苹果，觉得苹果发酸；而吃了酸苹果之后再吃甜点，甜点就显得格外甜：这些都是继时对比。

（3）感觉后象。

刺激对感官的作用停止以后，感觉并不会立即消失，而是维持一段很短的时间。这种在刺激作用停止后暂时保留的感觉印象就叫感觉后象。视觉后象表现得最为明显。如你盯着一个灯泡看了一会之后，把灯关了，眼前就会出现一个同样的或者类似的灯泡，这就是视觉后象。

（4）不同感觉间的相互作用。

不同感觉间的相互作用指的是一种感觉的感受性会由于其他感觉的影响而发生变化的现象。表现为不同感觉的相互影响、不同感觉的补偿作用和联觉现象。

① 不同感觉的相互影响。

各种感觉不是孤立存在的，而是相互联系、相互制约的。不同感觉的相互影响可以使感受性发生变化。这种变化既可以在几种感觉同时产生时发生，也可以在先后几种感觉中产生。一般的变化规律是弱刺激能提高对同时起作用的其他刺激的感受性，而强刺激会降低这种感受性。如食物的颜色、温度会影响人的味觉。

② 不同感觉的补偿作用。

一种感觉缺失可以由其他感觉来弥补的现象就是不同感觉的补偿。例如，个体由于意外丧失了视力后，他的听觉、嗅觉会在长期的实践活动中变得比之前灵敏，这就是听觉、嗅觉对视觉的补偿作用。

③ 联觉。

联觉是一种感觉相互作用，指一个刺激不仅引起一种感觉，同时还引起另一种感觉的现象。颜色感觉容易产生联觉，例如，绿色象征春天，表示青春和健康，给人喜悦和宁静的感觉；红、橙、黄等色，类似太阳和烈火的颜色，往往给人温暖的感觉。

3. 感受性的训练

人的感受性是可以通过实践活动的训练提高的。人们在生活实践中，因为生活中的某种需要，对某种感觉做长期的、精细的训练，会使这一方面的感受性大大提高。比如：汽修工侧耳一听就能听出常人听不出的发动机异常声音；有经验的品茶师呷一口茶，就知道茶的等级、产地。

（二）知觉的特性

1. 知觉的选择性

人所处的环境是复杂多样的。在某一瞬间，人不可能对周围所有的事物都进行感知，而是有选择地把某个或某些事物作为知觉对象，与此同时，把其他对象作为知觉的背景，这就是知觉的选择性。在图 4-3 中，当你选择白色为知觉对象时，黑色就是背景；当你选择黑色为知觉对象时，白色就是背景。在图 4-4 中，如果你选择兔子头作为知觉对象，你就看不到鸭子的头；如果你选择鸭子头作为知觉对象，你就看不到兔子头。这就反映了知觉具有选择性。而且知觉的对象与背景是相互依存、相互转化的。

知觉的特性（规律）

图 4-3　知觉选择性（1）

图 4-4　知觉选择性（2）

影响知觉选择性的主要因素有以下几方面。

（1）客观因素。

① 对象和背景的差异。对象与背景之间差别越大，人越容易从背景中选出对象。例如，一片荷塘里只开一朵荷花，这朵荷花就容易被发现，即“万绿丛中一点红”的现象。

② 对象的活动性。在相对静止的背景下，运动的刺激物容易被感知。如：汽车转弯时闪烁的转向灯易引起行人关注；夜晚闪烁的霓虹灯、广告牌等都易被人们感知。

③ 对象的特征。对象特征越明显，越容易被感知；特征不明显，就不易被感知。例如，走到大街上，迎面走过许多人，你不会注意他们的面貌，然而其中若有一个人穿玩偶服在发传单，他立刻就会被你发现。

（2）主观因素。

知觉者有无明确的目的，有无积极的态度，以及知觉者的兴趣、爱好、情绪状态等都影响知觉对象的选择。不同的人的注意点不同，各择所需，各取其好。

2. 知觉的整体性

知觉的对象具有不同的属性，由不同的部分组成，但是我们并不把知觉的对象感知为个别的孤立部分，而总是把它看作一个统一的整体。甚至当某些部分被遮挡或抹去时，我们也能够将零散的部分组织成完整的对象。这种特性称为知觉的整体性。知觉对象作为一个整体不是各个部分的机械堆砌。对一个事物的知觉取决于其关键性的部分，非关键性的部分一般会被掩盖。

知觉的整体性与知识经验有关。知识经验越丰富的人，越能识别出事物的关键性特征，从而精确地把握知觉对象。

3. 知觉的理解性

在知觉的过程中，人总是用过去所获得的有关知识经验，对感知事物进行加工处理并用词语把它们表示出来，知觉的这种特性就是知觉的理解性。对知觉对象的理解情况与知觉者的知识经验直接有关。例如：医生可以从 X 光片中看出身体某部分的病变情况，而一般人做不到；操作工人根据机器运转的声音能够辨别出机器是否有故障，而非此行业的人无法做到。而且，语词对人的知觉具有指导作用，可以加快人对知觉对象的理解。此外，个人的动机、期望、情绪与兴趣以及定式等对人的知觉理解性都有重要的影响。

4. 知觉的恒常性

当知觉的条件在一定范围内改变了的时候，知觉的映象仍然保持相对不变，这种特性称为知觉的恒常性。知觉恒常性现象在视知觉中表现得很明显，主要表现为下列几种：

（1）大小恒常性。学生坐在第一排座位上看教师与坐在最后一排座位上看教师时，教师在他的视网膜上的影像大小不一，但学生总是把老师看成有特定大小的形象，这就是大小恒常性。

（2）形状恒常性。图 4-5 中所绘的三扇门，由于开闭合状态不同，在视网膜上的像的形状差异很大，但我们在主观上仍倾向于视其为长方形，这就是形状恒常性。

图 4-5　形状恒常性

（3）亮度恒常性。尽管照明的亮度改变了，但我们仍倾向于认为物体的表面亮度不变。如在强烈的阳光下，煤块反射的光量远大于黄昏时白粉笔所反射的光量，但即使在这种情况下，我们还是认为煤块是黑色的，粉笔是白色的。这就是亮度恒常性现象。

（4）颜色恒常性。尽管照射物体的光的颜色改变了，但我们仍把它感知为原先的颜色。如不论在黄光照射下还是在蓝光照射下，我们总是把一面国旗感知为红色。这就是颜色恒常性现象。

第二节　学前儿童感觉和知觉的发展

一、学前儿童感觉的发展

学前儿童出生时已具备最初的感觉能力，其中，视觉、听觉、触觉的发展对学前儿童有着很重要的意义。本书将重点介绍以上三种感觉的发展。

（一）视觉

视觉是人获得外界信息的渠道之一，也是学前儿童主要的感知渠道。健康的新生儿出生后就有了视觉，之后他们的视觉迅速发展。学前儿童视觉的发展主要表现在两个方面：视觉敏锐度的发展和颜色视觉的发展。

1. 视觉敏锐度

视觉敏锐度简称视敏度，是指学前儿童分辨细小物体或远距离物体细微部分的能力，即人们通常所说的视力。在新生儿的几种感觉中，视觉是发展相对不成熟的，新生儿的最佳视距在 20 厘米左右，相当于母亲抱着孩子喂奶时，两人脸与脸之间的距离。随着月龄增长，婴儿的视敏度不断提高，1 个月左右婴儿的视力相当于成人水平的 30%，3 个月左右婴儿的视力相当于成人水平的 50%，5 个月至 6 个月婴儿的视力达到成人水平，可见，6 个月以内是学前儿童视力发展的敏感期。这个时期如果学前儿童发育异常，则可能会引起视力丧失。有研究者曾对 4~7 岁学前儿童的视敏度进行调查，认为假设 6~7 岁学前儿童视敏度发展程度为 100%，那么 4~5 岁学前儿童的视敏度发展程度为 70%，5~6 岁幼儿的视敏度发展程度为 90%。可见，学前儿童视敏度的发展还表现出不同年龄阶段发展速度的不均衡性，5 岁是学前儿童视敏度发展的转折期。

弱视是学前儿童视觉发育障碍的一种常见病。弱视形成的原因，有的是先天性的，大部分可能由高度远视、近视、斜视或不恰当地遮盖眼睛等引起。儿童的弱视是可以治疗的。据研究，无器质性病变的弱视患儿，经及时治疗，绝大多数可以获得正常视力。治疗弱视的最佳期是3~5岁。12~13岁以后弱视已经巩固，难以治疗。

因此，在学前阶段，为了幼儿视力的健康发展，教室采光要充足，桌椅的高度要考虑幼儿的身高；上课时幼儿与图片或实物的距离要恰当；教师在制作教具、图片时，对于年龄越小的幼儿，文字、图画越要大些。

2. 颜色视觉

颜色视觉是指学前儿童区别颜色细微差异的能力，又称辨色力。这种能力并非天生的，而是随着年龄的增长逐渐发展的。新生儿最初只能识别黑、白、灰三种颜色，还不能感知其他色彩。研究表明，婴儿出生后第3个月开始区分红、绿两种光刺激，但不稳定，第4个月比较稳定。4个月至8个月时，他们会出现明显的颜色偏好，喜欢暖色。到了幼儿期，在对颜色的辨别中，他们能逐渐掌握颜色的名称。学前初期的儿童能正确辨认红、黄、蓝等基本颜色，但不能很好地辨认混合色和近似色；学前中期儿童不仅能区分混合色与近似色，还能说出基本色的名称；学前晚期儿童能够运用各种颜色调配出自己所需要的颜色，并能正确地说出颜色的名称。学前儿童颜色视觉的发展主要依靠生活经验和教育。有充足时间接触大自然的学前儿童，颜色视觉往往发展得更好。

色盲是颜色视觉异常，大体可分为全色盲、全色弱、红绿色盲、红绿色弱四种。① 全色盲。对颜色完全不能辨别，只能分辨物体的形状和明暗，感觉红色黑暗，蓝色明亮。② 全色弱。也称红绿蓝黄色弱。若颜色深而鲜明，则能全部辨清；若颜色浅而不饱和，则分不清。③ 红绿色盲。不能区别红和绿色，能区别蓝和黄色。④ 红绿色弱。颜色深而鲜明时，也能区别红和绿色；视角小或颜色不饱和时，则不能区分。色盲一般是先天性遗传的。男性占5%~8%，女性较少。红绿色盲或红绿色弱者较少。用色盲检查表可以对色盲做测定。

（二）听觉

1. 新生儿听觉的发生

听觉是个体对声音的高低、强弱等品质特性的感觉。人们在与环境的接触中，有大约10%的信息来自听觉通道。听觉在学前儿童认识和适应外部世界的过程中起着极为重要的作用。有研究表明，胎儿已经有了比较明显的听觉反应。新生儿出生以后，听觉系统已经起作用。新生儿对不同的声调，声音的纯度、强度、持续时间等都有不同的反应。比如，出生后2小时至3天的新生儿，对离耳边半尺的地方发出的铃声和板声，会做出不同程度的睁眼、眨眼、皱眉等反应。据研究，以人声和物体的声响比较，新生儿爱听人的声音，尤其爱听母亲的声音，而且新生儿也爱听柔和的声音。

2. 婴幼儿听觉的发展

3个月后，由于外周和中枢各级听觉系统迅速发育，有意义的听觉活动逐渐发展。5~6个月的婴儿能够敏感地识别母亲的声音。7个月以后，婴儿听觉的发展主要与语言发展联系起来。随着年龄的增长，特别是在学习语言、接触音乐环境和接受听觉训练的过程中，婴幼儿的听觉迅速发展起来。

学前儿童的听觉感受性有明显的个体差异。有的儿童感受性高些，有的则低些，但总的来说，听觉感受性随着年龄的增长和训练的进行不断完善。研究表明，在13岁以前儿童的听觉感受性是一直在提高的，成年以后，逐渐有所降低。

学前儿童辨别语音的能力是在言语交际过程中发展和完善起来的。在幼儿中期，儿童可以辨别语言的细小差别；到幼儿晚期，儿童基本上能辨别本民族语言所包含的各种语音。

成人要重视幼儿听觉方面的障碍，尤其是“重听”现象。这种现象极易被忽视，对幼儿言语听觉、言语能力和智力的发展都会带来消极影响。促进学前儿童听觉的发展要注意三点：一是避免噪声的污染；二是创设良好的音乐环境；三是通过学习言语发展听觉。

（三）触觉

触觉是人体发展最早、最基本的感觉之一，也是人体分布最广、最复杂的感觉。触觉是肤觉和运动觉的联合，可以使人在触摸中对物体的大小、形状、软硬、粗细、光滑等属性进行感知，是学前儿童认识世界的主要手段，对人的认识过程、情绪发展过程都具有重要的作用，对于人的视觉、听觉具有代偿作用。

1. 触觉的发生

学前儿童触觉的绝对感受性在其很小的时候就发展起来了，因为其从出生时起就有了触觉反应，如新生儿天生的无条件反射。但是触觉的差别感受性在学前期才开始发展起来。

2. 口腔的触觉

对物体的触觉探索最初是通过口腔的活动进行的，后来才是手的触觉探索。

婴儿出生后，不但有口腔触觉，而且能通过口腔触觉认识物体。有研究者记录了婴儿的口腔触觉探索活动，发现 3 个月的婴儿在吮吸时，对熟悉的物体，吮吸的速度逐渐降低，出现习惯化现象。可是，换了新的物体后，他又会用力吮吸。这种事实表明，婴儿早期已经有了口腔触觉的探索活动，口腔触觉有了辨别力。

婴儿出生后第一年，其口腔触觉都是一种探索手段。手的触觉探索活动发展起来以后，口腔的触觉探索才逐渐退居次要地位。但是，在婴儿满周岁之前，口腔触觉仍然是他认识物体的重要手段。

3. 手的触觉

手的触觉是通过触觉认识外界的主要渠道。触觉探索主要通过手来进行。

婴儿出生后即有本能性触觉反应，如抓握反射。当婴儿的手心碰到物体时，他会立即把手指收起，紧握该物体。继抓握活动之后，婴儿还会出现一些无意性的触觉活动。例如，婴儿的手无意中碰到被子的边缘时，就会沿着边缘抚摸被子。这种现象属于婴儿手的无意性抚摸，是一种早期的触觉探索活动。手的真正意义上的触觉探索在婴儿 4~5 个月时才会出现，即手眼协调动作的发生。手眼协调动作的出现是出生后头半年婴儿认知发展的重要里程碑。

二、学前儿童知觉的发展

客观事物的个别属性如大小、颜色、软硬等，依靠感觉来分析，客观事物的有些属性则需要知觉来反映。本节将重点介绍学前儿童的空间知觉和时间知觉这两种重要知觉的发展。

（一）空间知觉

空间知觉是一种比较复杂的知觉，是由视觉、听觉、运动觉等多种分析器联合活动的结果。包括对物体的方位、形状、距离等的知觉。

1. 方位知觉

方位知觉是指对物体所处的空间位置（如上、下、前、后、左、右、东、西、南、北、中）

的知觉。幼儿的方位知觉发展的顺序是上、下，前、后，左、右。3 岁时幼儿能辨别上、下。4 岁时幼儿能辨别前、后。5 岁时幼儿能以自身为中心辨别左、右。6 岁时幼儿能完全辨别上、下、前、后四个方位，但以左右的相对性来辨别方位仍很困难。7 岁后幼儿才能以他人为中心辨别左、右，以及两个物体之间的左右方位。

由于幼儿辨别空间方位是从以自身为中心辨别过渡到以其他客体为中心辨别，因此，教师在舞蹈等体育活动中要做“镜面”示范。

2. 形状知觉

形状知觉是对物体几何形状的知觉。它依靠运动觉和视觉的协同活动。实验表明，3 岁幼儿基本能根据范样找出相同的几何图形，5~7 岁幼儿的正确率比 3~4 岁幼儿高。对幼儿来说，对不同几何图形的辨别难度有所不同。在幼儿初期，幼儿能正确掌握圆形、正方形、三角形、长方形。在幼儿中期，幼儿能正确掌握圆形、正方形、三角形、长方形、半圆形、梯形。到了幼儿晚期，在教师指导下，幼儿还能适当辨认菱形、平行四边形和椭圆形。

为了更好地促进幼儿形状知觉的发展，教师在教学中，一方面要让幼儿掌握关于几何图形的名称，另一方面要让幼儿在看与摸的结合中学习几何形体。

3. 距离知觉

距离知觉是辨别物体远近的知觉，也是对物体空间位置的知觉。它既是一种以视觉为主的复合知觉，又包括前庭觉等嗅觉外的其他感觉。

深度知觉是距离知觉的一种。为了判断早期的婴儿是否具有深度知觉，吉布森和沃克在 1961 年设计了“视觉悬崖”实验。

视觉悬崖（以下简称“视崖”）装置的组成如下：一张 1.2 米高的桌子的顶部是一块透明的厚玻璃。桌面的一半（浅滩）是用红白格图案组成的结实桌面，透过另一半也能看到同样的图案，但它在桌面下面的地板上（“深渊”）。在“浅滩”边上，图案垂直降到地面，虽然从上面看是直落到地的，但实际上有玻璃贯穿于整个桌面，给婴儿造成一种错觉：前面似乎是“悬崖”。在“浅滩”和“深渊”的中间是一块 0.3 米宽的中间板。实验时，36 名 6~14 个月的婴儿都被放在中间板上，让婴儿的母亲分别在“浅滩”和“深渊”两边呼唤婴儿。结果是，36 名婴儿中有 9 名婴儿拒绝离开中间板。当另外 27 位母亲在“浅滩”一侧呼唤她们的孩子时，所有的 27 名婴儿都从中间板爬过“浅滩”来到母亲身边；但当母亲在“深渊”一侧呼唤婴儿时，只有 3 名婴儿极为犹豫地爬过视崖的边缘，大部分婴儿拒绝穿过视崖，他们远离母亲爬向“浅滩”一侧或因不能够到母亲那儿而大哭起来。实验表明，6 个月的婴儿已经具有深度知觉。

经验对距离知觉的发展起着重要作用。幼儿能分清所熟悉的物体或场所的远近，对于比较广阔的空间距离，还不能正确认识。在日常生活中可以看到，2 岁幼儿伸手要求在楼上窗户前出现的妈妈抱他。幼儿对图画中人物距离的知觉也反映了受知识经验不足的影响。例如，幼儿不懂得透视原理，不懂得近物大而远物小、近物清晰而远物模糊的原理，所以在绘画作品中，经常不能把实物的距离、位置、大小等空间特性正确表现出来，不能判断作品中事物的远近位置，如把远处的树和近处的树画得一样大。

（二）时间知觉

时间知觉是对客观现象的延续性、顺序性和速度的反映。由于时间比空间更为抽象，为了正确地感知它，人类必须借助中介物，如天体的运行、人体的节律或专门的计时工具。

心理学家发现，用计时工具测量出的时间与估计的时间不完全一致。人的时间知觉与活动内容、情绪、动机、态度有关。内容丰富而有趣的活动使人觉得时间过得很快，而内容贫乏枯燥的活动使人觉得时间过得很慢；积极的情绪使人觉得时间短，消极的情绪使人觉得时间长。

在幼儿前期，人主要以人体内部的生理状态来反映时间，即以生物节律周期来反映时间，如到点就感到饿，想要吃。之后逐渐能够以外界事物作为时间的标尺。

在幼儿前期，幼儿已经有一些初步的时间概念，但往往与他们具体的生活活动相联系，比如早晨就是起床上幼儿园的时候，下午就是家长接他回家的时候，晚上就是睡觉的时候。有时幼儿也会用一些表示相对性的时间概念，如昨天、明天，但经常会用错。如“爸爸明天已经领我去奶奶家了”。一般来说，他们只懂得现在，不理解过去和将来。

在幼儿中期，幼儿可以正确理解昨天、今天、明天，也会运用早晨、晚上等词，但对于较远的时间，如前天、后天便不很理解。如一个 4 岁半的幼儿问妈妈：“我什么时候过生日？”妈妈说：“后天。”孩子问：“后天是什么时候？”妈妈说：“再睡两次觉。”孩子在闭了两次眼睛后问妈妈：“到我生日了吧？”

在幼儿晚期，幼儿可以辨别昨天、今天、明天等一些时间概念，也开始能辨别大前天、前天、后天、大后天，也能分清上午、下午，知道星期几，知道四季，但对于更短的或更远的时间概念就很难分清，如从前、马上等。

研究表明，学前儿童时间知觉表现出以下特点和发展趋势：

（1）时间知觉的精确性与年龄呈正相关。

（2）时间知觉的发展水平与儿童的生活经验呈正相关。

（3）对时间单元的知觉和理解呈现“由中间向两端”“由近及远”的发展趋势。

（4）理解和利用时间标尺（包括计时工具）的能力与其年龄呈正相关。

学前儿童的时间知觉在教育过程中得到发展。有规律的幼儿园生活能帮助幼儿建立时间观念；幼儿观察有时间联系的图片如小蝌蚪变青蛙等有助于其时间观念的形成；通过听故事，幼儿可以掌握从前、古时候、后来、很久很久等有关时间的词汇。

第三节　学前儿童观察力的发展与培养

观察是有目的、有计划、比较持久的知觉过程。观察既是知觉的高级形式，也是人从现实中获得感性认识的主动、积极的活动形式。科学研究表明，人的大脑所获得的信息，有 80%~90% 是通过视觉、听觉器官吸收进来的。因此，观察是人们学习知识、认识世界的重要途径。一切科学实验，一切科学的新发现、新规律，都是建立在周密、精确、系统的观察基础之上的。达尔文在总结自己的成就时曾说：“我既没有突出的理解力，也没有过人的机智，只是在精确观察那些稍纵即逝的事物的能力上，可能在众人之上。”巴甫洛夫一直把“观察、观察、再观察”作为座右铭。

观察力就是人在观察过程中表现出的稳定的品质和能力。观察力既是构成智力的主要成分之一，也是智力发展的基础。

一、学前儿童观察力的发展

3 岁前幼儿缺乏观察力。他们的知觉主要是被动的，由外界刺激物特点引起，而且他们对物体的知觉往往和摆弄物体的动作结合在一起。幼儿期是观察力初步形成的时期。观察力的发展在 3 岁后比较明显。观察力的发展主要表现在以下几个方面。

（一）观察的目的性逐渐加强

在幼儿初期，幼儿不善于自觉地、有目的地进行观察，不能接受观察任务，往往东张西望，或只看一处，或任意乱指。他们在没有其他刺激干扰的情况下，还能够根据成人的要求进行观察，但在其他因素干扰的情况下，容易离开既定的目的。在幼儿中晚期，观察的目的性逐渐增强，幼儿能根据任务有目的地观察，能够开始排除一些干扰，根据活动或成人的要求来进行观察。

（二）观察的持续时间逐渐延长

幼儿观察持续性的发展与目的性的增强密切联系。在幼儿初期，观察持续的时间很短。在苏联学者阿格诺索娃的实验中，3~4 岁幼儿持续观察某一事物的平均时间为 6 分 8 秒；5 岁幼儿持续观察的平均时间有所延长，为 7 分 6 秒；从 6 岁开始，观察持续时间显著增加，平均时间为 12 分 3 秒。幼儿观察的持续时间随着年龄的增长而延长。

（三）观察的细致性逐渐增强

幼儿初期观察的细致性较差，幼儿只能观察到事物粗略的轮廓，只能看到面积大的事物和事物突出的特征。而幼儿中晚期观察逐渐细致，幼儿能从事物的一些属性，如大小、形状、颜色、数量和空间关系等方面来观察，不再遗漏主要部分。

（四）观察的概括性逐渐增强

在幼儿初期，幼儿在观察中感知到的是零散、孤立的对象。这些不系统的信息使幼儿无法感知到事物的本质特征。在幼儿中晚期，幼儿能够有顺序地进行观察，从而获得对事物各个部分及各部分之间关系的比较完整的系统的印象，因此能比较顺利地概括出本质特征。

学者丁祖荫指出，幼儿对图画观察力的发展可分为四个阶段：

（1）认识“个别对象”阶段。幼儿只对图画中各个孤立零碎的事物有知觉，不能把事物有机地联系起来。

（2）认识“空间联系”阶段。幼儿只能直接感知到各事物之间的外表的、空间位置的联系，不能看到其中的内部联系。

（3）认识“因果关系”阶段。幼儿能认识到各事物之间不能直接感知到的因果联系。

（4）认识“对象总体”阶段。幼儿能观察到图画中事物的整体内容，把握图画的主题。

（五）观察方法逐渐掌握

幼儿知觉发展的一个表现是观察方法的逐渐形成和掌握。幼儿的观察最初是依赖外部动作进行的，以后逐渐内化为以视觉为主的知觉活动。如在幼儿初期，幼儿观察时常常要边看边用手指点，也就是说，视知觉要以手的动作为指导。以后，幼儿有时用点头代替手的指点，有时用自言自语来帮助表达。在幼儿晚期，幼儿可以摆脱外部支柱，借助内部言语来控制和调节自己的知觉。

幼儿的观察是从跳跃式、无序的逐渐向有序的发展。幼儿初期的观察是跳跃式的，东看一眼，西看一眼，不讲顺序。经过教育，幼儿能够学会有序地从左向右、从上到下或从外到里进行观察。

二、学前儿童观察力的培养

（一）明确观察的目的和任务

观察的效果如何取决于目的和任务是否明确。观察的目的和任务越明确，幼儿观察时的积极性越高，对某一事物的感知就越完整、清晰。相反，目的和任务不明确，幼儿就会东瞧瞧、西望望，抓不住要观察的对象，得不到收获。幼儿观察具有目的性不强的特点，他们观察的目的和任务往往需要成人帮助提出。

（二）激发观察的兴趣

兴趣是入门的向导。教师在向幼儿提出观察的目的和任务时，要以生动的语言和饱满的情绪来感染幼儿，激发他们观察的兴趣、愿望。在观察过程中教师要以良好的情绪和精神状态影响幼儿。同时，教师也要引导幼儿观察周围的事物，使幼儿对自然界，对社会生活产生浓厚的兴趣。

（三）教给幼儿观察的方法

由于受经验和认识能力的限制，幼儿在观察客观事物时往往抓不住要点。因此，教师要教会幼儿观察的方法，即先看什么，后看什么，怎样去看，引导幼儿由近及远、由表及里、由局部到整体或由整体到局部、由明显特征到隐蔽特征，有组织、有顺序地进行观察。

（四）运用多种感官观察

客观事物的特征有很多，如颜色、大小、形状、声音、气味等。在观察过程中，教师要尽量调动幼儿的多个感觉器官参与观察活动，让幼儿多看、多听、多闻、多摸。这有利于幼儿形成立体知觉形象，加深对客观事物的认识。

思考与练习

一、名词解释

1. 感觉：
2. 知觉：
3. 观察：

二、选择题

1. 幼儿教师在教授动作时往往采用“镜面示范”，原因是（　　）。

A. 幼儿是以自身为中心来辨别左右的　　B. 幼儿好模仿

C. 幼儿分不清左右　　D. 使幼儿看得更清楚

2. 下面几种新生儿的感觉中，发展相对不成熟的是（　　）。

A. 视觉　　B. 听觉　　C. 嗅觉　　D. 味觉

3. 关于幼儿对时间概念的掌握，下列说法正确的是（　　）。

A. 对一日时间延伸的认识水平高于对当日之内时序的认识水平

B. 对一日时间延伸的认识水平低于对当日之内时序的认识水平

C. 对过去的认识水平高于对未来的认识水平

D. 对未来的认识水平高于对当日的认识水平

4. 人身上最早出现的认识过程是（　　）。

A. 感觉和知觉　　B. 记忆　　C. 想象　　D. 思维

5. 幼儿最容易辨别的几何图形是（　　）。

A. 三角形　　B. 圆形　　C. 长方形　　D. 半圆形

6. 幼儿空间方位词发展的顺序是（　　）。

A. 上下、前后、左右　　B. 前后、上下、左右

C. 上下、左右、前后　　D. 前后、左右、上下

7. “视觉悬崖”装置主要用于测查婴儿的（　　）。

A. 深度知觉　　B. 形状知觉　　C. 大小知觉　　D. 方位知觉

8. 儿童观察图画起先只能认识到个别对象，后来逐渐能观察到图画的整体内容，把握图画的主题，这说明儿童观察的（　　）。

A. 目的性的加强　　B. 持续性的发展　　C. 细致性的增强　　D. 概括性的增强

9. 从亮处到暗处，人眼开始时看不见周围的东西，经过一段时间后才逐渐区分出物体，这种过程叫（　　）。

A. 感受性提高的暗适应　　B. 感受性提高的明适应

C. 感受性降低的暗适应　　D. 感受性降低的明适应

10. 教师在黑板上用红粉笔标示重点，以引起学生的重视，这是知觉的（　　）。

A. 选择性　　B. 理解性　　C. 整体性　　D. 恒常性

三、简答题

1. 简述感觉和知觉的关系。

2. 简述感觉和知觉的作用。

3. 知觉有哪几个特性？举例分析知觉的特性。

4. 如何培养学前儿童的观察力？

四、案例分析题

4岁的玲玲喜欢自己穿鞋子，但她总是把左右脚的鞋子穿反，也常常把自己的左右手搞错。请从幼儿方位知觉发展的角度分析这种现象。

第五章

学前儿童的记忆

【目标导航】

1. 了解记忆的基本概念。

2. 理解记忆的分类、品质及过程。

3. 掌握学前儿童记忆的特点。

4. 知道影响学前儿童记忆的因素。

5. 掌握学前儿童记忆能力的培养方法。

【思维导图】

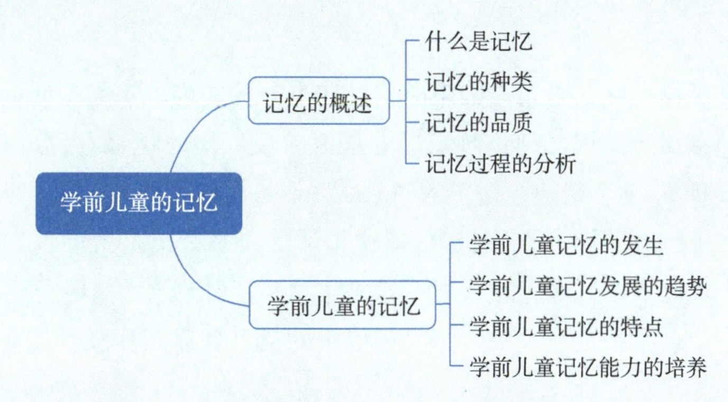

第一节　记忆的概述

人对自己经历过的事情，具有记忆的能力。正是因为记忆的存在，人经历的过去和现在才得以联结，人的心理活动才可能成为一个发展的、延续的、统一的整体。那么，什么是记忆？记忆的种类有哪些？记忆的品质有哪些？这一节我们将详细探讨。

一、什么是记忆

记忆是人脑对过去经验的反映，是一种较为复杂的心理过程。人脑的记忆能力是非常惊人的。人脑感知过的事物、思考过的问题、体验过的情绪、练习过的动作等，都可以成为记忆的内容。例如幼儿从幼儿园放学回家，可以回想起幼儿园里的环境布置、和小朋友一起玩过的游戏、被教师表扬时的愉快心情以及学过的舞蹈动作等，这都是记忆的表现。

记忆是一种积极的、能动的活动，是人脑保持信息和提取信息的心理过程。记忆包括识记（编码）、保持（存储）和回忆（提取）三个基本环节。因此，记忆不是一瞬间的活动，而是一个从“记”到“忆”的过程。

二、记忆的种类

记忆的种类

（一）根据记忆保持时间的长短分类

根据记忆保持时间的长短，记忆可以分为瞬时记忆、短时记忆和长时记忆。

1. 瞬时记忆

瞬时记忆又称感觉记忆，是指客观刺激停止作用后，感觉信息在一个极短的时间（0.25～2秒）内保留下来的记忆。例如：当幼儿在观看动画片时，虽然电视屏幕上呈现的是一幅幅静止的图像，但是幼儿看到的是连续运动的图像，这就是瞬时记忆存在的结果。

瞬时记忆是记忆的开始阶段，是未经加工的原始信息。这些信息若不加以注意，很快就会消失；若受到注意，就转为短时记忆。

2. 短时记忆

短时记忆又称工作记忆，是指人脑中的信息在 1 分钟之内加工与编码的记忆。

短时记忆是信息从感觉记忆到长时记忆的过渡阶段。短时记忆存储的信息容量是有限的，大约为 7±2 个组块，即 5～9 个组块。这里的“7±2”不是仅仅指绝对数量，也指组块的数量，比如：“我喜欢幼儿园”由 6 个汉字组成，对于理解这句话的人来说，是由“我”“喜欢”和“幼儿园” 3 个信息组块构成的句子。短时记忆中的信息保持的时间既短又容易受干扰。当有新信息插入，阻止复述时，原有信息很快就会消失。短时记忆中的信息若受到注意，就会转为长时记忆。

3. 长时记忆

长时记忆是指信息在头脑中保持一分钟以上，甚至保持终生的记忆。它的信息主要来自短时记忆经过复述和加工的结果。

长时记忆是个体经验的积累和心理发展的前提。个体对社会的适应，主要依靠从长时记忆中提取的知识和经验。长时记忆的容量是无限的，只要及时复述和加工，就能把信息保持在记忆中。

例如：幼儿园毕业时，孩子们会唱很多首儿歌，甚至成年后依然会唱这些歌。

瞬时记忆、短时记忆和长时记忆是相互联系的。如图 5-1 所示，外界刺激引起瞬时记忆。瞬时记忆如果不被注意，很快就会消失；如果受到注意，就会转为短时记忆。短时记忆若受到干扰，导致复述被阻止，就会消失；如果受到注意，被加以复述和加工，就会转为长时记忆。

存储在长时记忆中的信息在需要时又会被提取到短时记忆中，从而被人意识到。长时记忆中的信息加工得越深，记忆效果就越好。如果受到干扰或其他因素的影响，信息也会消失。

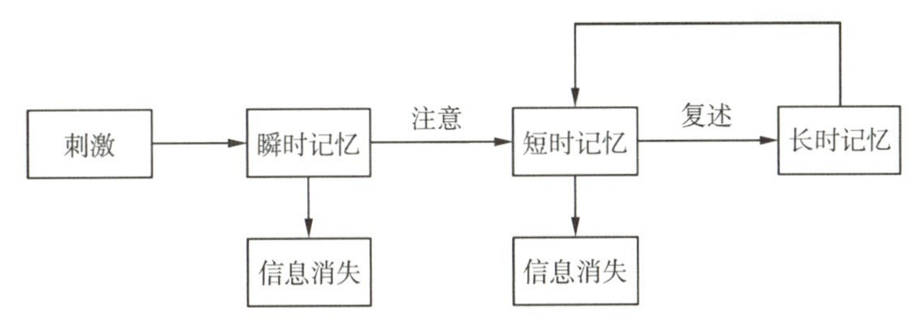

图 5-1　记忆的三个阶段示意图

（二）根据记忆的不同内容分类

根据记忆的不同内容，记忆可以分为形象记忆、运动记忆、情绪记忆和逻辑记忆。

1. 形象记忆

形象记忆是以事物的形象为内容的记忆。这一形象可以是各种感官获得的事物的各方面的属性。因为人的视觉和听觉的记忆发展得比较好，所以在形象记忆中，人以视觉、听觉记忆为主。例如：幼儿游览了天安门广场后，雄伟的天安门城楼、飘扬的五星红旗历历在目，这就属于形象记忆。

2. 运动记忆

运动记忆是以做过的动作为内容的记忆。它以过去的动作或操作动作所形成的动作表象为基础。动作记忆中的信息保持和提取都比较容易，也不容易遗忘。例如：幼儿对舞蹈、骑车、游泳等各种动作的记忆。

3. 情绪记忆

情绪记忆是以曾经体验过的情绪或情感为内容的记忆。它是个体将过去经历过的情绪或情感体验保存在记忆中，并且在一定条件下，重新体验到这种情绪或情感的过程。例如：幼儿刚上幼儿园时的焦虑、做游戏时的快乐、丢失玩具时的伤心。

4. 逻辑记忆

逻辑记忆是以各种有组织的知识为内容的记忆。逻辑记忆又称语义记忆，它是个体以语词所概括的事物之间的关系以及事物本身的意义和性质为内容的记忆。例如：幼儿知道 1+1=2，记住《世上只有妈妈好》的歌词，这些就属于逻辑记忆。

（三）根据加工和存储的不同内容分类

根据加工和存储的不同内容，记忆可以分为陈述性记忆和程序性记忆。

1. 陈述性记忆

陈述性记忆是指以陈述性知识（即事实类信息，包括字词、人名、地名、定义、时间、事件、概念和观念等）为内容，可以用语言表达出来的记忆，主要针对“是什么、为什么、怎么样”的问题。例如：记住长方形的面积公式是什么。

2. 程序性记忆

程序性记忆也称技能记忆，是指对程序性知识进行记忆的方式，通常包含一系列复杂的动作过程，因此它是有程序、动作性的，主要针对“做什么、怎么做”的问题。例如：记住如何打排球、如何骑自行车。

三、记忆的品质

（一）记忆的敏捷性

这是指记忆的效率和速度。例如：幼儿能够在较短的时间内记住一首童谣，这就是记忆敏捷性良好的表现。但仅仅以这种记忆品质来评定人的记忆品质是不全面的，因为有的人记得快，忘得也快；而有的人记得慢，忘得也慢。

增强记忆的敏捷性应注意：① 要明确识记的目的；② 要集中注意力。

（二）记忆的持久性

这是指记忆的保持时间。例如：幼儿能够把知识经验长时间地保留在头脑中，甚至终生不忘，这就是记忆持久性良好的表现。

增强记忆的持久性应注意：① 要善于把识记的材料纳入已有的知识体系中；② 要进行及时和经常性的复习。

（三）记忆的准确性

这是指记忆的正确率和精确性，即对所识记的材料，在再认和回忆时，没有遗漏、增补和错误。准确性在记忆的过程中极为重要。如果缺乏准确性，那么记忆的其他品质也就没有了意义和价值。例如：幼儿在讲述故事时，会漏掉故事情节，或者扭曲故事情节，这就是记忆的准确性不够好。

增强记忆的准确性应注意：① 认真地识记，在大脑皮层上建立精确的暂时神经联系；② 在复习时要经常把相似的材料加以比较，防止混淆。

（四）记忆的准备性

这是记忆的提取和应用特征。它是指人能迅速、及时、灵活地从记忆的储存库中提取所需要的信息或知识经验，以便解决当前的实际问题。记忆的准备性是记忆的敏捷性、持久性和准确性这三种品质的综合体现，而这三种品质只有与记忆的准备性结合起来，才有价值。

培养记忆的准备性应注意掌握的知识要系统化，这样才能做到有条不紊地从记忆储存库中随时迅速地提取所需要的材料。

四、记忆过程的分析

记忆过程包括识记（编码）、保持（存储）和回忆（提取）三个基本环节。从信息加工的角度来看，记忆过程是对输入信息的编码、存储和提取的过程。信息的输入编码是识记过程，信息的存储相当于保持过程，信息的提取则是回忆过程。

记忆过程中的识记、保持和回忆三个环节是密切联系、相互依存的。如果人脑没有识记，就谈不上之后对经验的保持；如果人脑没有识记和保持，就不可能对经历过的事物进行回忆。因此，识记和保持是回忆的前提，回忆是识记和保持的结果。

（一）识记

1. 识记的概念

识记是记忆的第一步，是把信息输入头脑、积累知识经验的过程。

2. 识记的分类

（1）根据有无目的性，识记可以分为无意识记和有意识记。

无意识记是指事先没有预定目的，不需要任何意志努力，自然而然地识记。例如：小朋友在看电视时，没有记忆目的，也没付出意志努力，就自然而然地记住了广告词。这就是所谓“潜移默化”。无意识记具有很大的选择性，人往往会对自己感兴趣、需要或有重要意义的事情产生无意识记。教师可以恰当运用无意识记的特点，让幼儿轻松记住一些知识。人们通过无意识记可以获得大量信息，但是因为没有目的性，无意识记的内容往往带有偶然性和片段性，不具系统性。

有意识记是指有明确的识记目的，并运用一定的识记方法，在识记过程中需要付出意志努力的一种识记。例如：孩子们通过跟着教师学唱、一起合唱、自己独唱等方式反复练习，记住儿歌。有意识记需要注意力和意志力的配合，是一种积极的思维活动。有意识记目的明确，内容系统，识记效果持久。在其他条件相同的情况下，有意识记的效果优于无意识记。学习活动主要依靠有意识记，这也是人们获取知识、掌握科学技术的主要途径。

（2）根据材料的性质以及对材料的理解程度，识记可以分为机械识记和意义识记。

机械识记是指根据材料的外在联系，采取多次重复的方式所进行的识记，即平时所说的死记硬背。例如：幼儿记住班级中小朋友们的名字、记住爸爸妈妈的手机号、记住家庭地址等，常常是利用机械识记。机械识记虽是一种低级的识记方式，但在生活和学习中是不可缺少的。在学习材料中总有一些内容是无意义的或意义较少的。材料越是没有内在联系，就越需要使用机械识记。机械识记效果较差，遗忘较快，它的基本条件是多次重复或复习。

意义识记又称为理解识记，是指在理解的基础上，依据材料的内在联系，并运用已有的知识经验而进行的识记。意义识记的基本条件是理解、明白了材料的内在联系，找到了材料与已有知识经验的联系，并将其纳入已有知识系统中来识记，所以意义识记的效果优于机械识记。运用这种识记，材料容易被记住，保持的时间也长，并且容易回忆。

机械识记和意义识记是人们识记的两种基本方法。在实践中，如果把机械识记和意义识记这两种方法合理地配合与运用，就可以更好地取长补短，增强识记效果。

（二）保持

1. 保持的概念

保持是记忆过程的第二个环节，是已获得的知识经验在人脑中巩固、存储的过程。保持不是识记过的材料原封不动地存储在头脑中的静态过程，而是一个富于变化的动态过程。识记的材料在保持过程中会发生不同程度的变化和遗忘。这种变化表现在量和质两个方面。

（1）量的方面的变化，一般表现为识记的内容随着时间的推移呈减少的趋势，甚至被遗忘。例如：幼儿对于教师教过的内容，当天回忆时可能会记得很清楚，可一周或一个月后再去回忆，就会忘掉一些。但也有例外的情况，美国心理学家巴拉德研究发现，识记某种材料，经过1~2天后测得的保持量，比学习后即时测得的保持量要高，这种现象叫记忆的恢复，也叫记忆回涨。实验表明，记忆恢复现象在儿童中比在成人中普遍。

（2）质的方面的变化，以英国心理学家巴特莱特所做的“画鸟成猫”实验（图 5-2）来说明。图形从 0—18 号的变化有以下几种情况：第一，简略、概括。原来图形中有些细节，特别是不太重要的细节趋于消失。第二，完整合理。画的图形常比识记的图形更合理、更有意义。第三，详细、具体。与简略、概括的趋势相反，在有的默画的图形中，增加了识记图形中所没有的细节，使图形更详细，更接近具体事物。第四，夸张、突出。与完整、合理的趋势相反的默画的图形中，把原来识记的图形的某些特点突出、夸大了，使它更具有特色。这说明识记不是一个被动地把过去经验简单地保持的过程，而是一个积极的创造的过程。

图 5-2 “画鸟成猫”实验

2. 遗忘及其规律

（1）遗忘的概念。

遗忘是指对识记过的材料不能再认或再现，或者表现为错误的再认或再现。保持和遗忘是相反的过程，保持越多，遗忘越少，反之亦然。遗忘并不是所记忆的内容完全消失。按照信息加工的观点，遗忘是大脑存储的信息在使用时不能被顺利地提取出来或是被错误提取。从现代心理学的观点看，遗忘并非全是坏事。适当的遗忘有助于提高工作、学习的效率，甚至可以促进人的精神健康。例如：两个小朋友发生矛盾，打起来了，但过了一会儿两人就忘记了之前的不愉快，和好如初。

（2）遗忘的规律。

遗忘是一个发展的过程。最早对遗忘现象进行比较系统研究的是德国心理学家艾宾浩斯。他于 1879—1884 年进行遗忘现象实验。在实验中，他让被试先学习一段无意义音节的材料，记录下记住材料所需要的时间。间隔一段时间重新来记忆这些材料，记录下重新记住材料会节省多少时间。这种方法也被称为“节省法”。节省的时间越多说明之前记忆材料后保持下来的内容就越多。实验的结果表明：在学习材料之后，间隔 20 分钟重新学习，可节省诵读时间 58. 2%左右；间隔 1 小时重新学习，可节省诵读时间 44. 2%左右；1 天后再学习，可节省诵读时间 33. 7%左右；6 天以后再学习，节省诵读时间 25. 4%左右。依据这些数据绘制的曲线就是著名的艾宾浩斯遗忘曲线，如图 5-3 所示。

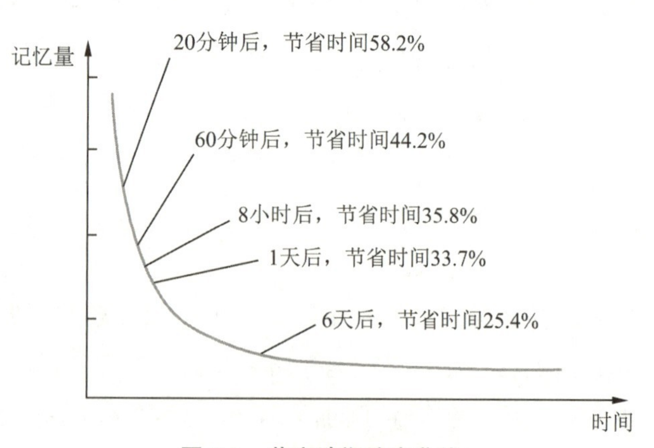

图 5-3 艾宾浩斯遗忘曲线

从艾宾浩斯遗忘曲线可以看出，遗忘的进程是不均衡的，其趋势是先快后慢、先多后少，呈负加速，且到一定程度就不再遗忘。许多心理学家在艾宾浩斯之后，用无意义材料和有意义材料对遗忘的过程进行研究，证实了艾宾浩斯遗忘曲线，也进一步揭示了有关遗忘过程的规律：有意义材料比无意义材料被遗忘得慢；数量多的材料被遗忘得较快；两种相似的材料，出现的时间间隔短，则容易相互干扰造成遗忘；学习程度不够的材料容易被遗忘。

课内讨论：艾宾浩斯的遗忘曲线对我们的复习有何启示呢？

（3）遗忘的种类。

根据遗忘的时间，遗忘可分为暂时性遗忘与永久性遗忘。暂时性遗忘是由干扰等原因造成的提取信息的障碍，是指已经转为长时记忆的内容暂时不能被提取，但在适宜的条件下还可能恢复，也称为假性遗忘。例如：入园面试时教师问孩子家庭住址，孩子因为紧张，会忘记自己熟知的家庭住址，但过了一会就能想起来。永久性遗忘是一种衰退原因引起的“存储性障碍”，是发生在瞬时记忆与短时记忆阶段的记忆材料未经复习而消失产生的遗忘，也称为真性遗忘。例如：大班的孩子忘记了在小班学习的拍手歌，如果不经过重新学习，记忆就不能再恢复。

根据是否主动，遗忘可以分为主动性遗忘与被动性遗忘。主动性遗忘指人有意识地逼迫自己不去回忆那些引起特别痛苦的体验与感受的事件，也称有意遗忘。被动性遗忘即指人因为消退、干扰、衰减等原因产生的遗忘。

根据遗忘的内容，遗忘可分为部分遗忘与整体遗忘。

（4）遗忘产生的原因。

关于遗忘产生的原因，不同的学者根据自己的学派观点给出了不同的解释。每一种理论都有其合理性，但又有缺憾。下面将从四种理论来看遗忘的原因。

记忆消退说认为，记忆活动会使脑神经细胞或大脑结构发生变化，形成记忆痕迹。遗忘是记忆痕迹随着时间的推移而逐渐消退的结果。记忆消退说的理论可以解释瞬时记忆和短时记忆中信息的遗忘，但无法充分解释长时记忆中的各种遗忘表现。

记忆干扰说认为，我们对正在学习的东西的记忆可以被过去已经学习过或者未来将要学习的东西所干扰。一旦排除了这些干扰，记忆就能够恢复。干扰理论可以很好地解释系列位置效应：开头部分的项目只受到中间位置的倒摄干扰，末尾部分的项目只受到中间位置的前摄干扰，而只有中间部分的项目既受到开头部分的项目的前摄干扰，也受到末尾部分的项目的倒摄干扰，所以遗忘得最快，记忆效果最不理想。这种学说的观点认为在干扰前后需要学习各种不同的材料，而现实生活中这种对不同材料的学习并不常见。

提取失败说认为，遗忘是一时难以提取出欲求的信息，一旦有了正确的线索，经过搜寻，所要的信息就能被提取出来。提取失败可能是失去了线索或线索错误所致。这种遗忘理论认为遗忘只是暂时的。这种学说缺少对提取线索时的情境、情绪等方面的关注。

压抑说认为，遗忘不是保持的消失而是记忆被压抑，当消除了记忆与消极情绪的联系时，遗忘就能被克服。个体在生活中遇到过难以接受的事情，想起这些事就会经历痛苦、厌恶、悔恨、自责等不愉快的体验，因此可能会压抑这些记忆。临床上发现，个体通常会采用压抑的方法来保护自己，避免再次经历不愉快的体验。所以，遗忘可能是个体无意识地压抑记忆导致的。这种理论也叫动机性遗忘理论。这种学说无法解释日常生活中人们对非特殊情绪经验的遗忘。

遗忘的重要原因在于识记后缺乏巩固复习。为了减少遗忘，我们要根据遗忘的过程，合理地安排复习。例如，及时复习、合理分配复习的时间、把回忆与反复阅读相结合以及采取多样化的、多种感官参与的复习方法等都可以有效地阻止遗忘。

（三）回忆

1. 回忆的概念

回忆是人脑对过去经验的提取过程。它包含着对过去经验的搜寻和判断。回忆是识记、保持的结果和表现，是记忆的最终目的。

2. 再认和再现

回忆有两种不同水平：再认和再现。

（1）再认：是指经历过的事物再度出现时能够被识别出来，是记忆的初级表现形式。例如：小朋友指着幼儿园里的玩具，告诉老师："我家也有这样的玩具！"在听到一支歌曲时，高兴地说："老师，我也会唱，妈妈教过我。"这些都是再认。

对不同事物的再认会有不同的速度和准确程度，主要取决于对之前事物识记的熟悉程度和当前呈现的事物同过去识记过的事物的相似程度。

（2）再现：是指经历过的事物不在面前时，能在头脑中重新呈现其印象的过程，是记忆的最高级表现。再现是比再认更为复杂的一种恢复经验的形式。例如：小朋友在幼儿园听到《我爱北京天安门》这首歌时，会对其他小朋友说，他去过天安门，并能描述出天安门城楼的样子，这就是再现。

根据是否有预定目的，再现可以分为无意再现和有意再现。无意再现是事先没有预定目的，也不需要意志努力，自然而然地想起某些经历过的事情，例如触景生情。有意再现是有目的地、自觉地去再现经历过的事情，例如：让幼儿讲故事时，他努力回忆以前听过的故事内容。

（3）再认和再现的关系：它们是从记忆中提取信息的两种不同水平的形式，都是对过去经验的恢复。能再现的一般都能再认，但能再认的不一定都能再现。这二者之间没有本质的区别，只是在保持程度上存在不同。任何年龄的人，再认效果都比再现的效果要好。年龄越小，两者差异越大。

第二节　学前儿童的记忆

学前时期是智力发展的重要时期，其中记忆的发展具有更重大的意义。心理学家们认为：学前儿童的记忆发展对学习文化科学知识有直接作用。学前儿童的记忆是什么时候发生的？会呈现出哪些特点呢？该如何培养学前儿童的记忆能力？这一节将具体展开论述。

一、学前儿童记忆的发生

个体的记忆是一个比较复杂的心理过程。由于采用的指标不同，判定记忆发生的时间也有所差别。对于前语言时期（不会说话）幼儿的记忆，一般采用以下两个测量指标：

（一）习惯化

习惯化是指随着刺激物出现频次的增加，个体对其注意的时间逐渐减少，甚至出现忽视的现象。对于尚未发展出语言能力的新生儿和婴儿，习惯化可以作为判断其对事物是否熟悉或能否再认的指标。凯森等人采用感觉偏爱法研究新生儿对熟悉图形的视觉习惯化，发现出生后1~3天的新生儿已经有了原始的记忆。

（二）条件反射

幼儿对条件刺激物产生条件反射，即能够认识条件刺激，表明再认的存在。许多观察研究发现，新生儿的第一个条件反射活动是当被母亲抱在怀中喂奶时，表现出寻找、张嘴、吮吸等一系列的动作反应。这种现象说明新生儿能记住并再认喂奶的姿势。以此为指标可说明新生儿 2 周左右就已出现了记忆。

此外，1985 年前后，众多研究均证实了 8 个月左右的胎儿已经具有了听觉记忆。

拓展阅读

胎儿的记忆

狄加斯柏为 16 名怀孕 8 个半月的孕妇朗读故事书《帽中的猫》，时间累计共 5 小时。婴儿出生后吸一个特制奶嘴。这个奶嘴内部安装了可以触发录音机发声的装置。当婴儿用一长一短的吸法吸奶嘴时，录音机就放《帽中的猫》的录音。结果大部分婴儿都采用一长一短的吸吮法以倾听那个他们在母亲子宫内听过的故事《帽中的猫》。狄加斯柏认为，这是婴儿的“知觉选择”受到出生前“听觉经验”的影响所致，证明胎儿具有记忆能力。我国学者的研究也证明胎儿后期已存在听觉记忆。

二、学前儿童记忆发展的趋势

（一）记忆保持的时间逐渐延长

记忆保持的时间又称记忆的潜伏期，是指从识记到能够回忆之间的时间。由于大脑成熟度的关系，幼儿最初出现的记忆属于短时记忆，长时记忆的出现和发展较晚。例如 1 岁前幼儿再认的潜伏期只有几天，2 岁时可能延长到几周。随着年龄的增长，其再现形式的回忆潜伏期也逐渐延长。有研究发现：3 岁幼儿可以再认几个月前感知过的事物，4 岁时可以再认一年前感知过的事物；在再现方面，3 岁幼儿可以再现几周前的事物，4 岁时可以再现几个月前的事物，4 岁以后记忆保持的时间则更长，甚至可以保持终生。

在幼儿记忆保持时间的发展中，有一种独特的现象称为“幼年健忘”。幼年健忘是指 3 岁前幼儿的记忆一般不能永久保持的现象。因此，大多数人都不记得自己 3 岁以前发生的事情，之后的事情则是有可能成为终生的记忆。

（二）记忆提取的方式逐步发展

幼儿最初出现的记忆全部都是再认性质的记忆。新生儿及婴儿的习惯化和条件反射都是再认的表现方式。随着年龄的增长，2 岁左右的幼儿逐渐出现了回忆的再现形式。在整个学前期，幼儿的再现都落后于再认，再现和再认的差距随着年龄的增长而逐渐缩小。

（三）记忆容量逐渐增加

随着年龄的增长，幼儿的记忆容量会逐渐增加。主要表现在以下三个方面。

1. 记忆广度

幼儿并不是一开始就具有人类的记忆广度。许多研究材料说明，6 岁左右幼儿的记忆还没有达到 7 个信息单位的广度。大脑皮质的不成熟使其在极短的时间内来不及对更多的信息进行加工。随着年龄的增长，大脑的发育不断完善，幼儿在单位时间内记忆的材料数量也在不断增加。

2. 记忆范围

记忆范围是指记忆材料种类的多少及内容的丰富程度。0~3 岁的幼儿由于接触事物的数量和内容都很有限，所以记忆的范围较小，且大多属于与事物的形象、个体的情绪和动作特征有关的记忆。随着幼儿动作的发展、与外界交往范围的扩大、活动的逐渐多样化，其记忆范围逐渐扩大，记忆材料也由形象、动作、情绪逐渐扩展到以语言形式存在的间接经验。

3. 工作记忆

工作记忆是指在短时记忆过程中，把新输入的信息和记忆中原有的知识经验联系起来的记忆。新旧知识相联系，可使存储的信息内容或成分增加。幼儿形成工作记忆以后，就可在 30 秒左右的时间内获得更多的信息。随着年龄的增长，其工作记忆的能力会越来越强。

（四）记忆内容逐渐扩大

据苏联心理学家布隆斯基的研究，学前儿童最早出现的记忆是运动记忆，在个体出生后 2 周左右出现；随后是情绪记忆，在 6 个月左右出现；再后是形象记忆，在 6~12 个月时出现；最晚出现的语义记忆，在 1 岁左右出现。幼儿这几种记忆的发展，并不是一种记忆简单代替另一种记忆，而是一个相当复杂的相互作用的过程。

（五）记忆的目的和意图逐渐明确

3 岁前的幼儿没有明确的记忆目的和意图，基本上都是无意识记。在 3 岁左右，有意识记开始出现，幼儿能有意地记住某些事物，但这些回忆或目标往往是由成人提出的。例如，成人委托幼儿做某事、拿东西、传某句话，或者要求他们背诵某首诗、复述某个故事……正是在成人类似的要求引导下，幼儿才逐渐学会自己确定记忆任务。幼儿的有意回忆比有意识记出现得早，且发展水平略高，这是由于幼儿年龄小，缺乏判断力和预见性，往往无法从大量信息中选择识记目标，不能自觉地去识记。而在与成人的互动中，面对成人提出的要求及在生活中遇到的问题，幼儿常常需要自己去解决，他们不得不有意识地搜寻大脑中与解决问题相关的经验或线索。

（六）记忆策略逐步形成

记忆策略是指人们为了有效地记忆而采用的方法或手段。美国发展心理学家约翰·弗拉维尔等的研究表明，幼儿运用记忆策略会经历从无到有、从不自觉到自觉的发展过程。这一过程可以分为三个阶段：

第一阶段：5 岁之前，幼儿基本上没有记忆策略。

第二阶段：5~9 岁，幼儿能够自己不太主动地运用记忆策略，但可以在成人的指导下，较好地运用记忆策略。

第三阶段：10 岁以后，幼儿主动运用记忆策略的能力开始稳定发展。

5~6 岁幼儿能运用的记忆策略主要有三种：

① 视觉复述，即反复不断地注视目标刺激。

② 复述，即不断地口头重复要记住的内容。

③ 特征定位，即捕捉突出的、典型的特点作为要记住的事物的要点。

三、学前儿童记忆的特点

（一）无意识记占优势，有意识记逐渐发展

1. 无意识记的发展

学前儿童所获得的知识和经验是在生活和游戏活动中自然而然地、无意识地记住的。学前儿童最主要的识记方式是无意识记，无意识记的效果要优于有意识记。影响学前儿童无意识记效果的因素有：

（1）客体与主体的关系。

能激起学前儿童好奇、愉快或害怕等强烈情绪体验的事物，符合学前儿童兴趣的事物，都比较容易成为学前儿童感知或注意的对象，也容易成为学前儿童无意记忆的内容。

（2）客观事物的性质。

形象鲜明、直观具体的事物容易引起学前儿童的注意，也容易被学前儿童无意识地记住。

（3）激发积极认知。

在活动中，能激发学前儿童多种感官共同参与的事情，被无意识记的效果较好。实验中发现，幼儿园大班儿童在游戏中的无意识记成绩优于有意识记，学龄儿童则相反。这一结果证明无意识记时智力活动的积极性越高，效果越好。

（4）活动动机。

有研究表明，活动动机不同，学前儿童无意识记的效果也不同。学前儿童在竞赛性活动中积极性较高，无意识记的效果也较好。另外，如果使识记对象成为学前儿童活动任务中的注意对象，那么他们对这种对象进行无意识记的效果也较好。

2. 有意识记逐渐发展

虽然学前期无意识记占主导地位，但对学前儿童来说，有意识记的发展也有了质的飞跃。研究表明，2~3 岁的学前儿童出现有意识记的萌芽，随着年龄的增长，学前儿童有意识记发展的速度明显快于无意识记。学前儿童有意识记的发展有以下特点：

（1）学前儿童的有意识记是在成人的引导和教育下逐渐产生的。成人在日常生活中和组织幼儿进行各种活动时，可向他们提出记忆的任务。例如：妈妈在给文文讲故事前，预先向文文提出听完故事要模仿讲一遍；六一儿童节排练舞蹈时，教师要求孩子们尽快记住动作。这些都是促使学前儿童有意识记发展的手段。

（2）活动动机对学前儿童有意识记的效果和积极性有很大影响。直接要求幼儿完成记忆任务，没有调动幼儿的兴趣和积极性，那么他们的记忆效果通常会比较差。而把记忆的任务放在游戏中，幼儿有意识记的效果就会比较好。例如，明明在幼儿园玩“开超市”游戏时担任售货员的角色。由于“售货员”要记住货架上的各种物品名称，明明就会努力去识记，记忆效果就会比较好。在生活中，让幼儿明确识记的目的和任务，且幼儿完成后能够得到表扬或奖励，也会促进幼儿有意识记。

（二）机械识记用得多，意义识记效果好

1. 学前儿童相对较多地运用机械识记

与成人相比，学前儿童在记忆时会较多地运用机械识记的方法。他们能记住一些自己并不了

解的材料，原因是：首先，学前儿童大脑皮质的反应性较强，感知一些不理解的事物也能够留下痕迹；其次，学前儿童缺乏生活经验，对事物的理解能力较差，对许多识记材料不理解，不会进行加工，只能进行机械识记。例如：幼儿会背诵古诗，但是并不理解其含义，只是逐字逐句硬记住了。

2. 意义识记的效果优于机械识记

实验证明，学前儿童对自己理解的材料的记忆效果较好。例如：教师在教孩子们儿歌时会先讲解歌词的意思，因为幼儿对理解的儿歌的识记效果好。另外，幼儿对理解了的内容记忆保持的时间也较长，因为理解使记忆的材料和过去头脑中已有的知识经验联系起来，能把新材料纳入已有的知识经验系统中。

3. 无论是机械识记还是意义识记，其效果都随着年龄的增长而不断增强

年龄较小的幼儿意义识记的效果要比机械识记的效果好，但是随着年龄不断增长，这两种识记效果的差距会逐渐缩小。这种现象并不表明机械识记的发展越来越迅速，而是由于年龄增长，孩子在机械识记时会越来越多地加入理解的成分，这些理解成分会使机械识记的效果有所增强，从而显得意义识记的优越性似乎降低了。

（三）形象记忆占优势，语义记忆逐渐发展

在语言发生之前，幼儿的记忆内容只有事物的形象，即只有形象记忆。在整个幼儿期，也都是形象记忆占据主要地位。随着幼儿语言的发展，再加上成人往往用语言向幼儿传授知识经验，所以，幼儿的语义记忆也在逐渐发展。研究发现，幼儿对形象材料的记忆效果优于对语词材料的记忆效果，具体情况见表 5-1。

表 5-1　幼儿形象记忆与语义记忆效果的比较

年龄/岁	平均再现数量/个		
	熟悉物体	熟悉的词	生疏的词
3~4	3.9	1.8	0
4~5	4.4	3.6	0.3
5~6	5.1	4.3	0.4
6~7	5.6	4.8	1.2

表 5-1 说明，幼儿对生疏的物体和语词的记忆效果显著差于对熟悉的物体和语词的记忆效果。幼儿对熟悉物体的记忆依靠的是形象记忆，借助物体形象的直观性和鲜明性，所以记忆效果最好；如果熟悉的语词在幼儿大脑中能与具体的形象相结合，记忆效果也比较好；生疏的语词在幼儿大脑中完全没有形象，所以记忆效果最差。

从表 5-1 中可以看出，幼儿形象记忆和语义记忆都随着年龄的增长而发展。虽然两种记忆的效果都随着年龄的增长而增强，但语义记忆的发展速度逐渐超过形象记忆的发展速度，这是因为随着幼儿言语能力的增强，第二信号系统在记忆中开始发挥主要作用，幼儿对语词材料的记忆效果也得到了增强。

形象记忆和语义记忆的区别是相对的。在形象记忆中，物体或图形起主要作用，语词在其中也起着标志和组织记忆形象的作用。在语义记忆中，主要的记忆内容是语词材料，但是记忆过程

也要以语词所代表事物的形象为支柱。随着幼儿语言的发展，形象和语词的相互联系越来越密切，形象记忆和语义记忆效果的差别也逐渐缩小。

（四）记忆带有偶发性，记忆不精确

1. 记忆带有偶发性

学前儿童有意识记和无意识记发展的过程中还存在着一种被称为偶发记忆的现象。这种现象是指当要求幼儿记住某样东西时，他往往记住的是和这件东西一起出现的其他东西。例如，在幼儿园里，当教师要幼儿说出刚出示的卡片上有几只小鸡时，幼儿回答小鸡是黄颜色的，这是由于幼儿记忆时的注意力、目的性不明确，出现偶发记忆现象。教师要重视这种幼儿特有的记忆现象，注意引导幼儿有意识记的发展。

2. 记忆不精确

记忆不精确是幼儿记忆的一个显著特征，主要表现在以下四个方面：

（1）记忆不完整。年龄越小的幼儿，其记忆的完整性就越差。在再现记忆材料时，他们经常出现漏词、颠倒顺序、记忆脱节等情况。

（2）识记混淆。幼儿在再现识记材料时经常出现混淆的情况，表现为记住非本质、富有情绪色彩的或偶然感兴趣的东西，忘记了本质、核心的内容。

（3）容易歪曲事实。幼儿常常把主观想象的事物和现实中的事物混为一谈，当主观臆想强烈的时候，他们甚至会把自己虚构的东西当作现实。这是因为在幼儿阶段，个体大脑皮质的分化尚未得到充分的发展，导致个体对许多事情区分不清。例如，一个男孩喜欢遥控汽车，看见别人有遥控汽车很羡慕，于是编造自己也有一辆漂亮的遥控汽车的谎言，说得非常逼真，就像自己真的拥有一样。

（4）易受暗示。幼儿在回忆识记材料的过程中，所回忆的内容容易受暗示而发生改变。有权威的成人以肯定的形式提出的问题对幼儿的影响最大。此外，年龄越小的幼儿受暗示性越强，越容易接受成人的结论，有时甚至会不相信自己的亲身经历而服从成人的论断。

（五）记得快，忘得快

幼儿的记忆能力受其高级神经活动的影响和制约。幼儿神经联系具有极大的可塑性。在言语的影响下，幼儿暂时神经联系往往在2~3次的结合后就能够形成，因此幼儿能够很快记住新的记忆材料，尤其是他们喜欢的、带有强烈情绪色彩的事物。但是，幼儿记住之后，忘得也很快，有时在材料不熟悉的情况下甚至会把主要的记忆任务忘掉。这是幼儿神经系统容易兴奋，形成的神经联系极不稳定的缘故。

四、学前儿童记忆能力的培养

（一）帮助学前儿童明确识记目的，发展有意识记

有意识记的形成是幼儿记忆中重要的质变。识记的目的和积极性直接影响记忆的效果。幼儿没有记住某些事情，常常是因为他不了解为什么要记，也不清楚要记住什么。因此，要想增强幼儿记忆效果，就要帮助他们明确记忆目的，提高记忆的积极性。如果识记对象与幼儿活动的动机有直接关系，或者识记对象是完成活动任务的手段，幼儿就容易意识到识记任务。只要成人在要求幼儿记忆某一事物之前，明确地提出识记目的、任务，又善于帮助幼儿回忆，幼儿记忆的积极

性就会很高。例如：教师带幼儿看电影，可以对幼儿提出要求，看完电影回家后要把电影内容讲给爸爸妈妈听。在成人的要求下，幼儿会努力地去记住一些东西，这样就会促进他们有意识记的发展。

（二）帮助学前儿童增强认识能力，提高意义识记水平

记忆本身不是一个孤立的过程，它常常包含着复杂的思维活动。寓“记”于“思”，让幼儿在积极思维过程和活动中识记材料，通过对学习材料的分析、理解和运用，在思维和操作过程中自然而然地掌握它、记住它，是增强幼儿记忆效果的有效办法。实验证明，幼儿识记的效果依赖活动任务。如果识记的对象是幼儿活动的主要对象，幼儿就会比较容易记住，尤其是多种感觉器官参加的活动。寓“记忆”于“活动”，也是增强幼儿记忆效果的好办法。

帮助学前儿童掌握材料的内在联系，理解记忆材料，是增强学前儿童认识能力、提高其意义识记水平的有效方法。

（三）激发学前儿童的记忆主动性和兴趣

学前儿童的记忆效果与其情绪状态有很大关系。积极而投入的情绪状态可以有效地增强学前儿童识记的效果。在兴趣活动中游戏是学前儿童的主要活动与学习形式。教师应用生动活泼的游戏活动来开展教育，尽量调动学前儿童的各种感官参加。同时也可运用生动直观、形象具体的事物或者适当使用多媒体吸引学前儿童的注意力，激发其兴趣，以增强学前儿童记忆的效果。激发学前儿童的记忆主动性与兴趣是培养记忆力的不可缺少的条件。

（四）帮助学前儿童学会运用多种识记方法和策略

记忆能力的强弱很大程度取决于记忆方法的运用。成人在引导学前儿童获得各种知识技能的同时，还应该教给他们一些常用的记忆方法和策略。

1. 归类记忆法

归类记忆法是把许多同类的事物归为一类，将记忆材料整理成有适当次序的材料系统的方法。这样可以扩大幼儿记忆的容量，使他们记得更容易、更牢固。例如，把鸡、鸭、猪、牛、羊、兔等归类为动物类，把苹果、香蕉、草莓、西瓜等归类为水果类，把桌子、凳子、床、衣柜等归类为家具类等，便容易记忆。

2. 歌谣记忆法

歌谣记忆法是借助某些中介为要记忆的内容建立多种联想，编成歌谣进行间接记忆的方法。这样给一些无意义的记忆材料赋予了一定的意义，增强了记忆效果。比如，教师教小朋友认识手指头时就可以编这样的歌谣：大拇哥、二拇弟、三中娘、四小弟、五小妞妞去看戏。

3. 比较记忆法

比较记忆法是对类似的记忆对象进行比较分析，找出异同点，用以帮助记忆的方法。比如，在幼儿园的科学活动中引导幼儿比较葱和蒜有什么相同点和不同点，在幼儿园的数学活动中把数字“6”与数字“9”做比较，都会获得较好的记忆效果。

4. 联想记忆法

联想记忆法是利用记忆对象与客观现实的某种联系，建立多种联想而进行记忆的方法。比如，在教幼儿认识数字时，教师就可以编这样的数字歌：1 像铅笔细又长，2 像鸭子水中游，3 像耳朵听声音，4 像小旗迎风飘，5 像衣钩挂衣帽，6 像哨子吹声音，7 像镰刀来割草，8 像麻花拧一道，

9 像蝌蚪尾巴摇，10 像铅笔加鸡蛋，引导幼儿利用某些形象的事物作为中介来记忆数字 1—10。

5. 整体记忆和部分记忆

整体记忆是将识记材料的整体一遍遍地进行记忆，直到完全记住为止。部分记忆是将识记材料分成几个部分进行识记，最后合成整体记忆。如果识记材料数量不多，整体记忆的效果更好；当材料较长或学前儿童凭借已有的知识经验难以理解时，部分记忆效果更好。通常最好的方法是两种方法并用。在幼儿园的故事教学活动中，要求幼儿进行故事复述和表演时，一般都是先让幼儿整体感知故事，然后着重学习故事对话较多或难度较大的部分，进行分步骤复述，最后整体复述，直到熟练后再进行故事表演。

思考与练习

一、名词解释

1. 记忆：

2. 无意识记：

3. 有意识记：

4. 再现：

二、选择题

1. 我们从电话本上查到一个电话号码，立刻就能根据记忆去拨号码，但事过之后，再回忆这个号码是什么，就不记得了，这是（　　）。

A. 感觉记忆　　B. 短时记忆　　C. 长时记忆　　D. 程序性记忆

2. 童年时的某次郊游，你可能至今仍记忆犹新，这是（　　）。

A. 感觉记忆　　B. 短时记忆　　C. 长时记忆　　D. 程序性记忆

3. 小朋友参观世博会之后对中国馆形状的记忆是（　　）。

A. 形象记忆　　B. 情绪记忆　　C. 运动记忆　　D. 逻辑记忆

4. 许多幼儿进入接种疫苗的卫生院就会哭，这是（　　）作用的结果。

A. 形象记忆与运动记忆　　B. 情绪记忆与形象记忆

C. 运动记忆与情绪记忆　　D. 逻辑记忆与情绪记忆

5. 老师请小朋友们把昨天学过的歌曲《世上只有妈妈好》唱一唱，许多小朋友都能唱出来。这种记忆现象是（　　）。

A. 保持　　B. 识记　　C. 回忆　　D. 遗忘

6. 当刺激多次重复出现时，婴儿好像已经认识了它，对它的反应强度减弱，这种现象称作（　　）。

A. 记忆的潜伏期　　B. 回忆　　C. 客体永久性　　D. 习惯化

7. 人类短时记忆的广度为（　　）。

A. 5±2 个信息单位　　B. 7±2 个信息单位　　C. 6±2 个信息单位　　D. 8±2 个信息单位

8. “触景生情”属于（　　）。

A. 再认　　B. 无意再现　　C. 有意再现　　D. 无意再认

9. 刚学完故事，立即要幼儿复述，有时效果倒不如隔一天好，这种现象是（　　）。

A. 幼儿健忘　　B. 记忆恢复　　C. 暂时性遗忘　　D. 不完全遗忘

10. 对记忆和遗忘进行实验研究的创始人是（　　）。

A. 冯特　　B. 艾宾浩斯　　C. 皮亚杰　　D. 弗洛伊德

11. 记忆材料在系列中所处的位置对记忆效果产生的影响叫（　　）。

A. 前摄抑制　　B. 倒摄抑制　　C. 系列位置效应　　D. 后干扰

12. “过目成诵”反映了记忆的（　　）品质好。

A. 敏捷性　　B. 准确性　　C. 准备性　　D. 持久性

三、简答题

1. 简述记忆的品质。

2. 简述学前儿童记忆发展的趋势。

3. 请联系实际谈一谈如何培养学前儿童的记忆能力。

四、案例分析题

在日常生活中我们经常发现这样一种现象：幼儿园教师花大力气教幼儿记住某首儿歌。有时候幼儿不能完全记牢，但他们偶尔听到的某个童谣、看到的某个电视广告，只需一两次就能熟记于心。

请根据学前儿童记忆的特点分析这种现象。

第六章

学前儿童的想象

【目标导航】

1. 了解想象的基本概念，理解想象与客观现实的关系。
2. 理解想象的种类，并能解决实例。
3. 知道想象发生的时间及萌芽时的表现。
4. 掌握学前儿童想象的特点。
5. 掌握学前儿童想象力的培养方法。

【思维导图】

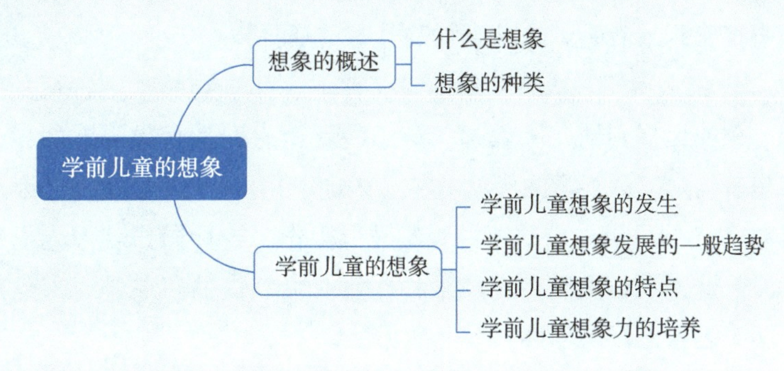

第一节 想象的概述

著名科学家爱因斯坦说过，想象力比知识更重要，因为知识是有限的，而想象力不仅概括了世界的一切，推动着进步，而且是知识进化的源泉。想象力是人类独有的才能，是人类智慧的生命线。想象力也是智力的一部分，帮助人类冲破思维的枷锁，为创造活动插上飞翔的翅膀。人类正是在好奇心、想象力和创造力的推动下，才创造了日新月异、缤纷多彩的美好世界。这一节我们将重点分析想象的概念和种类。

一、什么是想象

想象与感觉、知觉、记忆一样都属于心理过程中的认识过程，是人们认识世界，掌握事物发生、发展规律，进而改造这个世界的重要环节。想象是以表象为素材的，而表象是通过感觉和知觉获得的，因此我们首先要弄清楚什么是表象。

（一）表象概述

表象就是指事物不在面前时，人的头脑中出现的关于事物的形象。

1. 表象的分类

（1）根据表象形成的主要感知通道，表象可分为视觉表象、听觉表象、动觉表象、嗅觉表象、味觉表象、触觉表象等。例如：妈妈去上班了，幼儿在家里可以想起妈妈的笑脸，这是视觉表象；幼儿可以回想起教师弹奏钢琴的声音，这是听觉表象；大班的幼儿可以回想起中班时学过的舞蹈动作，这是动觉表象。

（2）根据不同的表象创造程度，表象可分为记忆表象和想象表象。记忆表象是指保持在记忆中的客观事物的形象，例如从幼儿园毕业后幼儿依然可以想起以前教师的容貌。想象表象是指在头脑中对记忆形象进行加工后形成的新的形象。

2. 表象的特征

（1）直观性。表象是以生动具体的形象在头脑中出现的。例如：人的头脑中产生某种事物的表象，就好像人直接看到或者听到这种事物的某些特征一样。

（2）概括性。表象是人们多次感知的结果，它不表征事物的个别特征，而是表征事物的大体轮廓和主要特征。例如，提到幼儿园教师，孩子们就会想到教师教唱歌的样子，而事实上教师也会打扫卫生或是坐着休息。教唱歌的形象是在孩子脑海中留下的主要特征。因此，表象具有概括性。

（3）可操作性。人们可以在头脑中对表象进行操作，这种操作就像人们通过外部动作控制和操作客观事物一样。这说明，人们在完成某种作业时可以借助表象进行形象思维。心理学家通过心理旋转实验证明了表象的可操作性。

拓展阅读

心理旋转实验

美国斯坦福大学的心理学家谢帕德和梅茨勒等人在1971年做了系列实验。实验的材料是一对对不同方位的立方体二维形式图（图 6-1）。图中的 A 和 B 是两对完全相同的图形，所不同的仅仅是它们的方位。A 中两个物体在平面上相差 80°。B 中两个物体在深度上相差 80°。C 中的一对物体是两个方位和结构都不同的物体。谢帕德和梅茨勒制作了 1 600 对这类图片，并请了 8 位成人被试进行判断实验。被试报告了他们判断时使用的方法：先把一个物体图形在心理旋转，直到与另一物体的方位相同，然后进行匹配比较，从而做出完全相同或完全不同的判断。从被试对 800 对同物图片判断的结果可以看出，图片所示的物体无论是在平面上调转（即通过旋转画纸就可以实现），还是在三维深度中旋转（把物体"旋进"画纸中），判断所用的时间都同两物图片上的角度差异成线性关系，即旋转的度数越多，反应所用的时间越长。这就是著名的心理旋转实验。

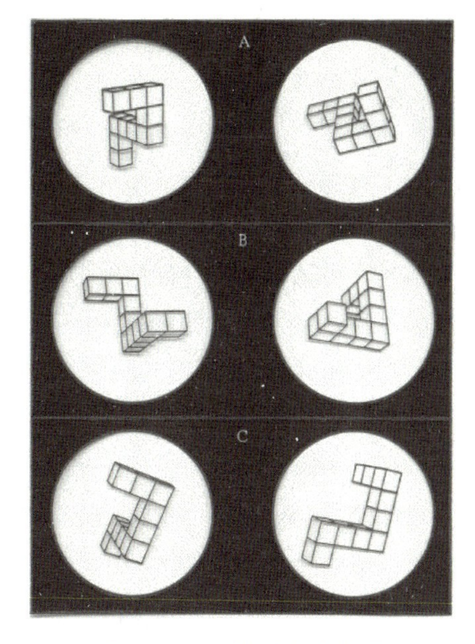

图 6-1　立方体二维形式图

该实验说明了几个重要事实：① 表象这一心理现象是客观存在的，是可以用科学的实验方法证明的。② 表象是物体的抽象的类似物的再现。③ 表象具有可操作性。

（二）想象的概念及构成方式

想象是对人脑中已有表象进行加工和改造，创造出新形象的心理过程。通过想象过程创造出来的新形象就是想象表象。想象表象具有形象性和新颖性的特点。想象虽然是创造新形象的过程，但所创造出的新形象无论多么古怪神奇，都有其客观的来源，和其他心理过程一样来自客观现实。例如：幼儿想象出的美人鱼形象源自人和鱼的表象。

想象的构成方式主要有以下四种类型。

1. 黏合

黏合是指在人脑中，把客观事物未结合在一起的属性、特征部分结合起来构成新形象（如长出翅膀会飞的天马、猪八戒、孙悟空等动画形象）的方式。

2. 夸张

夸张是指在头脑中通过改变客观事物的正常特点形成新形象（如大头儿子、小头爸爸、千手观音、七个小矮人等形象）的方式——突出某些特点，略去另一些特点。

3. 典型化

典型化是指根据一类事物的共同特征创造出新形象（如小说中的人物形象祥林嫂、阿 Q 等）的方式。

4. 拟人化

拟人化是指把人类的形象和特征加在外界客观对象上，使之人格化（如米老鼠等形象）的过程。

（三）想象的功能

想象主要具有以下功能。

1. 预见功能

想象是人类所特有的一种心理活动，是在人类的社会实践过程中发生、发展起来的。生产劳动往往要求人们在劳动之前，能在头脑中想象出劳动的结果并预定目标，然后有目的地行动。这种关于行动所要达到的目标及行动过程的想象，是人类劳动的主要特点。很多的发明创造、科学研究、设计预想、艺术创造等，正是以想象为基础的，都是想象预见性的体现。只有预见了结果，个体才能更加主动、有计划地实施大脑中的设想。学习也是一样，一个想象力贫乏的学生考虑问题的思路必然狭窄，不可能有很强的分析问题、解决问题的能力。

2. 补充功能

想象是智慧的翅膀，是思维的特殊形式。就其深刻性而言，想象不满足于像知觉那样只反映事物外部和表面的联系，也不满足于像记忆那样只再现对过去的认识，而是要求大脑对已有的感知材料经过加工改造得出进一步深化的认识。就其广阔性而言，想象不像感觉和知觉那样只限于个人狭窄的直接认识的范围，而具有更丰富的内容。

在现实生活中，由于时间、空间的限制，很多事物无法直接被人类感知。在这种情况下，人们可以借助想象，弥补自身认识活动中的不足，超越自身狭隘的经验范围，拓宽视野，更加充分、全面、深刻地认识客观世界。人类可以借助想象，驰骋于现实和幻想世界之中，追溯几千年前的过去，展望几万年后的未来，使自身的心理更为丰富充实。

3. 替代功能

在现实生活中，当某种需要不能得到满足时，人们可以利用想象从心理上得到一定的补偿和满足。例如，幼儿想当警察、医生或其他社会角色，但由于能力所限而不能实现，于是在游戏中，拿着玩具手枪、玩具听诊器等，通过角色扮演来实现自己的愿望。

总而言之，想象在人们的生活实践中具有重要意义。凡属人类的创造性劳动，无一不是想象的结晶。没有想象，就没有科学预见，没有创造发明，没有今天五彩斑斓的生活。

二、想象的种类

根据想象的目的性和自觉性，以及在过程中是否需要意志努力，想象可以分为无意想象和有意想象。

想象的种类

（一）无意想象

无意想象是没有预定目的和意图，在外界某种刺激影响下，不需要意志努力，不由自主产生的想象。例如：学前儿童在户外玩耍时看着天空中的白云，自然而然地把它们想象成大马、小鸟、海浪等物体；听故事时，根据情节的描述小朋友们不知不觉地进行想象。无意想象是最简单、最初级的想象。

梦是一种典型的无意想象，是完全无目的、被动的想象。学前儿童的梦一部分来自生理刺激，例如饥渴、冷热、大小便等，但更主要的来源是心理刺激。弗洛伊德认为梦是一种愿望的满足，是潜藏愿望的表现。儿童往往通过梦来满足自己在日常生活中未能得到满足的欲望。梦中的情景有的和现实生活有一定关联，但又不是现实生活的再现；有的甚至荒诞无稽。梦是无意想象的极端形式。

（二）有意想象

有意想象也称随意想象，是有预定目的，需要意志努力的，自觉地创造出新形象的想象。这种想象活动具有一定的预见性、方向性。人们在有意想象过程中需要意志努力，一直控制着想象的方向和内容。例如，学前儿童根据教师的要求，在纸上作画，其所进行的想象就是有预定目的，并且需要意志努力的有意想象。

根据新颖性、独立性和创造性程度，有意想象可以分为再造想象和创造想象。

1. 再造想象

再造想象是依据词语或符号的描述、示意在头脑中形成与之相应的新形象的过程。例如：学前儿童听教师讲故事时对小动物们生动形象的描述，头脑中会浮现出它们的形象；看到教师拿的新玩具设计图时，学前儿童会想象出新玩具的样子。这些就属于再造想象。再造想象所形成的新形象对于想象主体来说是新的，但由于其是根据他人的描述或制作的图表、模型等在大脑中再造出来的，因此，新颖性、独立性、创造性成分不多。再造想象形成的新形象会因为不同想象主体的经验、兴趣、爱好和能力而出现较大的差异。例如幼儿一边听教师讲小红帽的故事，一边想象情节和人物形象，但不同幼儿想象的小红帽的形象也有所不同。

2. 创造想象

创造想象是根据一定的目的、任务，运用自己以往积累的表象，在头脑中独立地创造出事物新形象的心理过程。如文学家塑造新的人物形象、科学家发明创造等都是创造想象的过程。

创造想象具有独立性、首创性、新颖性的特点，是人类创造性活动不可缺少的心理成分。无论是科学创造、技术发明，还是文艺创作，都必须首先在头脑中形成活动的最终或中间半成品的模型，即进行创造想象。可见，创造想象是创造性活动的必要环节。没有创造想象，创造性活动就难以顺利进行。

创造想象有一种特殊形式——幻想。幻想是创造性活动的准备阶段。幻想是一种与个人愿望相联系，并指向未来的想象。

根据社会价值和有无实现的可能，幻想可以分为两类：

（1）理想。它是一种积极的幻想，即符合事物的发展规律，并具有一定的社会价值和实现可能的幻想。它是人前进的灯塔，能使人展望到未来美好的前景，激发人的信心和斗志，鼓舞人顽强地去克服困难。

（2）空想。它一般称为妄想，是一种消极的幻想，违背客观事物发展规律，且毫无实现的可能。它是一种无益的幻想，常使人脱离现实，想入非非，以无益的想象代替实际行动。

3. 再造想象和创造想象的联系和区别

（1）联系。

再造想象与创造想象都有创造的成分，只是程度不同。再造想象有创造性的因素，而创造想象必须依靠再造想象的帮助，事先总是参照前人的经验，以再造想象为基础。

（2）区别。

再造想象出来的形象是现实中已有的事物，而创造想象出来的形象是所有人都不知道、现实生活中可能不存在的事物。

第二节　学前儿童的想象

儿童教育家蒙台梭利说：幼儿期是想象活跃的时期。幼小的儿童有一半时间生活在自己的想象世界中。他们没有定式，不墨守成规，不怕别人议论，他们更热衷于探索新奇的事物，他们的整个生活都渗透着想象和创造。

学前儿童的想象是丰富的、新奇的。这一节将介绍学前儿童想象的发生、发展趋势、特点及培养策略。

一、学前儿童想象的发生

（一）学前儿童想象发生的时间

想象的发生既和学前儿童大脑皮质的成熟有关，也和学前儿童表象的发生、表象数量的积累以及言语的发生和发展有关。

1.5~2岁学前儿童出现想象的萌芽，主要通过动作和语言表现出来。2岁以后，学前儿童的想象迅速发展。

（二）学前儿童想象萌芽的表现

学前儿童最初的想象可以说是对记忆材料的简单迁移。具体表现如下。

1. 记忆表象在新情景下的复活

2岁幼儿的想象几乎完全重复感知过的情景，只不过是在新的情景下的表现。例如，一个1岁8个月的幼儿，左手抱着布娃娃，右手拿起一根玩具香蕉往娃娃嘴里放，同时发出“嗯啊、嗯啊”的咀嚼声。

2. 简单的相似联想

幼儿最初的想象是依靠事物外表的相似性而把事物的形象联系在一起的。例如，一个2岁左右的幼儿正在吃饼干。忽然，他停止咀嚼，对着手中被他咬了一块的圆饼干看了片刻，然后把它高高举起来，并高兴地喊着：“妈妈！看！月亮！”

3. 没有情节的组合

幼儿最初的想象只是一种简单的代替，以一物代替另一物。例如，从生活中掌握了把小女孩称作“小妹妹”的经验，在想象中就用玩具娃娃代替小妹妹，没有更多的想象情节，没有或很少把已有经验的情节成分重新组合。

二、学前儿童想象发展的一般趋势

学前儿童想象发展的一般趋势是从简单的自由联想向创造性想象发展，一般表现在以下三个方面：

一是想象从最初具有无意性发展到开始出现有意性。

二是想象从具有单纯再造性发展到出现创造性。

三是想象从具有极大夸张性发展到具有合乎现实的逻辑性。

三、学前儿童想象的特点

（一）无意想象占主导地位，有意想象逐渐发展

学前儿童的想象主要是无意想象。在学前中晚期，在教育的影响下，随着语言的发展、经验的丰富，学前儿童想象的有意性逐步发展。

1. 学前儿童无意想象的特点

（1）想象的目的不明确。

学前儿童的想象常常没有目的性，是由外界刺激物直接引起的无意想象。孩子越小，想象的目的性越不明确。例如：小朋友走在路上发现一根小竹竿，想象它是一匹小马，于是捡起来开始玩骑“马”游戏。

（2）想象的主题不稳定。

学前儿童想象的主题极不稳定，没有预定目的，易受外界干扰而变化。学前儿童的想象很容易从一个主题转换到另一个主题，不能按一定的目的坚持下去。在绘画活动中，学前儿童在动笔之前说不出绘画主题，想象完全依赖行动过程。例如：晴晴在纸上画了一个圈，看到圈后说自己在画球，其实这是她从圈的形象想到了球。听到妈妈问她要不要吃水果，她就说她在画“苹果”。画了一会儿，说画的是“眼镜”，又画了几条线，说是在画“大桥”“汽车”。显然这是一串无系统的自由联想绘画，主题多变。

（3）想象的内容零散，不系统。

由于想象没有预定的目的，主题不稳定，学前儿童想象的内容是零散的，所想象的形象之间不存在有机的联系。学前儿童绘画常常有这种情况：在同一幅画上，他会把喜欢的东西如房子、飞机、降落伞、老鼠和树都画下来。这是一串不系统的自由联想，天马行空不受时间、空间的约束，不管物体之间比例大小。如果他高兴，甚至可以用这些毫不相干的事物编出一个故事，讲给家长听。

（4）想象的过程常受情绪和兴趣的影响。

学前儿童在想象过程中常表现出很强的情绪性和兴趣性。

首先，学前儿童的情绪常常能够引起某种想象过程或者改变想象的方向。当学前儿童情绪高涨时，他们的想象力就会非常活跃，不断出现新的想象结果。例如：奇奇进入幼儿园时，李老师飞奔过来拥抱了他。奇奇的头脑中浮现出李老师喜欢他的情景，就会产生丰富的联想。

其次，兴趣影响着学前儿童的想象。学前儿童对自己感兴趣的活动会比较专注，能长时间地去想象；对不感兴趣的活动，则缺乏想象，消极地应付或远离该项活动。例如：小莉喜欢画画，她就会画很长时间，能够画出丰富多彩的画面，而她不喜欢玩魔尺，玩一小会儿就会丢下不玩。

（5）满足于想象的过程。

学前儿童的想象往往不追求达到一定目的，他们只满足于想象的过程。学前儿童在游戏中的想象更是如此。例如，学前儿童在玩捏泥时，把泥捏成一样又一样的“东西”，最后又弄碎都捏在一起，口中自言自语，感到非常满足。

2. 学前儿童有意想象的特点

在教育的影响下，学前儿童的想象从具有无意性发展到开始出现有意性。中班以后，学前儿童的想象已具有一定的目的性和有意性。例如：教师给孩子们讲了《乌鸦和狐狸》的故事，问：

“狐狸把乌鸦的肉骗走了，之后会发生什么事情呢?”孩子们会有意想象，开始续编故事的结尾。续编故事体现出学前儿童的想象已有明确的想象目的性。随着教育的影响和年龄的增长，学前儿童想象的有意性开始发展，想象内容也日益丰富。

（二）以再造想象为主，创造想象开始发展

1. 再造想象在幼儿生活中占主要地位

在幼儿期，再造想象占主要地位，想象常依赖成人的语言描述和具体的情境刺激，具有复制性和模仿性。想象的内容基本上重现一些生活中的经验或作品所描述的情节。从内容上想象可分为以下四种类型：

（1）经验性想象。

幼儿凭借个人生活经验和个人经历开展想象活动。例如，一个中班男孩想象的“夏景”是一个小姐姐坐在河边，她想洗脸，因为脸上淌汗；中班幼儿凯凯对夏日的想象是小朋友们在水上世界玩，一会儿游泳，一会儿玩滑滑梯，一会儿又吃冷饮。

（2）情境性想象。

幼儿的想象活动是由画面的整个情境引起的。例如，一个中班男孩想象的“夏景”：有个小女孩在小河边玩水，手里拿着手帕当小船，又不敢放手，怕手帕被水冲走。再如，你问幼儿天上的云像什么，他会说像一只狼在追一只小羊，追了一会小羊又去追一只小兔子。

经验性想象和情境性想象的区分：经验性想象是以幼儿的已有经验为基础而产生的想象；而情境性想象是幼儿看到一个情境又想象出另外一个情境。情境性想象的画面感较强，所想象的情境可以构成一个画面。

（3）愿望性想象。

愿望性想象就是在想象活动中表露出个人的愿望。例如，一个大班男孩观察雪景后说，他走在大路上，他想上学，想当个学生，他还想上班，当一个老师。

（4）拟人化想象。

拟人化想象就是把客观事物想象成人，用人的生活、思想、情感、语言等去描述。例如，一个大班女孩观察“雪景”后说：“小女孩看见了雪人，雪人也在看小女孩，眼睛望着她，两只手一动一动的，脚在跳舞，嘴巴在唱歌。”

2. 创造想象逐步发展

再造想象的发展使学前儿童积累了大量的想象形象，在它的基础上，逐渐产生一些创造想象。创造想象是按照一定目的、任务，使用自己以往积累的表象，在头脑中独立地创造出新形象的过程。

学前儿童最初的创造想象是无意的自由联想，可以称为表露式创造。在教育的影响下，学前儿童在中班以后，再造想象中开始出现创造性的成分。开始时，形象和原型只是略有不同，或者在常见模式上略有改造。想象的内容虽然仍带有浓厚的再造性，但已有独立创造的萌芽。之后，随着学前儿童知识经验的丰富和抽象概括能力的增强，想象的创造性逐渐增强，从原型发散出来的种类和数量逐渐增加，情节逐渐丰富。最后，他们就不再完全按照成人的描述和指示想象，而能根据自己的知识经验进行创造想象。例如：中班学前儿童在看图讲述故事时会加入一些图上没有的故事情节。

（三）想象具有夸张性，容易混淆假想与现实

1. 想象具有夸张性

学前儿童在想象中常常夸大事物的某个特征或情节，言谈中常常有虚构的成分。学前儿童想象的夸张性是其心理发展特点的一种反映。首先，情绪对想象有影响，学前儿童会让他感兴趣的东西、他害怕的东西、他希望的东西在其意识中占据主要地位。例如，小阳跑回家，对妈妈说："路上遇到一个比牛还大的狗。"这是因为小阳见到狗比较害怕，就夸大了狗的大小。学前儿童谈话时也喜欢夸张，希望自己家的东西比别人的好，就拼命地去夸大，甚至自己有时也信以为真。比如，娇娇说："我奶奶家种的花长得可高啦，比楼房还高。""我爸爸的胳膊可以伸得像高楼那么高。"其次，由于学前儿童的认知水平处于感性认识占优势的阶段，因而，学前儿童描述事物时往往抓不住本质。学前儿童在绘画中就常常会表现出很大的夸张性，"放大"的往往是他们在感知过程中产生了深刻印象的部分。例如：嘟嘟画小朋友吃棒棒糖，把棒棒糖画得比小朋友的头还大。学前儿童想象的夸张性反映了想象的发展水平及其在认知发展中的地位。学前儿童喜欢童话故事，原因之一就是童话的内容夸张，如"大人国""小人国"里，大人"特别特别地大"，小人则只是像手指头那样"一点儿"。

2. 混淆假想与现实

学前儿童还不能把想象的事物和现实的事物区分开，常常把想象的事情当作真实发生的，常见的情形有以下几种：

（1）把渴望得到某样东西说成已经得到。有的小朋友看到别人有玩具小火车，他会说："我也有。"可是事实上他没有。

（2）喜欢把希望发生的事情当成已发生的事情来描述。例如：强强听到小亮讲述自己在迪士尼乐园玩得特别开心，他也有了去迪士尼乐园玩的愿望。他把玩的"过程"想象了一下（即根据小亮的描述而想象），然后给教师说他自己去迪士尼乐园玩的"经历"。这并非说谎，而是学前儿童将想象与现实混淆，是学前儿童心理水平低、发展不成熟的表现。

（3）在玩游戏或听故事时，往往身临其境，与角色产生同样的情绪反应。例如：教师扮演大灰狼要吃掉小羊（小朋友扮演）时，一个小朋友大哭说"别吃我"，吓得到处跑。

四、学前儿童想象力的培养

想象力是学前儿童重要的认识能力之一，更是智力的重要组成部分。那么，我们应该如何培养学前儿童的想象力呢？

（一）丰富学前儿童的表象，发展学前儿童的语言能力

表象是想象的材料，表象的数量和质量直接影响着想象的水平。学前儿童生活内容越丰富，头脑中存储的各类事物的表象越多，想象的素材就越多，从而有助于想象力的发展。因此教师在各种活动中，要有计划采用一些直观教具，引导学前儿童观察，帮助学前儿童积累丰富的表象；在生活中要经常带学前儿童去公园、博物馆、动物园、植物园、科技馆、田野、海边等进行参观或旅游等活动，丰富他们的感性知识，使他们获得更多的想象加工的"原材料"；还可以充分利用绘本、电视节目及互联网等，进一步开阔学前儿童的视野。学前儿童在见多识广的情况下，就容易把各种事物的某些特点联系起来进行想象，而想象力就在这一过程中得到较全面的发展，这也

是未来进行创造想象的基础。

语言可以表现想象。语言水平直接影响学前儿童想象的发展。学前儿童在表达自己想象的内容时能进一步激发其想象活动，使想象内容更加丰富。所以，教师在丰富学前儿童想象的同时，也要训练他们的语言表达能力，如在生活和学习活动中，多让学前儿童复述故事、讲故事、创编故事，描述自己的游玩经历，表达自己的想法等。语言教育活动中创造性的讲述能激发学前儿童广泛的联想，让学前儿童在已有的经验基础上构思、加工，创造出自己满意的内容，发展语言表现力。

（二）利用文学、艺术活动等，引导学前儿童想象

学前儿童想象的特点是由再造想象到创造想象，以再造想象为主导。特别是在学前初期，想象没有预先的目的，学前儿童只是在某种刺激物的影响下，自然而然地想象出某种事物的形象。文学活动能引发学前儿童的再造想象。教师要有目的地选择能够激活学前儿童想象的事物，比如：充满想象的童话和神话故事、神奇的魔法棒、聪明的小精灵、美丽的白雪公主、可爱的小动物、勇敢的孙悟空等都能引起学前儿童无限的遐想，使他们对这个世界充满好奇。

幼儿园开展的多种艺术教育活动，也是引导学前儿童想象发展的有利条件。例如：在音乐活动中，让学前儿童根据音乐自编动作或情节，通过语言表现对音乐的理解；在美术活动中，让学前儿童画意愿画、填充画、主题画等，鼓励他们自己想、自己画，大胆尝试，大胆想象，无拘无束地构思、创造，充分享受独立创思的快乐，在体验艺术美感的同时，增强想象力。

（三）开展各种游戏活动，激发学前儿童的想象力

游戏是学前儿童的主要活动，可以启发他们积极主动、生动活泼地去想象。特别是角色游戏和构造游戏，最能激发学前儿童的想象。在游戏中，学前儿童的想象会十分活跃。例如：在玩过家家游戏时，雷雷扮演爸爸，晴晴扮演妈妈，他们不仅要把自己想象成爸爸、妈妈，还要想象作为爸爸、妈妈要怎样照顾好自己的“孩子”。“妈妈”一会儿去做饭，一会儿给娃娃梳小辫；“爸爸”一会儿抱娃娃举高高，一会儿开车送娃娃去幼儿园。参加户外游戏时，孩子们抢占“山头”保护“领地”，打架、救助伤员、翻越高山、隐蔽躲藏……在游戏中，孩子们积极主动、生动活泼地去想象。游戏的内容越丰富，学前儿童的想象越活跃，因此教师要积极引导他们参与各种游戏。

学前儿童进行游戏总离不开玩具和游戏材料。玩具和游戏材料是引起想象的物质基础。教师应该根据学前儿童不同的年龄特征和兴趣爱好提供合适的玩具和材料。玩具不必太复杂，否则会限制学前儿童的想象。教师可以选择生活物品，或提供半成品的材料，让学前儿童自制玩具，在制作的过程中加工、创造、想象，从而激发学前儿童的想象。总之，教师要多为学前儿童提供安全、卫生的玩具与游戏材料，从而满足学前儿童想象力发展的需要，促进其智力的发展。

（四）在活动中进行适当的训练，增强学前儿童的想象力

除通过丰富表象，开展文学、艺术活动及游戏等培养学前儿童的想象力外，教师还可以采用其他一些形式对学前儿童进行适当的训练。有目的、有计划的训练是增强学前儿童想象力的重要措施。比如：给学前儿童展示几幅画，让学前儿童自己排列，并讲述内容；在纸上画好一些线条或几何形体让学前儿童通过添画来完成整幅画面；拿出一张报纸，请学前儿童尽量多地设想它们的用途，鼓励与众不同而又合理的想法和答案。经常进行这样的训练可使学前儿童想象的内容广泛而又新颖。

日常生活是培养学前儿童想象力的主要途径。教师要抓住日常生活中的教育契机，采用一些有效的方法来增强学前儿童的想象力。例如：看到天空的白云，可以引导学前儿童想象白云的形状像什么；在户外感受鸟语花香时，让学前儿童想象小鸟的语言内容，模仿风吹过时花儿的“舞姿”。在日常生活中要营造宽松的心理氛围，给学前儿童以充分想象的自由，培养他们敢想、多想的创新精神。父母和教师要保护学前儿童的好奇心，鼓励其大胆想象，并适时地进行引导。这对于发展学前儿童想象的创造性是很有益处的。

思考与练习

一、名词解释

1. 想象：

2. 无意想象：

3. 有意想象：

4. 再造想象：

5. 创造想象：

二、选择题

1. 学前儿童在游戏中，把一根木棍一会儿当枪，一会儿又当马骑，这属于（　　）。

A. 记忆活动　　B. 想象活动　　C. 思维活动　　D. 注意活动

2. 学前儿童想象的主要特点之一是（　　）。

A. 无意想象占主要地位　　B. 有意想象占主要地位

C. 创造想象占主要地位　　D. 理想占主要地位

3. 奇奇想坐飞机，可是从来没坐过。有一天他绘声绘色地与小朋友说他坐飞机的情境与感受。这反映了幼儿想象的（　　）。

A. 情节性　　B. 夸张性　　C. 新颖性　　D. 丰富性

4. 明明正在画“房子”，听到别人说：“这像房子吗？”他立刻说：“我画的是汽车。”这一想象表明幼儿（　　）。

A. 想象的内容零散无系统　　B. 满足于想象过程

C. 想象的主题不稳定　　D. 想象受兴趣的影响

5. 一个5岁的儿童说：“我想画小狗、胡萝卜，还想画蛋糕……”她基本上按照她所说的去画。这说明她想象的特点是（　　）。

A. 以无意想象为主　　B. 随意的自由想象

C. 以有意想象为主　　D. 有计划，但想象内容零碎，缺乏组织

6. 幼儿在生活中常常把自己的强烈愿望当作真实的东西，例如，东东说他爸爸给他买了一个电动飞机，可好玩了，可是，经了解，他爸爸只是口头答应他，还没买。这种心理现象是（　　）。

A. 想象表现力差　　B. 撒谎　　C. 认知水平低　　D. 将想象与现实混淆

7. 幼儿在想象中常常表露出个人的愿望。例如，大班幼儿文文说：“妈妈，我长大了也想和你一样，做一个老师。”这是一种（　　）。

A. 经验性想象　　B. 情境性想象　　C. 愿望性想象　　D. 拟人化想象

8. 在同一桌上绘画的幼儿，其想象的主题往往雷同。这说明幼儿想象的特点是（　　）。

A. 想象无预定目的，由外界刺激直接引起

B. 想象的主题不稳定，想象方向随外界刺激变化而变化

C. 想象的内容零散，无系统性，形象间不能产生联系

D. 满足于想象的过程，没有目的性

三、简答题

1. 学前儿童想象萌芽的表现有哪些?

2. 学前儿童想象发展的一般趋势是什么?

3. 学前儿童无意想象的特点是什么?

4. 学前儿童想象的特点是什么?

5. 如何培养学前儿童的想象力?

四、案例分析题

某幼儿特别喜欢听古典音乐，他也很崇拜音乐家。有一天，他跟妈妈说："今天肖邦叔叔到我们幼儿园来了，还给我们弹钢琴呢!"妈妈听了吓了一跳，认为孩子在说谎。

请根据幼儿想象的特点，对此案例加以分析。

第七章 学前儿童的言语

【目标导航】

1. 理解言语的基本概念、功能及种类。

2. 掌握学前儿童言语发展的一般规律和特点。

3. 能运用有效策略促进学前儿童言语的发展。

【思维导图】

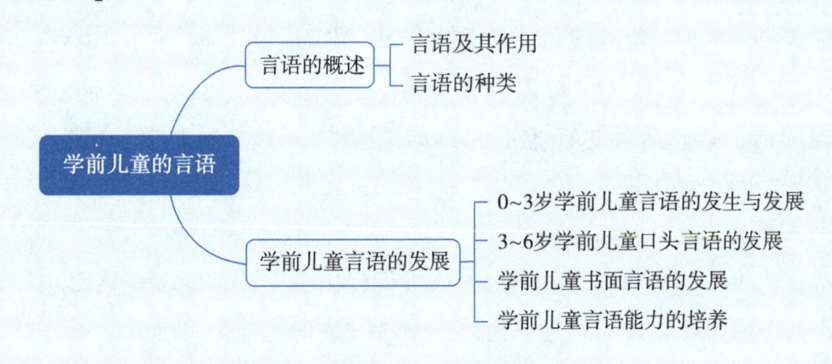

第一节　言语的概述

言语的发展是学前儿童发展的一个重要方面。对言语内涵的理解是学前教育专业学生进行相关理论学习的基础。

一、言语及其作用

言语与语言

（一）什么是言语

言语是个体借助语言传递信息、进行交际的过程。比如聊天、演讲、写信、发微信等，都属于言语活动。言语和语言是两个既有区别又有联系的概念。语言是以词为基本单位，以语法为构造规则的符号系统。语言是人类特有的交流工具，是社会历史的产物，并随着人类社会的发展而发展。不同的国家有不同的语言，如汉语、英语、法语、德语、俄语等。人们把语言作为交际的工具。语言是一种社会现象。而言语是个体在不断掌握、运用和理解语言的过程中发生的心理现象。作为心理现象的言语，不能离开语言而独立进行。人只有在一定的语言环境中才能学会并进行言语。另一方面，语言也只有在人们的言语交流活动中才能发挥它的作用。如果某种语言不再被人们使用，它就必将会从人类社会中消失。

（二）言语的作用

1. 言语的符号固着功能

符号固着功能是指人们言语中的每个词都代表一定的对象，例如“动物”“蔬菜”等词都有一定的指向。当人们说出某个词时，其他人都能理解这个词所代表的事物。这是人们在长期的交往中约定俗成的。

2. 言语的概括功能

每个词都能代表一类事物或现象，具有概括性。例如，“动物”这个词可以指代猫、狗、猪等许许多多的对象。“猫”这个词既可以代表着张家的黑猫，也可以代表着王家的花猫，是所有猫的总称。不同的词，其概括程度有所不同，如“动物”这个词就比“猫”这个词包括更多的对象。

3. 言语的交流功能

在符号固着功能和概括功能的基础上，当人们说出一定的词时，听者能够了解其所指。由此，言语可以向他人传递信息、表达思想和情感，发挥交流的功能。

二、言语的种类

聊天、演讲、读书、思考问题等都是言语活动，但有的言语是宣之于外的，有的言语则是隐藏于内的，因此言语可以分为外部言语和内部言语。

（一）外部言语

外部言语可以分为口头言语和书面言语。

1. 口头言语

口头言语是人类言语活动的基本形式，是个体通过发声器官发出的声音来表达自己的情感和思想的一种形式，又可以分为对话言语和独白言语。口头言语是学前儿童的主要言语形式。

对话言语是指两个或者两个以上的个体直接交流时开展的言语活动，如聊天、辩论、座谈等都是对话言语的形式。对话言语最大的特点就是情境性，它是在一定的环境下，对话双方能正确理解彼此的内容并且对对方所说内容做出恰当反应，使对话继续进行下去的一种言语方式。3 岁前的学前儿童与成人交往的方式主要是对话。学前儿童与成人的对话限于简单的交际问好、请求或回答成人的问题。对话内容简单、语句简短。

独白言语是指个体单独进行的较长的并且具有连贯性的言语活动。其形式主要有演讲、授课和报告等。独白言语对说话者言语系统的逻辑性要求比较严格，必须做到用词严谨。因此，在进行独白言语前，个体需要进行长时间的准备工作以使言语活动具有连贯性。独白言语的出现较对话言语要晚些。随着年龄的增长、社会交往经验的丰富，以及离开成人进行活动所获得的经验、体会的增多，学前儿童逐步出现陈述性的独白言语。由于词汇量有限，言语水平较低，学前儿童的独白言语往往缺乏逻辑性与连贯性。但通过科学的引导，学前儿童能够逐渐较清楚、连贯地表达自己听过的故事内容。

2. 书面言语

书面言语是指人们用文字来表达思想和情感的言语。无论从人类的发展历史还是从个体发展的过程来看，书面言语的发生都晚于口头言语。儿童总是先掌握口头言语，并在此基础上，通过专门训练逐步掌握书面言语。

书面言语通常以独白的形式进行，它并不直接面对对话者，不能借助表情、声调、手势来表达思想和情感。学前儿童掌握书面言语一般要经过识字、阅读和写作三个阶段。书面言语是借助文字进行表达的言语，因此学前儿童的书面言语的形成是初步的，培养的只是其对文字的兴趣与阅读的兴趣。

（二）内部言语

内部言语是个体自问自答或者独自思考、不出声的言语活动。内部言语具有隐蔽性和简略性的特点，是人们进行思维的主要工具。

虽然内部言语不发出声音，但言语运动器官一直在活动，不断向大脑发送动觉刺激，执行着和出声说话时相同的信号功能。雅各布森将电极装在被试的下唇或舌尖上，令被试数数或算简单的算术题，或诵读一首诗，第一次出声进行，第二次默默地进行，所得到的动作电流节律基本相同。这说明了人们在默默思考时言语运动器官一直在活动，内部言语的性质与外部言语是相同的。

第二节　学前儿童言语的发展

学前儿童的言语是在一定的语言环境中逐渐形成并发展起来的。对于学前儿童来说，首先发生的是外部言语中的口头言语。3 岁左右儿童出现了外部言语向内部言语过渡的形式。本节将针对学前儿童的言语如何发生、发展进行阐述。

一、0~3 岁学前儿童言语的发生与发展

（一）言语的发生（0~1 岁）

在学前儿童真正掌握言语之前，有一个准备阶段，称为言语发生的准备阶段，又称为前言语阶段。这一准备阶段包括发音的准备和语音理解的准备。其中，发音的准备包括发出语音和说出最初的词；语音理解的准备包括语音辨别和对词的理解。

1. 发音的准备

学前儿童发音准备期大约经历三个阶段：简单发音阶段、连续音节阶段、模仿发音阶段。

（1）简单发音阶段（0~3 个月）。

新生儿呱呱坠地，发出的第一声哭叫声是其最初的声音。这一阶段婴儿主要通过发出简单的单音节来表达生理和情感需求。需求不同，哭声也不相同。

2 个月大婴儿会发出咯咯的笑声，可以发出“a”“o”“i”“e”等简单的元音。如成人逗乐、喂饱婴儿后，婴儿会微笑或发出唧唧咕咕声作为回应。3 个月大的婴儿经常发出吐气泡、吞唾沫的唇声，且耳朵更加专注，眼睛能够跟随物体移动，并能更准确地看到物体。

婴儿早期言语的产生不需要较多的唇舌运动，只要一张口，气流自口腔冲出，音也就自然发出。发音从最初无意识的生理反射动作逐渐发展成表达需求、情感的不同音节。可以认为，这一阶段的简单发音局限于发音器官的不完善，更多的是一种本能发音行为，先天带有听说障碍的婴儿在这一阶段也能发出这些声音。

（2）连续音节阶段（4~8 个月）。

这一阶段的婴儿变得较为活跃，学习说话和与人交流的兴趣明显增强，自然发音也增多了。如看到颜色鲜艳的东西，被成人逗乐时，婴儿会频繁发出声音。发出的声音中，韵母增多，声母开始出现，且连续重复同一音节，如 ba-ba-ba、da-da-da，等等，其中有些音节与词音很相似，如 ba-ba（爸爸）、ma-ma（妈妈）。父母常把婴儿发出的这些声音当作孩子在呼唤自己，内心高兴不已。其实，这些音还不具有符号意义，但如果成人把这些音和具体事物相联系，就可以使婴儿形成条件反射，使婴儿发出的音具有实际意义。

这一阶段婴儿开始积极地模仿大人说话的发音，会对发出的声音更有反应，会试着跟随成人的引导做出反应。因此，成人在婴儿的言语活动中的参与度就显得尤为重要。在日常交流中增加和婴儿的言语交流，尽量放慢语速，使用简洁准确的语言，能给予婴儿较好的言语启蒙。

（3）模仿发音阶段（9~12 个月）。

与前一阶段相比，这一阶段婴儿继续出现重复连续音节，但明显增加了不同音节的连续发音，音调也开始多样化了，出现了四声调，听起来仿佛就是在说话。这一阶段的婴儿模仿成人说话的兴趣较浓，因此这一阶段也叫“牙牙学语期”。这时成人的言语教育非常重要。在教育引导下，婴儿能够逐渐把自己发出的音和具体的事物联系起来，能够明白用一定的语音来表达一定的事物。

2. 语音理解的准备

（1）语音知觉的准备。

有研究表明，婴儿对言语刺激非常敏感，出生不到十天的新生儿就能区分语音和其他声音，并对语音表现出明显的“偏爱“。如正在啼哭的婴儿听到妈妈的语音时会停止哭叫，而对其他非语音的声音则没有太大反应。婴儿的语音知觉和成人一样，具有范畴性。语音知觉的范畴性是指

语言当中的某个音（如p）由同一个人发出，在不同情况下发出的音可能会完全不同，但大家都把它感知为同一个音，归为一个范畴，以区别其他音。研究表明，一个月大的婴儿就能分辨“b”和“p”这两个音的差别，即婴儿具有语音范畴的知觉能力，但这一能力仅限于区别不同语音范畴的音，同一语音范畴的两个音的差异则被忽视。

在日常交流中，往往听懂其音才能听懂其意，语音范畴知觉能力在语言理解上起着较大作用。婴儿这一时期的语音范畴知觉能力处于初级阶段，为下一阶段言语的形成奠定基础。

（2）语词理解的准备。

语词理解建立在语音知觉的基础之上。8~9个月大的婴儿能够“听懂”成人的一些语言，表现为能对语言做出相应的反应。但需明白的是，能够引起婴儿反应并非意味着婴儿能够理解成人的语言，这与成人说话时的语调和情境相关。这里，我们举一个例子来说明这个问题。我们要对一个9个月大的婴儿分别进行表扬和批评。一开始，每次带着高兴、愉悦的表情，温柔地对婴儿说“你真棒”，带着不高兴的表情，严肃地对婴儿说“你真不听话”。若干次后，当我们用温柔的声音对婴儿说“你真棒”时，婴儿会咧嘴笑；当用严肃的声音对婴儿说“你真不听话”时，婴儿会抿起小嘴哭起来。而后，当我们突然改变说话的语调，用温柔的声音说“你真不听话”时，婴儿会毫不犹豫地咧嘴笑起来，反之亦然。这说明婴儿并没有真正理解成人所说的话的含义，而是根据成人说话的语调和说话时的情境来做出不同的反应。即婴儿对于词的理解依赖说话者当时所处的情境和说话的语调，婴儿不能对语词单独进行理解。一般到11个月左右时，婴儿才真正地将语词作为独立信号进行相应的反应，这时就意味着婴儿能够真正理解语词的意义。

婴儿言语准备期的言语发展与语言环境密切相关。在婴儿刚开始有语音意识，还不能理解语言意义时，如果父母能多和婴儿交流，在说出某些特定语音时给予相应实物，帮助婴儿建立语音与其代表物之间的联系，那么婴儿的言语发展就会更迅速，否则会较缓慢。

（二）言语的形成（1~3岁）

从1岁开始，婴儿能够模仿成人发音，并能听懂成人的简单语言，开始步入正式学习言语的阶段。在接下来的两三年内，学前儿童能够掌握本民族的基本语言，因此这一时期称为学前儿童言语的形成期。经过一年的言语准备期，学前儿童掌握了一定数量的词，他们开始把两个词组合起来形成“句子”。句子的出现，是学前儿童言语发展过程中的又一个里程碑。

根据学前儿童句子表达的不同特点，学前儿童言语形成期可分为不完整句阶段和完整句阶段。

1. 不完整句阶段（1~2岁）

在这一阶段，学前儿童言语的发展主要是口语的发展。1~1.5岁学前儿童正式开始学说话，能主动说出一些词语；1.5~2岁学前儿童处于简单句阶段，能够掌握最初步的言语。这一时期的言语发展规律是先听懂，后会说，即先进行言语理解，后学会言语表达。

（1）单词句阶段（1~1.5岁）。

1岁左右时，学前儿童会说出人生中的第一个词，而且会用一个单词表达一个句子，如指着衣柜里的西装说“爸爸”。这里“爸爸”的意思是“爸爸的西装”。此阶段称为单词句阶段。这一阶段学前儿童言语表达以词为单位，说出的词具有单音重叠、一词多义、以词代句的特点。

此阶段的学前儿童喜欢说重叠的词，如“饭饭”“娃娃”“帽帽”等，还喜欢用象声词代替物体的名称，如把汽车叫作“笛笛”，把小狗叫作“汪汪”等。这与学前儿童发音器官尚未成熟有较大关系，因为重复前一个音，不用费力，容易发出。

一词多义表现为学前儿童对语词理解的过度泛化和扩展不足。由于这一阶段学前儿童的语言理解能力有限，因此，说出的词所代表的含义具有广泛性和个别性，如幼儿认识兔子，看到兔子时会叫“兔兔”，当他看到其他和兔子一样带毛的动物时也都叫“兔兔”，这就是过度泛化；幼儿会把“猫”作为自己家的玩具猫的特指，而不会用“猫”指代其他的猫，这就是扩展不足，即对词的含义理解太过狭窄。

以词代句表现为用一个词代表一个句子。如幼儿说“要”，是表达“我要喝奶”的意思。单词句的表达不够清楚，因此成人通常要根据当时的情境、幼儿说话的表情和动作来推断一个词所表达的含义。这时，成人可以用一个完整句的范式“宝宝要喝奶”来启发和引导孩子说话。这一阶段幼儿的语言表达并不积极，只有在有需求的时候他才会向成人表达，因此成人要注意回应，鼓励幼儿积极地表达。

（2）电报句阶段（1.5~2 岁）。

1.5 岁以后，学前儿童掌握新词的速度惊人，开始进入“词语爆炸期”。2 岁时学前儿童的词汇量达 200 多个。在这个阶段，学前儿童说话的积极性较高，变得爱说话，表达的言语含义较之前更清楚，如“妈妈抱”等。这种句子的表意较单词句更清晰明确，但句子的结构不完整，表达形式简略、不连贯，类似电报句，故这一阶段称为电报句阶段。这时，学前儿童使用较多的是名词、动词、形容词等实词，较少使用的是具有语法功能的连词、介词等虚词。

电报句有三个特点：一是句子简单，如“妈妈没”“娃娃掉”“奶奶坐”等；二是句子不完整，如“妈妈，奶”（妈妈，给我拿奶瓶）等；三是句子语序颠倒，如“不对起”（对不起）。随着学前儿童词汇量的增多、词汇类别的增加，学前儿童的言语表达也越来越丰富。

2. 完整句阶段（2~3 岁）

2 岁前学前儿童的言语表达以单词句、电报句为主，其句子结构不太符合语法规则。2 岁后，学前儿童开始学习用更合乎语法规则的完整语句，更为准确地表达自己的想法。

这一时期学前儿童开始能说出极少的简单复合句，如“妈妈排排坐”“笑笑饭饭”“我不会哭，我会笑”等并列的复合句。复合句中开始出现因果关系。如教师问一个 2 岁的幼儿：“你为什么不开心？”幼儿回答道：“因为我的小车不见了。”这表明学前儿童已经开始理解事物之间的因果关系，并能用言语表达出来。

2 岁后学前儿童词汇量迅速增加，到 3 岁时，词汇量可达到 1 000 个左右。

二、3~6 岁学前儿童口头言语的发展

学前儿童的言语主要是口头言语。他们的口头言语不是生来就有的，而是在后天生活中逐渐掌握的。学前阶段是学前儿童口头言语发展的关键期，表现在语音、词汇、语法和口语表达能力等方面迅速发展。

（一）语音的发展

1. 语音发展的扩展与收缩趋势

学前儿童在出生的头一年，就为掌握语音做准备。从不会发出清晰的音节到学会越来越多的语音，学前儿童学习语音的最初过程呈扩展的趋势。4 岁以内的学前儿童容易学会世界各民族语言的语音，但在此以后，学习语音的趋势逐渐收缩。3~4 岁是母语语音发展的飞跃阶段，到 4 岁时学前儿童基本掌握了母语（包括方言）的全部语音。掌握母语语音后，学习新语言时的年龄越

大，掌握语音的困难就越大，因为新语音的学习受母语语音的干扰。

2. 韵母发音的正确率高于声母

在学前儿童的发音中，韵母发音的正确率高于声母。韵母中只有 o 和 e 音容易混淆，其原因是发音部位相同，只是发音方法上有细微差别。学前儿童对声母的发音正确率较低，主要原因是没有掌握正确的发音部位和发音方法，如将 g 音发成 d，把 zhi、chi、shi 和 zi、ci、si 两组音混淆。

3. 语音意识的发生

学前儿童要学会正确发音，不仅要有精确的语音辨别能力，而且要能控制和调节自身发音器官的活动。学前儿童开始能自觉地辨别他人发音是否正确，自觉地模仿正确发音，纠正错误的发音，说明其对语音的意识开始形成。学前儿童语音意识形成的主要表现是能够评价他人发音的特点和自觉调节自己的发音。4 岁左右时，学前儿童的语音意识明显发展，表现在喜欢玩语音游戏，对自己和他人的发音都很感兴趣。

4. 语音发展受生理因素和语言环境的影响

学前儿童的音准较差，一个原因是生理发育不够成熟。随着学前儿童发音器官功能的完善和语音听觉系统及大脑机能的发展，其发音准确率逐渐提高。学前儿童对普通话语音的掌握与他们所处的语言环境有关。不同方言地的儿童普通话发音正确率有较大差异。

（二）词汇的发展

言语的基本构成单位是词汇。言语表达能力的发展与词汇量是否丰富密切相关。词汇的发展是言语发展的重要指标之一。学前儿童词汇的发展主要表现在词汇数量的增加、词类的扩大以及对词义理解的加深三个方面。

1. 词汇数量迅速增加

这一时期，学前儿童掌握的词汇数量迅速增加。3~6 岁是人一生中掌握的词汇量增加最迅速的时期。国内外大量的相关研究数据显示，3 岁学前儿童掌握的词汇数量达 1 000~1 100 个，4 岁时达到 1 600~2 000 个，5 岁时增加至 2 200~2 500 个，6 岁时增加至 3 000~3 500 个。当然，个别差异也比较大。

2. 词类范围日益扩大

学前儿童掌握的词类范围随着年龄的增长日益扩大。词有实词和虚词两大类，实词包括动词、形容词、名词等，虚词包括介词、连词等。学前儿童词类范围的扩大还体现在词汇内容的变化上。学前儿童最早掌握的词汇是与其日常生活密切相关的名词，随着年龄的增长、社会交往范围的扩大、思维能力的增强，他们逐渐掌握一些与生活联系不是很紧密的词。如幼儿最初掌握的是“苹果”“香蕉”等词，年龄稍大时就能掌握“水果”这个词了。在各类词中，学前儿童使用频率最高的是代词，其次是动词和名词。

3. 词义理解逐渐丰富和加深

随着所掌握词汇量的增加和词类范围的扩大，学前儿童对于词的含义的理解也逐渐确切和加深。不同年龄段的学前儿童，由于其生活经验、思维发展水平不同，对于同一个词的理解也是很不相同的。例如“猫”一词，对于 1 岁的幼儿来说，可以代表一切毛茸茸的物体；到了学前期，他已经理解了“猫”一词的确切含义——专指猫这种动物，而且在说出“猫”这个词时，也表达了对猫的生活习性等的理解。

学前儿童很难理解词的隐喻义。例如，妈妈说："小朋友要能吃点苦，不能太娇气了。"幼儿会说："我能吃苦，昨天妈妈炒的苦瓜就很苦，我都吃了。"到了大班，学前儿童基本能掌握词语的隐喻义。

有些词学前儿童虽然能够说出，但不一定能够理解。学前儿童能够正确理解又能正确使用的词叫作积极词汇；学前儿童能够说出但并不理解，或者理解了却不能正确使用的词叫作消极词汇。这一阶段学前儿童常常出现乱用词和乱造词的现象，如把"警察"和"解放军"混同。

总的来说，学前儿童在词汇方面获得了多方位的发展，但对词汇的掌握较浅显，对词义的理解不够丰富和深刻，在使用上常发生错误，因此教师及家长应重视学前儿童的词汇掌握程度，帮助学前儿童正确理解和运用词汇。

（三）语法的发展

语法是语言的使用规则。掌握了语法才能把词汇组合成句，进行言语交流，否则，很难正确理解别人的言语，也不能很好地表达自己的思想。学前儿童在生活中自然掌握了一些基本的语法，主要体现于语句的发展和句子的理解两个方面。

1. 语句的发展

研究资料表明，学前儿童句子表达有以下发展规律：

一是句子结构从不完整到完整，从无序到严谨。学前儿童最初表达的句子是单词句、电报句，句子结构是不完整的，缺少句子的基本成分。不完整句还体现为句子各成分间没有顺序，结构松散，词序紊乱。但随着年龄的增长、言语能力的增强，学前儿童表达的句子结构逐渐完整且严谨。

二是句型从简单到复杂。在整个学前阶段，学前儿童表达的句子类型以简单的陈述句为主，但其他不同形式的句子也有所发展，如疑问句、感叹句等。

2. 句子的理解

在语句发展过程中，对句子的理解先于说出。学前儿童在说出某种句型前，已经能够理解该句型的意义。

1 岁之前的幼儿在尚不能说出有意义的单词时，已经能听懂成人说出的某些简单句子，并用动作做出反应。4~5 岁的幼儿已经能和成人自由交谈，提各种各样的问题并渴望得到解答。但对一些结构复杂的句子，如被动句"苹果被我吃了"，双重否定句"小明不得不离开"等往往还不能理解。

研究发现，学前儿童理解句子常用的策略主要有以下几种。

一是事件可能性策略。事件可能性策略是指学前儿童只根据词的意义和事件的可能性理解句子含义，而不顾及语句中的语法规则。如对于"小明把李医生送到医院里"这句话，大部分学前儿童认为是小明生病了，李医生送小明去医院。可见，学前儿童对句子的理解没有考虑语法规则，而是根据在现实生活中事件发生的可能性来理解。他们认为李医生是医生，不会生病，因此是李医生带小明去医院看病。

二是词序策略。顾名思义，词序策略指学前儿童会根据词出现的顺序来理解词与词之间的关系。在现实生活中，学前儿童接触较多的是主动语态的句子，因此他们认为句子中出现在动词前面的名词是动作的发出者，而其后面的名词是动作的承受者。

三是非语言策略。非语言策略是指学前儿童理解句子含义时不是根据语法规则理解的，而是根据自己的经验来理解。前面的事件可能性策略也属于非语言策略的一种。如教师让幼儿把球放在竹筐的旁边时，幼儿会直接把球放进竹筐中。幼儿是根据自己的生活经验（球应该放进筐中）来理解句子的。

学前儿童通常在尚未掌握或不熟悉句型时使用这些策略，在使用的过程中，会逐渐发现问题，从而改进策略，增进对句子的理解，这样其对句子的理解能力也就发展起来了。

（四）口语表达能力的发展

1. 言语交往功能的发展

言语交往功能的发展具有以下几个特点。

（1）从对话言语向独白言语过渡。对话言语是两个人之间相互交谈，独白言语则是一个人独自向听者讲述。3 岁以前，学前儿童更多地需要在成人的陪伴下活动，与成人的言语交际是对话性的，如回答成人的提问，向成人提出一些要求或询问等。3 岁以后，学前儿童的独立性增强，能够独立进行一些活动，因此，在言语表达中常常会向成人描述自己的所见、所闻、所感，这样，学前儿童的独白言语就逐渐发展起来了。

学前儿童的独白言语在小班阶段刚刚形成，水平较低。如在幼儿园常能看到小班幼儿向老师诉说自己昨天回家后发生的有趣的事情，但是由于词汇贫乏、表达能力有限，他们常常带有很多口头语言，如重复说“那个”“然后”等。有些学前儿童在这个阶段甚至会出现口吃现象，但经过良好的教育，到了中、大班时就能清楚连贯地进行表达了。

（2）从情境性言语向连贯性言语过渡。这体现为学前儿童言语的完整性、连贯性、逻辑性逐渐增强，能让听者从言语本身就能准确理解他们所要表达的思想。3 岁前学前儿童的言语主要是对话言语，如幼儿会向他人表达自己游玩时的愉快心情，“看到了很多小鱼，在公园，好多好多，妈妈带我去的，还有哥哥”，表达的同时还会带有很多手势和丰富的表情。这种言语需要听者边听、边看、边猜测，是情境性言语。

随着学前儿童年龄的增长，情境性言语逐渐减少，连贯性言语逐渐增多。6 岁左右时学前儿童言语的表达中情境性言语与连贯性言语所占比重相当。这一阶段学前儿童能够较连贯地进行言语表达、叙述，但水平不高。

（3）讲述逻辑性逐渐增强。学前儿童讲述的逻辑性逐渐增强，主要表现为讲述的主题逐渐明确、突出，层次逐渐清晰。幼小儿童的讲述常是现象的堆积和罗列，主题不清楚、不突出。随着儿童的成长，口头表达的逻辑性有所增强。

学前儿童讲述的逻辑性反映了思维的逻辑性。研究表明，对幼儿来说，单纯积累词汇是不够的，讲述的逻辑性需要专门培养。

（4）逐渐掌握言语表达技巧。学前儿童不仅可以学会完整、连贯、清晰而有逻辑地表述，而且能够根据需要恰当地运用声音的高低、强弱、大小、快慢和停顿等语气和声调的变化，使表达更生动，更有感染力。当然，这需要专门的教育。

在学前儿童言语表达能力的发展中，有人可能会产生一种言语障碍——口吃，表现为说话中不正确的停顿和单音重复。这是一种言语的节律性障碍。学前儿童的口吃现象常出现在 2~4 岁。以下几种因素会导致口吃。

① 生理原因。2~4 岁儿童的言语调节机能还不完善，造成连续发音的困难。随着年龄的增长，这种情况会有所缓解。

② 心理原因。说话过程是表达思想的过程。在表达的过程中，学前儿童可能会因为找不到合

适的词汇和更好的表达形式而感到焦急，也可能会因为发音的速度赶不上思想闪现的速度而出现两者的脱节。这些都会使他们处于一种紧张状态。这种紧张可能造成发音器官的细微抽搐和痉挛，导致发音停滞和无意识地重复某个音节的情况。经常性的紧张便会成为习惯，以至于每次遇到类似的语词或情境时，都出现同样的“症状”。

③ 模仿。幼儿口吃常有很大的“传染性”。因为他们的好奇心强，爱模仿。班上某个儿童偶尔出现“口吃”会使他们觉得有趣、“好玩”而加以模仿，最后不自觉地形成习惯。矫正口吃的主要方法是消除紧张。

2. 言语调节功能的发展

内部言语产生后，言语调节功能逐渐发展起来。内部言语是一种高级的言语形式，是在外部言语的基础上产生的。3 岁前，学前儿童的思维处于直觉行动思维水平，他们借助行动思考问题，边想、边说、边做，甚至做完再想。3 岁后，学前儿童开始出现出声的自言自语。学前儿童的自言自语包括两种形式：一种是“游戏言语”，即游戏时的自言自语；另一种是“问题言语”，即遇到问题时的自言自语。如：在搭建活动中，幼儿会一边自言自语，一边进行搭建，通过言语指挥、调节自己的搭建行为；当在搭建过程中碰到困难（积木总是倒塌）时，幼儿会说“这是为什么，应该放在哪里呢”，再通过自我鼓励的语言调节自己的情绪，鼓励自己克服困难。

拓展阅读

皮亚杰对瑞士卢梭学院“幼儿之家”中的2~7岁儿童在自由活动时的具体细节以及他们的言语和谈话进行了观察、记录和整理，按照不同的语言机能将被试儿童的言语分为两大类——以自我为中心的言语和社会化的言语，并得出这样的结论：(1) 以自我为中心的言语是指讲话者不考虑他在与谁讲话，也不在乎对方是否在听他讲话，他一般是对自己讲话，或是由于和一个偶然在身边的人共同活动感到愉快而讲话。以自我为中心的言语不具有社交性质言语的机能，只是用来刺激、伴随、加强、补充行动或通过言语用幻想的满足代替行动，而不是被当作一种沟通思想的手段。(2) 社会化言语是指那些具有社交性质的，即具有可沟通性、可被人理解的言语。社会化言语的机能是为了把讲话者的思想传递给别人或通过言语影响别人，改变别人的行为或思想，但学前儿童的社会化言语中没有因果解释性质的谈话，只有对事物的描述和对事实的陈述。(3) 3 岁之前学前儿童最初的言语主要是以自我为中心的言语，它占全部言语的3/4；3~6 岁学前儿童以自我为中心的言语逐渐减少，占全部言语的1/3到1/2；7岁以后减至1/4。(4) 从七八岁起，儿童表现出想和别人共同活动的欲望，并开始试图改进交流思想的方法和增进相互间的理解。正是在这个年龄，以自我为中心的言语逐渐失去它的重要性，并随着儿童之间协调关系的发展开始萎缩。

三、学前儿童书面言语的发展

书面言语指读和写，具体包括认字、写字、阅读、写作几种活动形式。与口头言语的发展过程一样，书面言语的发展同样遵循“先接受、后发出”的规律：先会认字，后会写字；先会阅读，后会写作。

严格说来，学前期只是书面言语发展的准备阶段。发展口头言语，掌握语音、口语词汇、基本语法和口语表达，是学前儿童掌握语言的“音”和“义”，并将二者联系起来的过程，也是学前儿童将来学习书面言语，将“音”“义”“形”结合，由口头言语向书面言语转变的重要基础。

在学前阶段，幼儿正处于迅速发展口头言语的关键时期，他们将在进入学校之前掌握95%的口头语言，即基本完成口语学习的任务。但是，为使他们更好地学习口语，并为下一阶段集中学习书面言语做好准备，教师有必要帮助幼儿初步认识书面言语，理解书面言语和口头言语的对应关系。

早期阅读是学前儿童学习书面言语的语言行为。相对于学习口头言语，早期阅读活动则是学前儿童开始接触书面言语的途径。随着时代的发展，幼教界普遍开始重视和加强对早期阅读的研究。

对于学前儿童的识字，国内外许多事实和研究材料说明，学前期是形象视觉发展的敏感期，学前儿童是能认识字的。《3—6岁儿童学习与发展指南》中对儿童的识字问题明确提出："应在生活情境和阅读活动中引导幼儿自然而然地产生对文字的兴趣，用机械记忆和强化训练的方式让幼儿过早识字不符合其学习特点和接受能力。"教师和家长可以在日常生活和早期阅读中引导学前儿童关注文字，激发其对文字的兴趣，但绝不能拔苗助长，否则会由于给学前儿童提出过重的识字任务而使得他们厌恶识字、厌恶阅读。

由于书写活动需要手部肌肉的协调性和对手部精细动作的控制能力，而学前儿童的精细动作发展较晚，因此学前儿童还无法进行正规的书写活动。家长和教师应鼓励学前儿童在写写画画的书写活动中体验文字符号的功能，同时促进其手眼协调，帮助学前儿童学习由上至下、由左至右的运笔技能，提醒学前儿童在写画时保持正确姿势，为今后正规的书写活动做好必要的准备。

四、学前儿童言语能力的培养

言语发展直接关系到学前儿童认知、情感、社会性、自我意识的发展。言语的习得过程是在社会环境中不断进行言语实践的过程。学前儿童言语能力的培养离不开其主动进行言语交往的需求、丰富的言语环境、科学的言语教育等。促进学前儿童言语发展是学前儿童教育的重要方面。

（一）创造良好的言语环境，为学前儿童提供交往的机会

学前儿童的言语能力是在交流和运用的过程中发展起来的。学前儿童只有在大量的交往活动中感到有许多经验、情感、愿望、要求等想要说出来的时候，言语活动才会积极起来，言语能力才会随之发展。有研究表明，父母花更多的时间与1~1.5岁的学前儿童共同活动，可使学前儿童在1.5岁时掌握更多的词汇量。

幼儿园是学前儿童主要的语言环境之一。幼儿园中交往机会的增加为他们带来了更多的语言练习机会。教师应为学前儿童创设自由、宽松的语言交往环境，鼓励和支持他们多与同伴交往、交流。例如，在一次手工活动中，东东遇到困难向教师求助："老师，这里我不会。"没等老师回答，他旁边的一个幼儿就说："老师，我知道，我来教他！"于是，教师马上回应说："好啊，现在你都可以当小老师了，你帮帮他。老师看看你是怎样当小老师的。"

（二）加强对学前儿童言语的训练

对学前儿童言语进行有计划的训练是很重要的。幼儿园主要是通过言语教学活动来发展学前儿童言语表达能力的。在教学中，教师要引导学前儿童正确发音，用词恰当，表达清楚、连贯，并及时帮助学前儿童纠正错误语音；要运用有效的教学方法，调动学前儿童说话的积极性，并给予他们反复练习的机会，以及做出良好的示范，促进学前儿童言语的发展和规范化。

（三）发挥成人言语规范的榜样作用

模仿是儿童的天性。幼儿十分喜欢模仿周围人的一举一动，也同样喜欢模仿周围人的言语。我们常常可以看到，学前儿童的发音、用词，甚至说话的声调、表情，酷似他们的母亲或者他们所喜爱的人或经常看的电视人物形象。成人良好的示范对学前儿童潜移默化的影响是十分深远的。成人必须有意识地引导幼儿模仿规范的语言，纠正错误。其中，特别要注意不能讥笑和重复儿童错误的发音或语句。

教师在教育教学和日常交谈中，应努力做到发音标准、清晰，用词规范，不用不规范的网络用语如“蓝瘦”“香菇”，句子表达要完整、准确、清楚、简洁，没有歧义。在与幼儿（尤其是低龄幼儿）交谈时，教师还应避免过多使用“这个”“那个”等代词，尽可能准确、清晰地表达意思。

同时，教师还可通过家园沟通，向家长宣传幼儿期语言发展的重要性，充分发挥家庭教育的优势。例如，让家长在家里用文明、正确的语言，不时使用新的词汇，经常与幼儿交谈，给幼儿讲故事、念儿歌，带幼儿外出游玩时向幼儿引入新的词汇，启发幼儿用语言描绘所见到的事和物，等等。

思考与练习

一、名词解释

1. 言语：

2. 语言：

二、选择题

1. 儿童学习语言的关键期是（　　）。

A. 0~1 岁　　B. 1~3 岁　　C. 3~6 岁　　D. 5~6 岁

2. 幼儿阶段开始出现书面言语的发展，其书面言语发展的重点是（　　）。

A. 识字　　B. 写字　　C. 阅读　　D. 写作

3. 1.5~2 岁儿童使用的句子主要是（　　）。

A. 单词句　　B. 电报句　　C. 完整句　　D. 复合句

4. 一名从未见过飞机的幼儿，看到蓝天上飞过一架飞机，就说：“看，一只很大的鸟！”从语言发展的角度来看，这一现象反映的特点是（　　）。

A. 多读规范化　　B. 扩展不足　　C. 过度泛化　　D. 电报句式

5. 1.5 岁的儿童想给妈妈吃饼干时，会说“妈妈”“饼”“吃”，并把饼干递过去。这表明该阶段儿童语言发展的一个主要特点是（　　）。

A. 电报句　　B. 完整句　　C. 单词句　　D. 简单句

6. 2~6 岁的儿童掌握的词汇数量迅速增加，其对词类掌握的先后顺序通常是（　　）。

A. 动词，名词，形容词　　B. 动词，形容词，名词

C. 名词，动词，形容词　　D. 形容词，动词，名词

7. 阳阳一边用积木搭火车，一边小声地说：“我要快点搭，小动物们马上就来坐火车了。”这说明幼儿自言自语具有的作用是（　　）。

A. 情感表达　　B. 自我反思　　C. 自我调节　　D. 信息交流

8. 学前儿童学习书面言语的语言行为是（　　）。

A. 识字　　B. 写字　　C. 口头言语　　D. 早期阅读

9. 言语是运用语言进行交流的过程，是一种（　　）现象。

A. 社会现象　　B. 心理现象　　C. 个体现象　　D. 生理现象

10. 讲课时用的言语形式主要是（　　）。

A. 内部言语　　B. 对话言语　　C. 独白言语　　D. 书面言语

三、简答题

1. 言语的作用有哪几个？

2. 言语可以分为哪些种类？

3. 如何培养学前儿童的言语能力？

四、案例分析题

1. 一位母亲反映她4岁的孩子患口吃至今已整一年了，表现为一说话便高度紧张，言语断断续续，尤其是在人多的场合更是如此。虽然夫妇俩经常提醒孩子，有时甚至是吓唬、惩罚孩子，但收效很小。孩子已变得十分沉默、自卑。这位母亲说，他们夫妇俩及孩子的直系亲属的言语能力均属正常，孩子的听觉、发音器官及相关的言语系统经医院检查也无异常。这位母亲十分焦虑、苦恼，但不知如何是好。

请你帮这位母亲就其孩子患口吃的原因进行分析并提出有效的矫治方法。

2. 4岁的强强喜欢自言自语。搭积木时，他边搭边说："这块放在哪里呢……不对，应该这样……这是什么……就把它放在这里做门吧……"搭完一个机器人后，他会兴奋地对着它说："你不要乱动，等我下了命令后，你就去打仗。"

试用所学知识回答，强强的行为有什么特点？

第八章

学前儿童的思维

【目标导航】

1. 掌握思维的概念、特性及种类。
2. 理解思维的过程、形式和品质。
3. 掌握学前儿童思维发生的时间及发展趋势。
4. 理解学前儿童思维发展的特点。
5. 了解学前儿童思维过程和思维形式的发展特点。
6. 知道如何培养学前儿童的思维能力。

【思维导图】

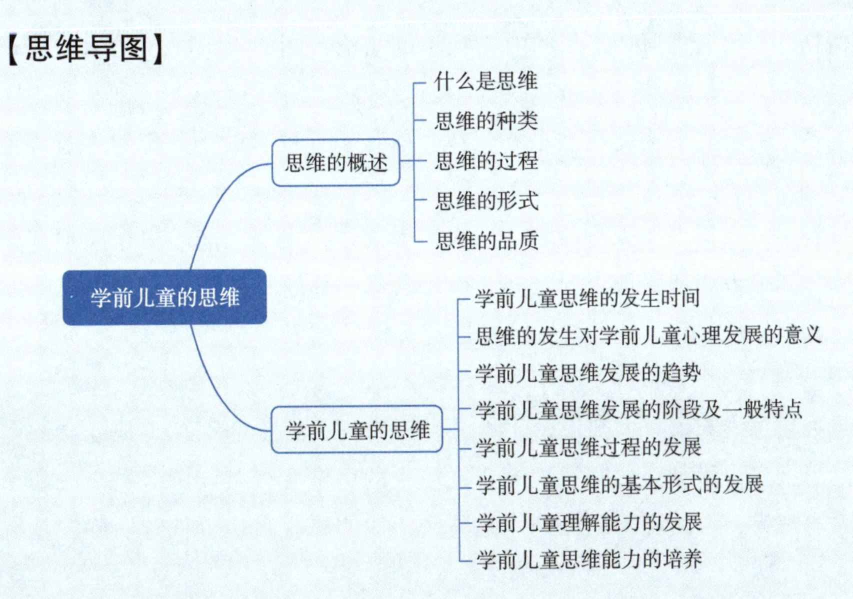

第一节　思维的概述

一、什么是思维

（一）思维的概念

思维是人脑对客观事物进行的间接的、概括的反映。它借助语言、表象或动作实现，是认知活动的高级形式。人们在学习、工作和生活中，每当碰到一时不能解决的问题时，往往会说“让我想一想”“我考虑考虑”。这种“想”和“考虑”，就是人的思维活动。思维跟感知觉一样都是人脑对客观现实的反映。感知觉是在客观事物直接作用于感觉器官时产生的，是对具体事物个别属性以及事物之间外部联系的反映，属于认识的低级阶段，而思维是人脑对客观事物的一般特性、内部联系及规律性的间接和概括的反映，属于认识的高级阶段。

（二）思维的特性

思维具有间接性、概括性和社会性。

1. 思维的间接性

思维的间接性就是人凭借已有的知识经验或其他媒介，理解或把握那些没有直接感知过的，或根本不可能感知到的事物。例如：人类学家根据古生物的化石及其他有关资料，就能推知人类过去进化的规律；医生根据对病人的体温、血压、血液、尿液等检查的有关资料，就能确诊病患和病因；气象工作者根据已有的气象资料，就能预知天气的变化；教师根据学生的行为表现，可以推断学生的内心世界；等等。所有这些都是间接的认识，是通过人脑“去粗取精，去伪存真，由此及彼，由表及里”的加工活动即思维活动来实现的。

2. 思维的概括性

所谓思维的概括性，它包含两层意思：第一，把同一类事物的共同特征和本质特征抽取出来加以概括。例如，人们把形状、大小各不相同而能结出枣子的树木称为“枣树”，把枣树、苹果树、梨树等依据其根茎、叶、果等共性统称为“果树”等。第二，将多次感知到的事物之间的联系和关系加以概括，得出有关事物之间的内在联系的结论。例如：每次“月晕”出现，外面就要“刮风”；地砖“潮湿”，天就要“下雨”。据此人们就得出“月晕而风”“础润而雨”的结论。这种概括促使人们产生对客观事物内在关系和规律性的认识，也有助于人们对客观环境的适应、控制与改造。

思维的间接性是以人对事物概括性的认识为前提的。人之所以能够根据屋顶潮湿做出曾下过雨的推断，是因为知道下雨和屋顶潮湿之间的因果关系，而这种认识正是先由思维的概括性获得的。因此，思维的概括反映和间接反映的特点是密切联系的。

3. 思维的社会性

思维尤其是抽象思维与语言、知识密不可分。语言作为思维的工具，是社会约定俗成的。语言的使用使人的思维变得深刻、严密和浓缩，也使人的思维变得可以调节、交流和相互合作。语言与思维的关系表现为，人的思维越深刻，越周密，他的语言表达也就越明确，越有条理。而一个人用词语把思维内容表达得越完善，越精练，思维本身也就越清晰，越合乎逻辑。人借助语言进行思维是人的思维与动物思维的最本质的区别。人类思维的高度发展与人类语言的高度发展是分不开的。除了语言之外，人类思维还可以借助其他工具，如表象和动作。

二、思维的种类

思维有多种形式。我们可以从不同的角度对思维进行分类。

（一）根据思维的发展水平来分

根据思维的发展水平，思维可分为直觉行动（动作）思维、具体形象思维和抽象逻辑思维三种。

1. 直觉行动思维。

直觉行动思维，又称直观行动思维、动作思维，是指依靠直接感知，在实际操作过程中进行的思维。其特点：一是思维在直接感知中进行，思维不能离开直观的事物；二是思维与动作不可分离，离开了动作，思维也就终止。幼儿用手一个一个地指着桌子上的苹果进行点数；幼儿在画画时常常没有目的，即先画后想，或者边画边想，只有画出来之后才知道画的是什么；这些都是直觉行动思维的表现。这种思维并非只有幼儿才有，成人在操作一个复杂而陌生的物体时，也要借助动作的支持。直觉行动思维是最低水平的思维，在 2~3 岁幼儿身上最突出。

2. 具体形象思维

具体形象思维是运用已有的直观形象或表象解决问题的思维。直观形象和表象是通过对事物具体形象的概括形成的。例如，解几何题的时候，在头脑中想象出一张图，设想做了辅助线之后会如何，这样的思维就是形象思维。这种思维形式主要表现在 3~7 岁的幼儿身上，他们更多的是运用形象思维解决问题。艺术家、作家、导演、设计师等的形象思维也非常发达。形象思维具有三种水平。第一种水平的形象思维是幼儿的思维，它只能反映同类事物中的一些直观的本质的东西。第二种水平的形象思维是成人对表象进行加工的思维。第三种水平的形象思维是艺术思维，这是一种高级的、复杂的思维形式。

3. 抽象逻辑思维

抽象逻辑思维，也称逻辑思维，是指运用言语符号形成的概念来进行判断、推理，以解决问题的思维过程。例如，科学家研究探索，学生理解和论证科学的概念和原理以及日常生活中人们分析问题、解决问题等，都离不开抽象逻辑思维。

成人在解决实际问题的过程中，往往将三种思维相互联系、综合运用。

（二）根据思维探索答案的方向来分

根据思维探索答案的方向，思维可分为聚合思维和发散思维。

1. 聚合思维

聚合思维是将各种信息聚合起来，得出一个正确答案或最好的解决方案的思维方式。如学生在做习题时，利用聚合思维在已知的条件中寻求问题的确定的答案。又如研究者利用聚合思维，依据许多现有的资料归纳出一种结论。

2. 发散思维

发散思维也称求异思维，是根据已有信息，从不同角度、不同方向思考以寻求多样答案的思维方式，是人们根据当前问题给定的信息和记忆系统中存储的信息，沿着不同的方向和角度思考，从多方面寻求多样性答案的一种思维活动。如幼儿园教师问幼儿球可以怎么玩，幼儿会想出很多种玩法。变通性（思维灵活、能随机应变）、流畅性（思维敏捷、反应迅速）和独特性（对问题能提出超乎寻常、独特、新颖的见解）是发散思维的三个主要特点。

（三）根据思维的逻辑性来分

根据思维的逻辑性，思维可分为直觉思维和分析思维。

1. 直觉思维

直觉思维是一种非逻辑思维，未经逐步分析就迅速对问题答案做出合理的猜测、设想或突然领悟的思维。直觉思维具有敏捷性、直接性、简缩性、本能意识等特征。直觉作为一种心理现象贯穿于日常生活之中，也贯穿于科学研究之中。

2. 分析思维

分析思维也称逻辑思维，它严格遵循逻辑规律，逐步进行分析与推导，最后得出合乎逻辑的正确答案或合理的结论。如学生通过多步的推理和论证解决数学难题，就是利用这种思维方式。

（四）根据思维的创造性来分

1. 常规思维

常规思维就是运用已获得的知识经验，按现成的方案解决问题的思维。例如，学生运用已学会的数学知识解同一类型的题目的思维，这种思维缺乏独创性和新颖性，是运用已获得的知识的过程，不会产生新的思维成果。

2. 创造性思维

创造性思维是一种新颖的、独特的思维活动。在从事文艺创作、科学发现、技术发明等创造性活动时，创造性思维的表现特别典型，它是人类思维的高级形式。创造性思维是多种思维的综合表现，它既是发散思维与聚合思维的结合，也是直觉思维与分析思维的结合。当我们遇到难题而百思不得其解，并发现不能用常规的方法解决时，创造性思维就十分必要了。牛顿发现万有引力，爱迪生发明白炽灯泡，曹雪芹写出寓意深刻的《红楼梦》，都是通过创造性思维实现的。

创造性思维过程基本上包括准备、酝酿、豁朗、验证四个阶段。准备是搜集有关信息、形成概念、储备经验的阶段；酝酿是消化、转换信息，在头脑中反复进行象征性的尝试，重新组合概念的阶段；豁朗是领悟出道理、得出结论的阶段；验证是对所得结果进行检验的阶段。创造性思维不同于一般思维，其主要特征为发散性。思维的发散性表现为不急于归一，而是提出多方面的设想或各种解决办法，而后经过筛选，找到比较合理的结论。美国心理学家吉尔福特认为发散性是创造性思维的主要特点。

三、思维的过程

思维是一个非常复杂的心理过程，分析和综合是其基本过程。分析是在头脑里把事物的整体分解为各个部分，分别加以思考的过程，例如，把一棵树分为树根、树干、树枝、树叶等部分。综合指在头脑中把事物的各个部分、各个属性、各个特征结合起来，了解它们之间的联系，形成一个整体的过程，例如，把文章中的各个段落综合起来，把握其中心思想。分析与综合是相反而紧密联系在一起的、不可分割的两个方面。分析是为了了解事物的特征和属性，综合则是通过对各个部分、各个属性的分析实现的。任何思维活动都既需要分析，也需要综合。

分析和综合的不同运用表现为比较、抽象、概括和具体化等。

（一）比较

比较是在头脑中把各种事物加以对比，并确定它们之间异同的过程。比较是在分析和综合的基础上进行的。必须先了解事物的各个部分或特征，并认识事物间已分出的部分或特征间的关系，然后才能比较出它们之间的不同点和相同点。比较是把各种事物或同一事物的不同部分、个别方面或个别特点加以对比，确定它们的共同点和不同点以及它们之间的关系。比较实质上是一种更复杂的分析和综合。比较是重要的思维过程。有比较才有鉴别，才能从众多选择中找出一个，做出恰当的判断。

比较可以从不同的角度来进行。例如，对各种动物，可以从形态来比较；对不同类型的数学应用题，可以从数量关系来比较，也可以从计算方法来比较。但是，在比较复杂事物的性质时，必须以本质特征为依据，否则会得出错误的结论。

（二）抽象与概括

抽象是在头脑中抽出一些事物的共同的本质属性，舍弃其非本质属性的过程。例如，“可以照明”是灯的本质属性，这一结论就是通过抽象得到的；我们对各种鸟进行分析、综合后，抽取出它们的共同本质属性“有羽毛”“两只脚”“会飞”，舍弃其非本质属性如颜色、形态、大小、飞行高度等，这就是抽象。

概括是在头脑中把从同类事物中抽取出来的共同本质属性结合起来，并推广到同类其他事物的思维过程。概括又可以分为初级概括与高级概括。前者指在感觉、知觉和表象水平上的概括，后者指根据事物的内在联系和本质属性进行的概括。例如，把通过抽象过程得出的鸟的共同的本质属性结合起来，并推广到其他鸟身上，从而认识到“凡是有羽毛的、卵生的、两条腿的动物就是鸟”，这就是概括。

抽象和概括是更高一级的思维过程。只有通过抽象和概括，人才能认识事物的本质属性和规律性的联系，实现由感性认识上升到理性认识。

（三）具体化

具体化是把抽象和概括出来的一般认识应用到具体的、特殊的事物上的过程，通过实例来说明概念，加深对概念的理解。在教学中，教师常常引用实例、图解、具体事物来说明原理、法则、规律等理论问题或概念；幼儿用教师教系鞋带的方法系好鞋带：这些都是思维的具体化。

四、思维的形式

思维的基本形式有概念、判断和推理。

（一）概念

概念是思维的最基本单位，是人脑对客观事物本质属性的反映。例如，“玩具”这个概念，它反映了皮球、娃娃、枪、小汽车等许多供游戏用的物品所具有的本质属性，而不涉及它们彼此不同的具体特性。概念总是和词联系着，用词来标志，以词的意义形态出现。随着词的意义不断地充实和发展，概念的内容也在不断地扩大和加深。

每个概念都有它的内涵和外延。内涵是指概念所包括的事物的本质属性。外延是指属于这一概念的一切事物。例如“三角形”这个概念的内涵是三条直线围绕而成的封闭图形，外延则是直角三角形、锐角三角形、钝角三角形等。

概念不是一成不变的。随着历史的发展，随着人类对客观世界认识的日益深入，概念的内涵和外延也在不断地变化。例如，武器、交通工具等概念，都随着时代的改变、科学技术的发展而发生很大的变化。因此，概念是人类历史发展的产物。

（二）判断

判断反映概念与概念之间的关系，是事物之间的联系、关系在人脑中的反映，是思维的基本形式之一。判断有肯定或否定之别，例如：“实践出真知”，这是肯定判断；“飞机不是鸟”，这是否定判断。我们头脑中的任何思想、任何词句，只要其中有某种内容，就一定包含着判断。思维过程要借助判断去进行，思维的结果也以判断的形式表现出来。

判断可以分为两大类：感知形式的直接判断和抽象形式的间接判断。一般认为，直接判断并无复杂的思维活动参加，间接判断的获得则需要通过推理，因为它反映的是事物间的因果、时空条件等方面的联系和关系，其中，因果关系是最基本的。因此，人们常常通过研究儿童对因果关系的认知，了解其判断推理能力。

（三）推理

推理是从一个或几个已知的判断出发，推出另一个新判断的思维形式。推理是由判断构成的，并依据判断之间的真假关系，由已知确立未知的思维过程。任何一个推理都包含已知判断、新的判断和一定的推理形式。作为推理的已知判断叫前提，根据前提推出的新的判断叫结论。前提与结论的关系是理由与推断、原因与结果的关系。推理种类很多，本节主要介绍转导推理、归纳推理、演绎推理及类比推理这四种推理。

1. 转导推理

转导推理是儿童最初的推理，是指从一个特殊事例到另一个特殊事例的推理。在一般情况下，2 岁孩子就已经能够进行转导推理了，虽然这只是一种类似推理，并不是真正达到了逻辑推理水平。我们通常称之为前概念的推理，但是其对儿童推理的发展起到了重要的奠基作用。比如：一个孩子发现山羊会产奶，奶牛也会产奶，因此，他认为山羊就是奶牛。

2. 归纳推理

归纳推理是从特殊事物推出一般原理的推理。例如，从金、银、铜、铁、铝受热膨胀，得出金属受热膨胀这一一般原理。

3. 演绎推理

演绎推理是从一般原理到特殊事物的推理。演绎推理有一种较为典型的形式，即三段论。三段论由大前提、小前提和结论三个部分组成，并且每个部分在推理的过程中都出现两次。例如，我们知道金属是电的良导体（大前提），锡是金属（小前提），得出锡是电的良导体（结论）。归纳推理和演绎推理是相反相成的。归纳得出的结论可以用演绎去验证，演绎的前提是过去通过归纳得出的。在复杂的思维过程中，这两种推理经常紧密地交织在一起。

4. 类比推理

类比推理简称类推、类比，是根据两个或两类对象的某些属性相同，从而推出它们的其他属性也相同的推理。例如：下雨天走在被车轮碾过的泥泞路上，晓雪说：“爸爸，地上一道一道的是什么呀？”爸爸说：“是车轮轧过的泥地儿，叫车道沟。”晓雪说：“爸爸脑门儿上也有车道沟（指皱纹）。”

思维的三种基本形式——概念、判断和推理是相互联系的。概念是判断与推理的基础，而它的形成又借助判断和推理。判断是推理的基础，而它本身又是通过推理获得的。教师如果在教学中自觉运用概念、判断和推理的规律，将有助于培养学生的思维能力。

五、思维的品质

（一）思维的广度

思维的广度即思维的广阔性，是从数量或者横向的角度来反映思维的品质。思维广阔即善于把握事物各方面的联系，全面细致地思考和分析问题。比如面面俱到就是思维广阔性的表现。

（二）思维的灵活性

思维的灵活性是指思考问题、解决问题的随机应变程度。思维灵活性的具体表现是，当问题的情况与条件发生变化时，能够打破思维定式，提出新办法。

（三）思维的深刻性

思维的深刻性是从纵向的角度来反映思维的品质，是指思考问题时善于透过表面现象把握问题的本质，达到深刻理解事物的目的。

（四）思维的独立性

思维的独立性指不借助现成的答案和别人的帮助，独立地提出问题并寻找答案。独立性并不易受他人暗示。凡是在科学上有所发现、有所发明的人，往往都是思维具有独立性的人。缺乏思维独立性的人，不是人云亦云、盲目从众，就是自以为是、故步自封。

（五）思维的敏捷性

思维的敏捷性是指思维的速度。它是人们在短时间内当机立断地根据具体情况做出决定、迅速解决问题的思维品质。

（六）思维的逻辑性

思维的逻辑性是指思考和解决问题时，思路清晰，条理清楚，能严格遵循逻辑规律。无论学习、工作还是处理日常生活问题，都要求思维具有严密的逻辑性。思维缺乏逻辑性的人，往往思维跳跃、混乱或矛盾，思考无层次、不连贯，判断无确凿证据，推理有逻辑错误，表述语无伦次。

第二节　学前儿童的思维

一、学前儿童思维的发生时间

学前儿童思维的发生在感知、记忆等过程发生之后。思维与言语真正发生的时间相同，即2岁左右。2岁以前，是思维发生的准备时期。

出现最初的语词的概括是学前儿童思维发生的标志。学前儿童概括的能力是逐渐发生并发展的。学前儿童概括的发展可以分为三个阶段：

第一阶段：直观的概括。学前儿童最初对物体最鲜明、最突出的外部特征（主要是颜色）进行概括。（感知水平的概括）

第二阶段：动作概括阶段。学前儿童学会用物体做各种动作，逐渐掌握各种物体的用途。（表象水平的概括）

第三阶段：语词的概括。2 岁左右学前儿童出现了语词的概括，开始能够按照物体的某些比较稳定的主要特征进行概括，舍弃那些可变的次要特征。（思维水平的概括）

二、思维的发生对学前儿童心理发展的意义

思维的发生是学前儿童心理发展的重大质变。

（一）思维的发生标志着学前儿童心理的各种认识过程已经齐全

学前儿童的各种认识过程并不是在出生时都已具备的，而是在以后的生活中逐渐发生的。思维是复杂的心理活动，在个体心理发展中出现得较晚。它是在感觉、知觉、记忆等心理过程的基础上形成的。思维的发生说明学前儿童的各种认识过程已经齐全。

（二）思维的发生使其他认识过程产生质变

思维是人类认识活动的核心。思维一旦发生，就不是孤立地进行活动，它参与感知和记忆等较低级的认识过程，而且使这些认识过程发生质的变化。

由于思维的参加，知觉已经不只是单纯反映事物的表面特征，而成为在思维指导下的理解了的知觉，学前儿童的知觉也就复杂化了。同样，思维的产生使学前儿童的机械记忆发展成意义记忆，即理解了的记忆。

（三）思维的发生使情绪、意志和社会性行为得到发展

思维使学前儿童的情绪活动越来越复杂化。比如，学前儿童出现了以前所没有的恐惧情绪，怕鬼，怕坏人，能够关心别人，有了同情心，特别是道德感等高级情感。这些情绪和情感都和对有关事物的理解密切联系。思维的发生使学前儿童出现了意志行动的萌芽。学前儿童开始明确自己的行动目的，理解行动的意义，从而能够按一定目的去实现行动。思维的发生也使学前儿童开始理解人与人之间的关系，理解自己的行为所产生的社会性后果，比如，产生了责任感，产生了说谎和诚实的行为，等等。

（四）思维的发生标志着自我意识的出现

自我意识是对自己身心活动的觉察，即自己对自己的认识。自我意识的发生与思维发生的联系非常密切。学前儿童通过思维活动，在理解自己和别人的关系中，逐渐认识自己。

三、学前儿童思维发展的趋势

学前儿童的思维从萌芽到成熟，经历了一系列演变，而演变的历程主要表现在以下方面。

（一）从思维工具的变化来看

学前儿童思维发展是与所用工具的变化相联系的。直觉行动思维所用的工具主要是感知和动作，具体形象思维所用的工具主要是表象，而抽象逻辑思维所用的工具是语词所代表的概念。在思维发展过程中，动作和语言对思维活动的作用不断发生变化。变化的规律为动作的作用是由大到小，语言的作用则是由小到大。

（二）从思维方式的变化来看

学前儿童的思维最初是直觉行动思维，然后出现具体形象思维，最后发展起来的是抽象逻辑思维。

（三）从思维反映的内容来看

从反映的内容来看，学前儿童的思维发展遵循从反映事物的外部联系、现象到反映事物的内在联系、本质，从反映当前事物到反映未来事物的规律。

学前儿童的思维是按直觉行动思维在先，具体形象思维随后，抽象逻辑思维最后的顺序发展起来的。这个发展顺序是固定的，不可逆转的，但这并不意味着这三种思维方式之间是彼此对立、相互排斥的。事实上，它们在一定条件下往往相互联系、相互配合、相互补充。学前儿童（主要在幼儿阶段）的思维结构中，特别明显地具有三种思维方式并存的现象。这时，在其思维结构中占优势地位的是具体形象思维。但当遇到简单而熟悉的问题时，学前儿童能够运用抽象逻辑思维。而当遇到比较复杂、困难程度较高的问题时，又不得不求助于直觉行动思维。

四、学前儿童思维发展的阶段及一般特点

学前儿童思维发展具有一定的阶段性。各年龄段学前儿童的思维具有不同的特点，主要表现在以下几个方面。

（一）学前初期儿童思维以直觉行动思维为主

学前儿童最早出现的萌芽状态的思维便是直觉行动思维。直觉行动思维实际是利用手和眼的思维。学前初期儿童主要以此种思维为主。此阶段学前儿童思维具有以下特点。

1. 具有直觉性和行动性

直觉行动思维离不开对具体事物的直接感知，也离不开实际动作。离开感知的客体，脱离实际的行动，思维就会随之中止或者转移。例如：小孩子离开玩具就不会玩游戏；玩具一变，小孩子可能就会马上中止游戏。

2. 出现了初步的间接性和概括性

直觉行动思维的概括性表现在动作之中，还表现在感知的概括性上。学前儿童常以事物的外部相似点为依据进行知觉判断。虽然直觉行动思维具有一定的概括性，在刺激物的复杂关系和反应动作之间形成联系，但由于缺乏词的中介，学前儿童对外部世界的反应是简单运动性和直觉性的，而不是概念性的，因此，它只能是一种“行动的思维”。

3. 缺乏行动的计划性和对行动结果的预见性

由于直觉行动思维是和感知、行动同步进行的，因此，在思维过程中，学前儿童只能思考动作所触及的事物，只能在动作中而不能在动作之外思考，不能计划自己的行动，也不能预见行动的结果，思维具有明显的狭隘性。思维不能调节和支配行动是只有直觉行动思维才有的特点。

4. 思维的狭隘性

直觉行动思维是以学前儿童的知觉为基础、以具体动作为工具进行的，思维的对象仅局限于当前直接感知和相互作用的事物，因此思维范围十分狭窄。而突破这种局限的唯一途径就是改变思维的方式。具体形象思维的形成实现了第一次突破。

（二）学前中期儿童思维以具体形象思维为主

学前中期儿童具体形象思维阶段的具体表现

具体形象思维是直觉行动思维的演化结果。随着学前儿童活动的发展，表象日益丰富，且在解决问题中的作用越来越大，具体形象思维就在直觉行动思维中逐渐分化出来。

此阶段学前儿童思维具有以下特点：

1. 思维动作的内隐性

直觉行动思维的典型方式是尝试错误。当用这种思维方式解决问题的经验积累多了以后，学前儿童便不再依靠一次又一次的实际尝试，而开始依靠关于行动条件以及行动方式的表象来进行思维。思维的过程从“外显”转为“内隐”。从这个意义上说，思维开始摆脱与动作同步的局面，而提到动作之前。这样，思维开始对行动具有调节和支配功能。思在前，行在后，就是从具体形象思维开始的。

2. 具体性和形象性

学前儿童的思维内容是具体的。他们能够掌握代表实际东西的概念，不易掌握抽象概念。比如：“交通工具”这个词比“公交车”“小汽车”较为抽象，学前儿童较难掌握；他们较容易掌握“花”“草”“树”等概念，却难掌握抽象性较高的“植物”概念。灯、袜子、椅子、窗户等能在生活中找到对应物，学前儿童容易理解，但他们较难理解“勇敢”“团结”“诚实”“漂亮”等词。

思维的形象性表现在学前儿童依靠事物在头脑中的形象来思维。学前儿童头脑中充满着颜色、形状、声音等生动的形象，如：爷爷是长着花白胡子、拄着拐杖、戴着老花眼镜的人；穿着军装的人是“解放军”；兔子总是“小小的，且是白色的”等。

3. 表面性

学前儿童的思维往往只反映事物的表面联系，而不反映事物的本质联系。例如，学前儿童听妈妈说“看那个女孩长得多甜啊”，就会问：“妈妈，你舔过她吗？”

4. 固定性

由于思维的具体性和直观性，学前儿童思维缺乏灵活性。他们往往能把握事物的静态而很难把握那种稍纵即逝的动态和中间状态，缺乏相对的观点。比如他们很难回答“小明比小乐高，小强比小乐矮，那么谁最高，谁最矮”的问题。在日常生活中，学前儿童常常“认死理”，比如两个小朋友在抢一个玩具，成人就拿出一个同样的玩具，让他们各玩一个，但他们往往一时转不过来，谁都想要原来那一个。

5. 自我中心性

所谓自我中心性是指主体在认识事物时，从自己的身体、动作或观念出发，以自我为认识的起点或原因的倾向。此阶段的学前儿童不太能从客观事物本身的内在规律以及他人的角度认识事物。皮亚杰设计的“三山实验”是以自我为中心思维的一个最典型的例证。

6. 不可逆性

不可逆性即单向性，不能转换思维的角度。例如，教师问小雨：“你有姐姐吗？”“有，我姐姐是小红。”过了一会儿教师问她：“小红有妹妹吗？”小雨摇头。她只从自己的角度看小红是姐姐，而不知从姐姐的角度看自己是妹妹。

7. 不守恒

由于缺乏逆向思维的能力，学前儿童很难获得物质守恒的概念。不懂得一定量的物体改变形状后是可以变回原状的，形状的改变并不影响其量的稳定性。例如：教师给学前儿童出示两个一样大小的橡皮泥球，让学前儿童确认它们是一样大的。然后，教师将其中一个橡皮泥球捏成长条形。这时，学前儿童就认为这两块橡皮泥不一样大。

8. 拟人性（泛灵论）

以自我为中心的特点常常使学前儿童由己推人。自己有意识、有情感、有言语，便以为万事万物也应和自己一样有灵性。因此，他们常常有一种看待事物的独特眼光和一颗敏感、善良、充满幻想的心灵，如：星星在眨眼睛；送图形宝宝回家；弄坏了椅子，椅子会哭；等等。

9. 经验性

学前儿童的思维常常根据自己的生活经验来进行。比如，学前儿童喜欢吃糖果，就收集了很多糖果纸，将它们埋在土里，还每天用水浇，希望来年可以长出一棵结满许多糖果的糖果树。

10. 近视性

思维的具体性还表现在学前儿童只能考虑到事物眼前的关系，而不会更多地去思考事情的后果。比如：一个男孩摔破了头，左右额上都缝了针。父母感到很不安，担心将来留下疤痕。可是孩子特别高兴，他说："我这样就像汽车了，两个车灯。"他不停地做出开汽车的动作，跑来跑去。正是学前儿童思维的这种近视性，常常导致成人和学前儿童的矛盾。成人给学前儿童的告诫，学前儿童往往不能理解。

（三）学前晚期儿童思维开始出现抽象逻辑思维的萌芽

抽象逻辑思维是人类特有的思维方式。严格地说，学前儿童尚不具备这种思维方式，但在学前晚期，学前儿童思维开始出现这种思维的萌芽。例如，体积守恒方面的两个实验说明学前儿童往往根据所看到的某些现象来判断橡皮泥和水的体积，大部分学前儿童看到泥和水的形状变了就认为它的体积也变了。但实验也发现，大班某些学前儿童已能摆脱形象的干扰，做出正确判断，但说不出更多的道理，只知道"这还是原来那块橡皮泥""这还是那杯水"。水平更高些的，也只会说："这块大了，但薄了"，"这杯子里的水矮了，但杯子粗了"。他们还不懂得"底面积乘高等于体积"的道理。

随着抽象逻辑思维的萌芽，以自我为中心的特点开始消除，即学前儿童开始去自我中心化。他们开始学会从他人以及不同的角度考虑问题，开始获得守恒观念，开始理解事物的相对性。

拓展阅读

皮亚杰认知发展理论

认知发展理论由瑞士心理学家皮亚杰创立，被公认为是20世纪发展心理学上最权威的理论。所谓认知发展，是指个体自出生后在适应环境的活动中，对事物的认知及面对问题情境时的思维方式与能力表现随年龄增长而改变的历程。皮亚杰的主要理论观点如下。

（一）认知发展本质的适应理论和主动建构学说

皮亚杰认为智力的本质是适应。他用四个基本概念阐述他的适应理论和建构学说，即图式、同化、顺应和平衡。

1. 图式

图式即认知结构。"结构"不是指物质结构，是指心理组织，是动态的机能组织。图式具有对客体信息进行整理、归类、改造和创造的功能，以使主体有效地适应环境。

2. 同化

同化是主体将环境中的信息纳入并整合到已有的认知结构中的过程。同化过程是主体过滤、改造外界刺激的过程。主体通过同化，丰富并加强原有的认知结构。同化使图式得到量的变化。

3. 顺应

顺应是当主体的图式不能适应客体的要求时，主体就改变原有图式，或创造新的图式，以适应环境需要的过程。顺应使图式得到质的改变。

同化表明主体改造客体的过程，顺应则表明主体得到改造的过程。主体通过同化和顺应建构新知识，不断形成和发展新的认知结构。

4. 平衡

平衡是主体发展的心理动力，是主体的主动发展趋向。皮亚杰认为，儿童一生下来就是环境的主动探索者，他们通过对客体的操作积极地建构新知识，通过同化和顺应的相互作用达到符合环境要求的动态平衡状态。皮亚杰认为主体与环境的平衡是适应的实质。

皮亚杰强调主体在认知发展建构过程中的主动性，即认知发展过程是主体自我选择、自我调节的主动建构过程，而平衡是主动建构的动力。

（二）认知发展的阶段

皮亚杰理论的焦点是个体从出生到成年的认知发展阶段。他认为，认知发展不是一种数量上简单累积的过程，而是认知图式不断重建的过程。根据认知图式的性质，皮亚杰把认知发展分为以下四个阶段。

认知发展阶段理论

1. 感知运动阶段（0~2 岁）

本阶段的儿童通过感知和动作认识外界，创造出动作图式（感知运动图式）以适应周围环境。这些动作图式逐渐内化为心理符号（或符号图式），使儿童逐渐获得客体永久性，发展出延迟模仿，并使儿童不再依靠试误的方法，而是能借助表征解决简单的问题情境。在该阶段的后期，儿童建立了初步的因果关系概念，开始认识到主体既是动作的来源，也是认识的来源。

2. 前运算阶段（2~7 岁）

儿童将感知动作图式内化为表象，建立了符号功能，可凭借表象符号来代替外界事物进行思维，从而使思维有了质的飞跃。其思维的主要特点：一是泛灵论，无法区别有生命和无生命的事物，认为外界一切事物都是有生命的；二是以自我为中心，只从自己的角度看待世界，难以认识他人的观点；三是缺乏层级类概念（类包含关系），不能理解整体和部分的关系；四是具有不可逆性，如只知道 $A>B$，但不知道 $B<A$；五是缺乏守恒观念，即认识不到在事物的表面特征发生某些改变时，其本质特征并不发生变化。

皮亚杰设计的“三山实验”是以自我为中心思维的一个最典型的例证。实验材料是一个包括三座高低、大小和颜色不同的假山的模型。他首先要求 2~7 岁的儿童从模型的四个角度观察这三座“山”；然后要求他们面对模型而坐，并且放一个玩具娃娃在山的另一边；最后要求儿童从四张图片中指出哪一张是玩具娃娃看到的“山”。结果发现，处于不守恒阶段的儿童无法完成这个任务，总认为玩具娃娃所看到的山就是自己所看到的那样，他们只能从自己的角度描述“三座山”的形状。皮亚杰以此来证明儿童思维以自我为中心的特点。

3. 具体运算阶段（7~11 岁）

在本阶段内，儿童的认知结构由前运算阶段的表象图式演化为运算图式。其具体运算思维的特点：具有守恒性、脱离自我中心性和可逆性。皮亚杰认为，该时期的心理操作着眼于抽象概念，具有运算性（逻辑性），但思维活动需要具体内容的支持。

4. 形式运算阶段（11 岁以上）

这个时期，儿童思维发展到抽象逻辑推理水平。其思维特点如下：

（1）思维形式摆脱思维内容。形式运算阶段的儿童能够摆脱现实的影响，关注假设的命题，可以对假言命题做出有逻辑的和富有创造性的反映。

（2）进行假设-演绎推理。假设-演绎推理是先提出各种解决问题的可能性，再系统地评价和判断正确答案的推理方式。假设-演绎的方法分为两步，首先提出假设，提出各种可能性；然后进行演绎，寻求可能性中的现实性，寻找正确答案。

（三）影响认知发展的因素

皮亚杰认为，影响儿童认知发展的因素主要有四个，即成熟、物理环境、社会环境和平衡化。

1. 成熟

成熟是指机体的成长，特别是指神经系统和内分泌系统的成长。成熟是认知发展的必要条件，它为形成新的行为模式和思维方式提供了一种可能性。例如，婴儿期出现的眼手协调，是建构婴儿动作图式的必要条件。

2. 物理环境

物理环境包括两个方面：一方面是物理经验，即儿童作用于物体，认识了物体轻重、大小、冷热、软硬等特性；另一方面是逻辑数理经验，是指儿童在作用于物体时通过动作产生的经验。在皮亚杰看来，知识来源于动作，而非来源于物体。例如，一个儿童在玩石子，将石子排成一排，从左向右数是 10 个，从右向左数依然是 10 个，甚至把石子排成圆圈从两个方向数，依然是 10 个，于是，该儿童发现物体的总数和计数时的次序无关。对于儿童来说，这就是一个重大的逻辑数理经验。这个经验不是石子本身的特性，而是儿童在计数的动作和动作的协调中得到的。

3. 社会环境

社会环境包括社会生活、语言和文化教育等多方面的因素，即人与人之间的相互作用和社会文化的传递。皮亚杰认为，社会环境的作用要比物理环境更大，因为社会环境为儿童提供了一个现成的交际工具——语言。语言对儿童心理发展具有重要影响。

4. 平衡化

平衡化是指通过自我调节作用，使同化和顺应之间达到相互平衡的过程。正是由于平衡过程，个体才有可能以一种有组织的方式，把接收到的信息联系起来，从而使认知得到发展。

五、学前儿童思维过程的发展

（一）学前儿童分析与综合的发展

思维是通过分析与综合而在头脑中获得对客观事物更全面、更本质的反映的过程。在不同的认识阶段，分析和综合有不同的水平。对事物感知形象的分析与综合，是感知水平的分析与综合。随着语言在幼儿分析与综合中的作用增加，幼儿逐渐学会借助语言在头脑中对客观事物进行分析与综合。

（二）学前儿童比较的发展

比较是在思想上把各种事物进行对比，并确定它们的异同。比较是分类的前提，通过比较才能进行分类和概括。

学前儿童对物体进行比较，有以下特点和发展趋势：

第一，逐渐学会找出事物的相应部分。学前儿童起先不善于寻找物体的相应部分，他们常常按照物体的颜色进行比较。4~5 岁学前儿童逐渐能够找出物体的相应部分，并进行比较，但他们只能找出两三个相应部分。

第二，先学会找物体的不同处，后学会找物体的相同处，最后学会找物体的相似处。

（三）学前儿童分类的发展

分类能力的发展是逻辑思维发展的一个重要标志，因为分类活动表现了学前儿童思维概括性的水平。

1. 学前儿童分类的类型

学前儿童对客观事物的分类分为五种类型：

第一种，不能分类。把性质上毫无联系的一些图片，按排列顺序或按数量平均地放入各个木格里，不能说明分类原因；或任意把图片分成若干类，也不能说明分类原因。

第二种，依感知特点分类，即依颜色、形状、大小或其他特点分类。例如，把桌子和椅子归为一类，因为它们都有四条腿。

第三种，依生活情境分类。把日常生活情境中经常在一起的东西归为一类。例如，把鸡蛋归入蔬菜类，因为它们都是餐桌上常见的。

第四种，依功用分类。如桌、椅是“写字用的”，碗、筷是“吃饭用的”，车、船是“运人用的”等。学前儿童只能说出物体的个别功能，而不能加以概括。

第五种，依概念分类。如按桌、椅、纸、笔以及交通工具、玩具、家具等分类，并能给这些概念下定义，说明分类原因，如说车船都是载人、运东西的交通工具等。

2. 学前儿童分类的年龄特点

不同年龄儿童分类情况有所不同，随着年龄增长，从第一类到第五类依次变化。其特点如下。

4 岁以下学前儿童基本上不能分类。5~6 岁学前儿童处于由不会分类向发展初步分类能力过渡的时期。该年龄段儿童不能分类的情况已大大减少。5.5~6.5 岁儿童发生了从依靠外部特点进行分类到依靠内部隐蔽特点进行分类的显著转变。6 岁以后，儿童开始逐渐摆脱具体感知和情境的束缚，能够依物体的功用及其内在联系进行分类，这说明他们的概括水平开始发展到一个新的阶段。

（四）学前儿童概括的发展

一般都认为，学前儿童概括的发展可分为三种水平：动作水平的概括、形象水平的概括和抽象水平的概括，它们分别与三种思维方式相对应。学前儿童的概括是从表面的、具体的、感知经验的概括发展到某些内部的、接近本质的概括。

六、学前儿童思维的基本形式的发展

（一）学前儿童概念的发展

1. 学前儿童掌握概念的方式

学前儿童掌握概念的方式大致有以下两种。

（1）通过实例获得概念。

学前儿童在日常生活中经常会接触各种事物，其中有些被成人作为概念的实例而特别加以介绍，同时用词来称呼它。例如，家长带孩子逛超市，看到货架上琳琅满目的商品就可以告诉孩子，这是“篮球”，那是“锅”等；家长带孩子到公园散步，可以教孩子认识大自然中的许多事物，如“树”“叶子”“花”“草”等。成人在教学前儿童概念时，同样会列举各种实例。如“这是一只公鸡，这是一只母鸡，旁边的是两只小鸡。它们都是鸡”。学前儿童就是这样通过词（概念的名称）和各种实例（概念的外延）的结合逐渐理解和掌握概念的。学前儿童这种靠日常生活中的实例获得的概念被称为日常概念或前科学概念。通过实例获得概念是学前儿童获得概念的主要方式。

（2）通过语言理解获得概念。

在比较正规的教育中，成人常用给概念下定义，即以讲解的方式帮助学前儿童掌握概念。在这种讲解中，把某概念归属更高一级的类或种属概念，并突出它的本质特征是十分关键的。学前儿童只有真正理解了定义，才能掌握概念。以这种方式获得的概念不是日常概念，而是科学概念。但由于学前儿童抽象逻辑思维刚刚萌芽，他们很难用语言理解的方式获得概念。

2. 学前儿童掌握概念的特点

学前儿童对概念的掌握受其概括水平的制约。学前儿童的概括水平比较低，因此对概念的内涵往往界定不清。这就决定了他们掌握概念的基本特点：

（1）从以掌握具体实物概念为主向掌握抽象概念发展。学前儿童最初掌握的概念大多是日常生活中经常接触的各类事物的名称，如人称、动物、玩具、日常生活用品等，因为这些概念的内涵往往可以被感性材料清楚地揭示出来。

研究发现，学前儿童最先掌握基本概念，然后掌握上级概念或下级概念。例如：“车是基本概念，“交通工具”是上级概念，“大卡车”“出租车”“马车”是下级概念；“树”是基本概念，“植物”是上级概念，“柳树”“桃树”是下级概念。学前儿童先掌握的是“车”“树”这样的基本概念，然后才是更具体或更抽象的上、下级概念。

通过下定义的方式来研究学前儿童掌握实物概念的特点可以发现：

学前初期儿童掌握的实物概念主要是他们熟悉的事物。他们给物体下的定义多属直指型。如有人问学前儿童“什么是猫”，学前儿童会指着画上的猫或猫类玩具说“这是猫”。

学前中期儿童已能在掌握实物某些比较突出的特征的基础上掌握实物的概念。他们给物体下的定义多属列举型。如有人问学前儿童“什么是猫”，学前儿童会回答：“猫有四条腿，还长着毛。猫有长尾巴。猫会喵喵叫。”

学前晚期儿童开始掌握实物较为本质的特征，如功用特征或若干特征的总和。他们给物体下的定义多属功用型，但仍有对实物的描述。如有人问学前儿童“什么是猫”，他们会回答“猫会捉老鼠”“猫会玩毛线球”“小猫很可爱”等。

（2）掌握概念的名称容易，真正掌握概念困难。每个概念都有一定的内涵和外延。学前儿童掌握的概念内涵往往不精确，外延也不恰当。也就是说，学前儿童有时会说一些词，但不代表能理解真正含义。

3. 学前儿童数概念的发展

学前儿童掌握数概念也是一个从具体到抽象的发展过程。数概念比实物概念更抽象。掌握数概念比掌握实物概念要困难。

（1）学前儿童数概念的萌芽。

学前儿童数概念的发生可分为以下阶段：

① 辨数。对物体大小或多少的模糊认识。比如，1.5~2 岁的孩子有些还不太会讲话，但会伸手去抓数量多的糖果或大的苹果。

② 认数。产生对物体整个数目的知觉。2~3 岁学前儿童还不会口头数数，但是能根据成人的指示，拿出 1 个、2 个或 3 个物体。

③ 点数。3~4 岁学前儿童开始形成数概念，进而会点数。

可见，3 岁前学前儿童对数的认识主要处于知觉阶段，只能说是出现数概念的萌芽。数概念在 3 岁以后开始形成。

（2）学前儿童数概念的形成。

学前儿童掌握数概念包括三个成分：掌握数的顺序、掌握数的实际意义和掌握数的组成。

① 掌握数的顺序。一般 3 岁学前儿童已经能够学会口头数 10 以内的数。这时，他们记住了数的顺序，但是并不会真正去数物体。

② 掌握数的实际意义。学前儿童学会口头数数以后，逐渐学会口手一致地数物体，即按物点数，然后说出物体总数，这时，可以说是掌握了数的实际意义。这一阶段学前儿童已具备了初步的计数能力，但还没有形成数概念。

③ 掌握数的组成。掌握数的组成是学前儿童形成数概念的关键。学前儿童学会点数物体以后，逐渐能够学会用实物进行 10 以内的加减运算。在做实物加减的过程中，他们知道两个或更多的数群可以合并成一个更大的数群，一个数群又可以分成两个或更多的子群，由此形成了数群可分可合的观念。掌握了数的组成以后，他们就形成了数概念。

学前儿童数概念的形成经历口头数数—给物说数—说出总数—按数取物—按群计数这几个阶段。

（3）学前儿童数概念的发展阶段。

学前儿童数概念发展经历三个阶段：

① 对数量的动作感知阶段（3 岁左右）。这时，学前儿童对大小、多少有笼统的感知，即只能认识很少量物体的明显差异；能口头说出 10 以下的数，能数 5 个以下的实物，口头说数和手的指点动作互相配合和协调（手口一致的点数），但点完后仍然很难说出所数实物的总数。

② 数词和物体数量间建立联系的阶段（4~5 岁）。这时学前儿童能点数后说出总数，即有了最初的数群（集）概念，在学前晚期开始能进行少量物体的实物加减运算，能按数取物（5~15 个），能认识到“第几”和前后顺序，可以借助实物进行 10 以内的数的组成和分解，开始能做简单的实物加减运算。

③ 数的运算的初期阶段（5~7 岁）。这时候的数词不仅是标志客体数量的工具和认识客体数量的手段，而且连同它所负载的概念成为运算的对象。这时，学前儿童能学会 20 以内的加减运

算，基数和序数概念都有了一定的稳定性，对 10 以内的客体有了数量“守恒”的认识。

（二）学前儿童判断能力的发展

学前儿童的判断能力随着年龄增长而发展，具体表现在以下几个方面。

1. 判断形式的间接化

从判断形式上看，学前儿童的判断从以直接判断为主，并逐渐向间接判断发展。直接判断主要是感知形式的判断，不需要复杂的思维加工。间接判断通常需要推理，它反映事物之间的因果、时空、条件等联系。学前儿童大量依靠直接判断。

2. 判断内容的深入化

从判断内容上看，学前儿童的判断从反映事物的表面联系开始向反映事物的本质联系发展。例如，斜板上的皮球滚落下来，3~4 岁学前儿童认为这是因为“（球）站不稳，没有脚”，5~6 岁学前儿童则认为“因为球是圆的，就滚动了；如果不是圆的，就不会滚动了”。这说明 5~6 岁学前儿童开始能够按事物间的隐蔽的、比较本质的联系做出判断和推理。

3. 判断根据客观化

从判断根据上看，学前儿童的判断从以生活逻辑为依据，开始向以客观逻辑为依据发展。学前儿童在学前初期常常不能按照事物本身的客观逻辑进行判断和推理，而是按照游戏的逻辑或生活的逻辑进行。这种判断没有一般性原则，不符合客观规律，而是从自己对生活的态度出发，属于前逻辑思维。例如，3~4 岁学前儿童认为，球会滚下去，是因为“它不愿意呆在椅子上”，或者是因为“猫会吃掉它”。他们不会客观地进行逻辑判断。

4. 判断论据明确化

从判断论据上看，学前儿童对判断的论据从没有意识向有明确意识发展。在学前初期学前儿童虽然能够做出判断，但是，他们没有或不能说出判断的依据。3~4 岁学前儿童往往以别人的论据作为论据，如“爸爸说的”“老师说的”，或者只能说出模糊的论据，缺少独立寻找论据来支持自己判断的意识和能力。大一些的儿童似乎开始明白做出判断需要有根据，也意识到应该自己去寻找根据，但最初所找到的根据常常是主观猜测性或直观感性的。比如，在“沉与浮”实验中，不少学前儿童寻找的依据是“方积木浮起来，因为它是方的”“因为它像小船”“因为它是红的”等。随着年龄的增长，学前儿童的论据意识进一步增强，表现为他们开始注意论据的合理性，尽量修正自己论据的矛盾和不合理之处。

（三）学前儿童推理能力的发展

学前儿童在其经验可及的范围内，已能进行一些推理，但其推理水平比较低，具体表现在以下三个方面。

1. 抽象概括性差

学前儿童的推理往往建立在直接感知的基础上，因而其结论也往往与直接感知的事物相联系。年龄越小，这一特点越突出。比如，在“沉与浮”实验中不少学前儿童看到红色积木块、黄木球、火柴棍漂浮在水上，不能概括出木头做的东西会漂浮在水上的结论，而只能说“红的”“方的”“圆的”“小的”东西浮在水上。

2. 逻辑性差

比如，刚入园的学前儿童常哭着要找妈妈，这时如果对他说“别哭了，再哭就不带你找妈妈了”，他就会哭得更厉害，因为他不会推出“不哭就带你找妈妈”的结论。大一些的学前儿童逻辑推理能力相对强一点，但其思维方式与事物本身的客观规律之间的一致程度较低，他们常常不是按照事物本身的客观逻辑去推理判断，而是以自己的逻辑去思考。

3. 自觉性差

学前儿童的推理不能服从于一定的目的和任务，以至于在思维过程中常离开推理的前提和内容。

七、学前儿童理解能力的发展

学前儿童理解能力的发展主要有以下几个特点。

（一）从理解个别事物发展到理解事物的关系

学前儿童对图画的理解，起先只理解图画中最突出的个别人物或事物，然后理解人物或事物的姿势和表情，最后理解主要人物或物体之间的关系。他们对成人讲述的故事常常也是先理解其中的个别字句、个别情节或者个别行为，然后理解具体行为产生的原因及后果，最后才能理解整个故事的思想内容。

（二）从主要依靠具体形象来理解事物发展到依靠语言说明来理解

由于语言发展水平的限制以及思维的特点，学前儿童常常依靠行动和形象理解事物。小班儿童在听故事或者学习文艺作品时，常常要靠形象化的语言和图片等辅助才能理解。随着年龄的增长，学前儿童能够直接摆脱对直观形象的依赖，而只靠语言描述来理解。年龄越小，对直观形象的依赖性越大。教师对学前儿童进行道德品质的培养，不采用说教的方式，而是将道理寓于故事之中，原因也在此。

（三）从对事物做简单、表面的理解发展到理解事物较复杂、较深刻的含义

在学前初期，儿童往往只理解事物的表面现象，难以理解事物的内部联系，例如，在看图讲述时只能对图中人物的形象做表面的描述，“小男孩做功课，妹妹、哥哥、弟弟在窗户上看”，稍后才能理解人物的内心活动，“他一人在做功课。三个小朋友叫他出去玩。他想，不能去玩，要做完功课才玩”。对于寓言、比喻词、漫画等较深刻的内容，学前儿童往往不能理解。另外，学前儿童往往还不能理解成人所说的“反话”。所以，对学前儿童千万不要说反话，要坚持正面教育。大班儿童已经能理解事物较复杂、较深刻的含义，喜欢猜谜语、听寓言故事。

（四）从理解与情感密切联系发展到比较客观地理解

学前儿童对事物的情感态度常常影响他们对事物的理解，这种影响在4岁前尤为突出，因此他们对事物的理解常常是不客观的。有位妈妈给儿子出了一道加法题：“爸爸打碎了3个杯子，小宝打碎了2个杯子，一共打碎了几个杯子？”儿子听后哭了，他说自己没有打碎杯子。这种现象表明，妈妈出算术题时，没有考虑到孩子对事物理解的情绪性。较大的学前儿童开始能够根据事物的客观逻辑来理解。

（五）从不理解事物的相对关系发展到逐渐能理解事物的相对关系

学前儿童对事物的理解常常是固定或极端的，不能理解事物的中间状态或相对关系。对他们来说，不是黑，就是白，不是好人，就是坏蛋。学前儿童学会了“5+2=7”之后，不经过进一步学习就不知道“2+5=7”。随着年龄的增长，他们逐渐能理解事物的相对关系。皮亚杰提出，儿童在7岁以后才能理解事物的可逆性。

八、学前儿童思维能力的培养

（一）不断丰富学前儿童的感性知识

思维是在感知的基础上产生和发展的。人们对客观世界正确、概括的认识绝不是主观臆造或凭空虚构的，而是通过感知觉获得大量具体、生动的材料后，经过大脑的分析、综合、比较、抽象、概括等思维过程才产生的。感性知识越丰富，思维就越深刻。从某种意义上说，感性知识、经验影响着思维的发展。因此，幼儿园教师要针对幼儿思维以具体形象思维为主向抽象逻辑思维过渡的特点，有意识、有计划地组织各种活动，发展幼儿的观察力，丰富幼儿的感性知识，促进幼儿思维能力的发展。

（二）帮助学前儿童丰富词汇、正确理解和使用各种概念、发展语言

语言是思维的工具。学前儿童语言的发展直接影响到思维的发展。要发展学前儿童的抽象逻辑思维，必须帮助学前儿童掌握一定数量的概念；而概念总是用词来表达的。许多研究表明，学前儿童概括水平较低，与缺乏感性经验有关，除此之外也与缺乏相应的概括性的语词有关。因此，在日常生活和教育、教学过程中，教师应该有计划地不断丰富学前儿童的词汇，并帮助学前儿童正确理解和使用各种概念，促进其思维能力的发展。

（三）开展分类练习活动，培养学前儿童的抽象逻辑思维能力

分类练习常常用来测查学前儿童的概括能力和掌握概念水平，也用来培养和发展学前儿童的概括能力。分类练习有利于发展学前儿童的概括能力、抽象逻辑思维能力。分类练习的方法很多。例如，在学前儿童面前摆好正确归类的图片组，告诉学前儿童每组（类）的名称，并适当地说明理由，然后让学前儿童自己说出各类图片组的名称和理由，等等。

（四）在日常生活中，鼓励学前儿童多想、多问，激发其求知欲，保护其好奇心

思维总是从提出问题开始的。学前儿童好奇心很强，会频繁地提出各种问题，如：“鱼在水里为什么不闭眼睛?”“鱼睡觉吗?”面对这种情况，成人必须耐心地对待他们的问题，绝不能采用冷淡或压制的态度，特别是在学前儿童提出难以马上回答的问题时，更应注意态度，可以告诉学前儿童“让我想想再告诉你”，同时鼓励他们多问，称赞他们会动脑筋。另外，成人也可以经常向学前儿童提出各种他们能够接受的问题，引导学前儿童去思考、去观察，例如，“两个大小、颜色完全相同的球，一个是木头做的，另一个是石头做的，请你想想用什么办法才能把它们区别出来?办法想得越多越好”。经常向学前儿童提一些问题，能使学前儿童的思维处在积极的活动状态之中，有助于其思维的发展。

（五）开展各种游戏（智力游戏、教学游戏），培养学前儿童的创造性思维

许多幼儿园开展不做别人的“小尾巴”（要求幼儿无论绘画、游戏，还是编故事结尾，都必须与别人不同）、情境设疑（要求幼儿根据所提供的情境，找出解决问题的最佳方法）、看图改错以及问题抢答（以最快的速度找出最多的答案）等游戏。这些游戏有助于培养学前儿童思维的变通性、流畅性和独特性，能促进学前儿童创造性思维的发展。

思考与练习

一、名词解释

1. 思维：

2. 直觉行动思维：

3. 具体形象思维：

4. 抽象逻辑思维：

5. 概念：

二、选择题

1. 儿童能以命题形式思维，则其认知发展已达到（　　）。

A. 感知运动阶段　　B. 前运算阶段　　C. 具体运算阶段　　D. 形式运算阶段

2. 儿童开始能够按照物体某些比较稳定的主要特征进行概括，说明儿童已出现了（　　）。

A. 直观的概括　　B. 语词的概括　　C. 表象的概括　　D. 动作的概括

3. 幼儿典型的思维方式是（　　）。

A. 直观动作思维　　B. 抽象逻辑思维　　C. 直观感知思维　　D. 具体形象思维

4. 根据皮亚杰的认知发展阶段论，3~6岁幼儿属于（　　）阶段。

A. 感知运动　　B. 前运算　　C. 具体运算　　D. 形式运算

5. 小班幼儿玩橡皮时往往没有计划性，将橡皮泥搓成团就说像包子，搓成长条就说是油条，将长条橡皮泥卷起来就说是麻花，这反映了小班幼儿（　　）。

A. 具体形象思维的特点　　B. 直觉行动思维的特点

C. 象征性思维的特点　　D. 抽象思维的特点

6. 下雨天走在被车轮碾过的泥泞路上，晓雪说："爸爸，地上一道一道的是什么呀？"爸爸说："是车轮轧过的泥地儿，叫车道沟。"晓雪说："爸爸脑门儿上也有车道沟（指皱纹）。"晓雪的说法体现的幼儿思维特点是（　　）。

A. 转导推理　　B. 演绎推理　　C. 类比推理　　D. 归纳推理

7. 青青的妈妈说："那孩子的嘴真甜！"青青问："妈妈，您舔过她的嘴吗？"这主要反映青青（　　）。

A. 思维的片面性　　B. 思维的拟人性　　C. 思维的生动性　　D. 思维的表面性

8. 午餐时餐盘掉到了地上。看到这一幕的亮亮对老师说："盘子受伤了，它难过地哭了。"这说明亮亮的思维特点是（　　）。

A. 自我中心性　　B. 泛灵论　　C. 不可逆　　D. 不守恒

9. 皮亚杰的"三山实验"考察的是（　　）。

A. 儿童的深度知觉　　B. 儿童的计数能力　　C. 儿童的自我中心性　　D. 儿童的守恒能力

10. 菲儿把一颗小石头放进小鱼缸里，小石头很快就沉到了缸底。菲儿说："小石头不想游泳了，想休息。"从这里可以看出，菲儿的思维特点是（　　）。

A. 直觉性　　B. 自我中心性　　C. 表面性　　D. 泛灵论

11. 下列幼儿行为表现中数概念发展最低的是（　　）。

A. 按数取物　　B. 按物说数　　C. 唱数　　D. 默数

12. 大班幼儿认知发展的主要特点是（　　）。

A. 直觉行动性　　B. 具体形象性　　C. 抽象逻辑性　　D. 抽象概括性

13. 妈妈带3岁的岳岳在外度假。阿姨打来电话问："你们在哪里玩?"岳岳说："我们在这里玩。"这反映了岳岳思维具有（　　）。

A. 具体性　　B. 不可逆性　　C. 自我中心性　　D. 刻板性

14. 毛毛第一次看到骆驼时惊呼道："快看，大马背上长东西了。"按皮亚杰的理论，毛毛的反应可以用（　　）解释。

A. 平衡　　B. 同化　　C. 顺应　　D. 守恒

15. 4岁的瑞瑞不小心把碗里的葡萄干撒在桌子上，很惊奇地说："哦，我的葡萄干变了!"这说明他的思维处于（　　）。

A. 感知运动阶段　　B. 前运算阶段　　C. 具体运算阶段　　D. 形式运算阶段

三、简答题

1. 简述学前儿童思维发展的趋势。

2. 简述学前儿童思维发展的阶段及一般特点。

3. 简述学前儿童掌握概念的方式。

4. 如何培养学前儿童的思维能力?

四、案例分析题

1. 某大班几个小朋友在讨论有关动物的问题。教师问："你们刚才说了很多动物。我想问问到底什么是动物?"丁丁说："我们刚才说的大象、猴子、孔雀、斑马都是动物。"鹏鹏说："动物有的有腿，有的有翅膀，有的会跑，有的会飞，有的会在水里游……"蓝蓝马上接着说："有的吃草，有的吃米，有的喜欢吃肉……"睿睿说："我觉得会自己动的，会吃东西的，都是动物。"

问题：请分析以上几个儿童的概念发展水平。

2. 小明是个3岁零3个月的孩子，十分活泼可爱，父母很喜欢他。可令父母不解的是，小明做任何事情之前都不爱多思考。比如，玩插塑时，让他想好了再去插，他却拿起插塑就开始随便地插，插出什么样，就说插的是什么。在绘画或要解决别的问题时他也是这样。父母认为这样不好，总是要求小明想好了再去行动，可小明常常做不到。父母时常为此而烦恼。

试问小明父母的态度和行动对吗?请从儿童思维发展的角度分析小明的这一类行为，并为小明的父母提出科学的教育建议。

第九章

学前儿童的情绪和情感

【目标导航】

1. 掌握情绪、情感的概念、区别与联系、分类和功能。

2. 理解并掌握学前儿童情绪、情感的发展特点和一般趋势。

3. 具备正确的教师观和幼儿观，探究培养学前儿童良好的情绪、情感的方法。

【思维导图】

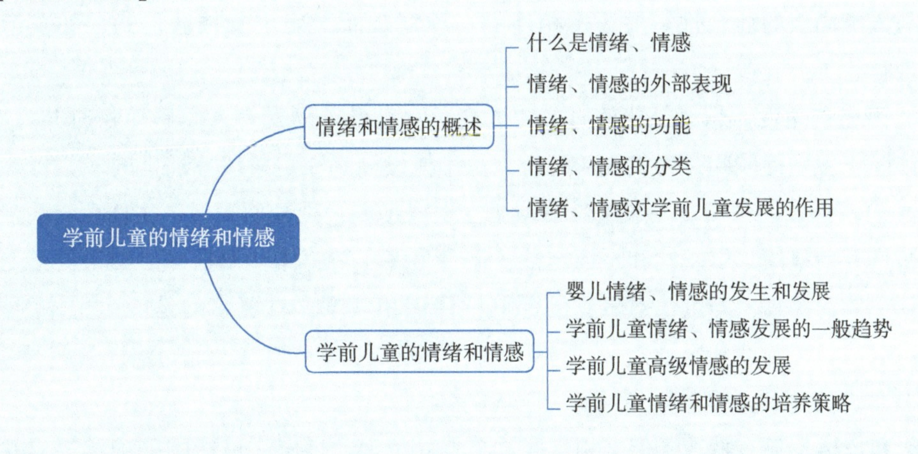

第一节　情绪和情感的概述

一、什么是情绪、情感

（一）情绪、情感的定义

情绪、情感是个体对于客观事物是否符合自己的需要而产生的态度体验。可以从以下三个方面进行理解。

1. 情绪、情感是人对客观现实的反映

情绪和情感总是由客观事物引起的。离开了具体的客观事物，人就不可能产生情绪和情感。客观现实是情绪、情感产生的根源。人的情绪、情感是对客观现实的反映，但这种反映并非反映事物的本身，而是反映主体对事物的态度。

2. 认识是情绪、情感产生的前提和基础

人们对客观事物的认识、评估是产生情绪、情感的直接原因。所谓“知之深，爱之切”，人们对某个人或某个事物都要基于深入了解，才能产生积极或消极的情绪、情感体验。

3. 情绪、情感的性质由客观事物是否满足主体的需要而决定

主体对客观事物的态度取决于该事物是否满足主体的需要。如果满足，主体就会对其持肯定的态度，产生满意、愉快、高兴、喜爱等情绪、情感体验；如果不满足，主体就会对其持否定的态度，产生不满、愤怒、痛苦、仇视等情绪、情感体验。

（二）情绪与情感的关系

情绪、情感是两个既有区别又有联系的概念。

1. 情绪与情感的区别

（1）需要的角度。情绪是与有机体的生理需要紧密相连的体验形式，如喜、怒、哀、乐等；情感是与人类高级的社会性需要紧密相连的一种复杂而又稳定的体验形式，如友谊感、道德感、美感与理智感等。

（2）发生的角度。情绪是比较简单的体验，发生得较早，为人类和动物所共有；情感是比较复杂的体验，发生得较晚，为人类所特有，是个体发展到一定阶段才产生的。

（3）表现形式的角度。一般来说，情绪发生得迅速、强烈而短暂，主体会有明显的外部表现，因而情绪具有情境性、爆发性和不稳定性；情感是多次情感体验概括化的结果，不受情境的影响，但能受到主体的控制，与主体对事物的深刻性认识相联系，且更多的是表达主体的内心体验，因而具有稳定性、深刻性和内隐性。

2. 情绪与情感的联系

情绪和情感虽各有特点，但又相互联系、相互依存。情感在情绪的基础上形成并通过其表达，情绪变化又往往反映了情感的深度。情绪是情感的外部表现，情感是情绪的本质内容。二者在人类的生活中水乳交融，很难严格区分。

二、情绪、情感的外部表现

情绪、情感发生时，人身体各部位的动作、姿态也会发生明显的变化。这些行为反应被称为表情。表情主要有面部表情、肢体表情与言语表情三种。

（一）面部表情

个体的面部表情最为丰富，它通过面部肌肉来表现各种情绪状态，如高兴时“眉开眼笑”、悲伤时“两眼无光”、气愤时“怒目而视”、恐惧时“目瞪口呆”等。

（二）肢体表情

肢体表情是通过四肢与躯体的变化来表现个体各种情绪状态的动作，可以代替语言达到传情达意的沟通目的。例如：从头部活动来看，点头表示同意，摇头表示反对；从身体动作来看，高兴时“手舞足蹈”，悔恨时“捶胸顿足”，惧怕时“手足失措”。人的肢体表情透露了其真实的情绪。

（三）言语表情

言语表情是通过音调、音速的变化来表现人的各种情绪状态，相比“说什么”“怎么说”更能展现一个人的真实情绪。高兴时语调激昂，节奏轻快；悲哀时语调低沉，节奏缓慢，声音断续且高低差别很少；爱抚时语气温柔，和颜悦色；愤怒时语气生硬，态度凶狠。同一句话，由于语气和音调的不同，往往就可以表示不同的意思。

三、情绪、情感的功能

（一）适应功能

情绪和情感是有机体适应生存和发展的一种重要方式。例如，新生儿出生时还不具备独立维持生存的能力，饥饿、生病、寂寞等都靠情绪、情感传递信息，从而得到成人的抚慰和关注。

（二）动机功能

情绪和情感是伴随人的需要是否被满足而产生的体验，对人的行为具有推动或抑制作用。快乐、热爱、自信等积极的情绪、情感会增强人们的活动能力，而恐惧、痛苦、自卑等消极的情绪、情感则会降低人们活动的积极性。研究表明，适度兴奋的情绪、情感可以使身心处于活动的最佳状态，从而推动人们有效地完成任务；适度的紧张和焦虑能促使人们积极地思考和解决问题，如考试中适度的焦虑可以调动人的注意力和思维来答题，有助于人考出好成绩。

（三）信号功能

个体将自己的愿望、要求、观点、态度等通过情绪、情感传递并影响他人。情绪和情感在人际沟通中具有信号意义，如点头微笑、轻抚肩膀表示赞许，摇头、皱眉、摆手表示否定，面色严肃表示不满或者问题严重等。

（四）组织功能

情绪对认识过程具有组织作用。良好的情绪可能会促进感觉、知觉、记忆及思维的运转，而不良的情绪可能会阻碍认识过程的运转。例如，婴儿一般都喜欢红、绿、蓝等鲜艳的颜色，因此在各种玩具的选择中，他们往往把注意力集中在颜色鲜艳的玩具上，这就是情绪的知觉选择作用。

（五）健康功能

作为心理因素的重要方面，情绪、情感同身体健康的关系早已受到人们的关注。积极的情绪、情感有助于身心健康，而消极的情绪、情感会引起各种疾病。

情绪情感的分类

四、情绪、情感的分类

（一）情绪的分类

我国古代名著《礼记》中，将人的情绪按照“七情”分为喜、怒、哀、惧、爱、恶、欲。近代研究者们一直在争论基本情绪的种类。美国加利福尼亚大学心理学家保罗·艾克曼的实验结果得到世界各地的公认。他指出人类有四种基本情绪：喜悦、愤怒、悲伤、恐惧。

根据情绪发生的强度和持续时间的长短等特性，我们可以把情绪分为激情、心境、应激三种情绪状态。

1. 激情

激情是一种猛烈的、迅速爆发而时间短暂的情感状态，如愤怒、恐惧、狂喜、绝望等。在激情状态下，总是伴有剧烈的内部器官活动的变化和明显的外部表现。例如：愤怒时，全身发抖，紧握拳头；恐惧时，毛骨悚然，面色如土；狂喜时，手舞足蹈，欢呼跳跃；等等。

2. 心境

心境是一种比较微弱、平静而持久的情感状态。在一段时间内，人的整个生活都染上某种情感色彩，因此心境具有一定的弥散性。例如：一个人高兴的时候，周围的环境仿佛变得清新明亮、赏心悦目；古语“忧者见之而忧，喜者见之而喜”，正是对心境的生动描述。

3. 应激

应激是在突然出现紧张情况时产生的情感状态。当人遇到困难和危险的情景，必须当机立断做出重大决策时，便进入了应激状态。应激状态下可能有两种表现，一种是人的心理活动立即动员起来，思路清晰，动作机敏，化险为夷、转危为安；另一种是人的活动处于抑制状态，手脚失措、行动紊乱，呆若木鸡。

（二）情感的种类

情感反映着人们的社会关系和生活状况，渗透到人类社会生活的各个领域，具有鲜明的社会历史性。人类较高级的社会性情感有道德感、理智感和美感。

1. 道德感

道德感是评价人的言行是否符合一定的社会道德标准时产生的情感体验，它是人的行动与道德需要之间关系的反映。当人的思想意图和行为举止符合一定社会道德标准时，人就感受到道德上的满足，否则就感到惭愧或内疚。道德感是品德结构中的一个重要成分，对人的行为有巨大的推动、控制和调节作用。

2. 理智感

理智感是人在智力活动过程中发生的情感体验，是评价人认识现实、掌握知识和追求真理的需要是否得到满足时产生的一种情感体验。人们在智力活动中有新的发现，会产生喜悦的情感；遇到问题尚未解决时，会产生疑虑的情感；解决难题后就非常兴奋、开心等。理智感对认识世界和改造世界的实践活动起着重要作用。

3. 美感

美感是人根据一定的审美标准对客观事物、艺术品以及人的道德行为的美学价值进行评价时产生的情感体验，例如，对祖国的锦绣河山、名胜古迹、艺术珍品、体育竞赛、文艺表演、英雄人物的行为等表示赞美、歌颂、感叹等。美感使人精神振奋、积极乐观、心情愉快，还可以丰富人的心理生活。

五、情绪、情感对学前儿童发展的作用

（一）情绪、情感指导、调控学前儿童的行为

情绪、情感是学前儿童行为的唤起者与组织者，对学前儿童的行为具有直接的激发、促进作用。情绪直接指导、调控学前儿童的行为，促使学前儿童去做出这样或那样的行为。如高兴、愉快时，学前儿童会乐意做很多事情；而难过时，无论做什么都提不起兴趣。

（二）情绪、情感促进学前儿童的认知发展

情绪、情感与认知发展的关系密切，情绪、情感可推动学前儿童的认知活动，具体体现在对感知、注意、想象、思维、记忆方面的影响上。例如，色彩鲜艳的玩具会比黑色玩具更能吸引学前儿童的注意，因为他们喜欢色彩鲜艳的东西。

同一情绪的不同水平对活动的操作效果也是不同的，过低或过高的情绪水平不如适中的情绪水平，后者才能促进最佳操作效果的产生。

（三）情绪、情感是学前儿童进行人际交往的重要工具

表情是情绪、情感的外部表现，也是人与人之间交流互动的重要信号与工具。新生儿几乎完全借助表情动作、发出不同的声音等，向成人表达自己的需求，与成人进行交流。在学前儿童的人际交往过程中表情占有特殊、重要的地位。

（四）情绪、情感影响学前儿童性格的形成与身心健康的发展

学前儿童在和不同的人、事、物接触的过程中，会产生不同的情绪、情感体验。如果同一情绪、情感体验重复出现，那么该体验便会成为稳定的情绪、情感特征，进而影响性格的形成。如父母的关爱会让学前儿童有幸福、快乐的情绪和情感体验，长此以往将有助于学前儿童形成活泼、开朗、信任、自信的性格特征。

情绪、情感与学前儿童的身心健康相互联系、相互制约。积极良好的情绪、情感状态有助于学前儿童的身心健康发展；长期处于焦虑、胆怯等情境中会有碍于学前儿童的健康成长。

第二节　学前儿童的情绪和情感

一、婴儿情绪、情感的发生和发展

（一）原始的情绪反应

新生儿一出生就会有情绪方面的表现，如哭、安静、四肢划动等，这些都是原始的情绪反应。原始的情绪反应是与生俱来的，是个体本能的反应，与生理需要是否得到满足直接相关。

行为主义的创始人华生根据对医院500多名婴儿的观察提出新生儿有三种类型的基本情绪反应，即怕、怒和爱。

（二）情绪、情感的初步发展

1. 情绪的发展

婴儿用啼哭和微笑两种方式表达快乐、愤怒、悲伤、恐惧、厌恶、好奇和害羞等基本情绪。

（1）啼哭。哭是个体的第一个情绪表达，是传递需求信息的一种交流手段。婴儿的啼哭是由饥饿、疼痛等生理需求引起的，具有吸引成人照料的作用。随着年龄的增加，心理需求也会引发婴儿的啼哭。

（2）微笑。新生儿在出生一两天后就会有笑的反应，但这种笑的反应只具有生物学的意义，属于自发性微笑。婴儿的微笑从具有生物学意义转化为具有社会性意义需要经历一定的发展过程，具体过程见表9-1。

表9-1　婴儿微笑的发展

时间	名称	表现
0~5周	自发性微笑阶段，又称内源性微笑	新生儿在出生一两天后就会有自发性的微笑反应。这种微笑是生理性的，是反射性微笑
3~4个月	无选择的社会性微笑，又称外源性微笑	能区分人和其他非社会性刺激，对人的声音和面孔有特别的反应，容易微笑。但是，对人的社会性微笑是不加区分的
5~6个月	有选择的社会性微笑	能区分熟悉的人和陌生人的声音和面孔，对不同的人开始具有不同的微笑反应，对熟悉者会报以更多的微笑。社会性微笑的出现是婴儿情绪社会化的开端。社会性微笑是其与人交往、吸引成人照顾的基本手段

拓展阅读

婴儿情绪分化理论

1. 布里奇斯的“情绪分化理论”

加拿大心理学家布里奇斯通过对100多名幼儿的观察，提出了关于情绪分化比较完整的理论和0~2岁幼儿情绪分化的模式，见表9-2。

表9-2　布里奇斯情绪分化时间表

时间	情绪
新生	未分化的一般性的激动，表现为皱眉和哭
3个月	分化为快乐、痛苦
6个月	痛苦进一步分化为愤怒、厌恶、害怕
12个月	快乐情绪分化出高兴和喜爱
18个月	分化出喜悦与妒忌

2. 伊扎德的“情绪动机分化理论”

伊扎德是当代美国和国际著名的情绪发展研究专家。他的情绪动机分化理论在当代研究中有很大的影响，见表 9-3。

表 9-3　伊扎德情绪动机分化时间表

时间	情绪
新生	惊奇、痛苦、厌恶、最初步的微笑和兴趣
4~6 周	出现社会性微笑
3~4 个月	出现愤怒、悲伤
5~7 个月	出现惧怕
6~8 个月	出现害羞
0.5~1 岁	出现依恋、分离伤心、陌生人恐惧
1.5 岁左右	出现羞愧、自豪、骄傲、操作焦虑、内疚和同情等

3. 林传鼎的情绪分化理论

我国心理学家林传鼎认为儿童情绪分化的过程可以分为三个阶段：

(1) 泛化阶段（0~1 岁）。这一阶段儿童的情绪反应比较笼统，往往是生理需要引起的情绪占优势。

(2) 分化阶段（1~5 岁）。这一阶段儿童情绪开始多样化。从 3 岁开始，儿童陆续出现了同情、尊重、爱等 20 多种情感，同时一些高级情感开始萌芽，如道德感、美感。

(3) 系统化阶段（5 岁以后）。这一阶段的基本特征是情绪生活的高度社会化。多种高级情绪达到一定的水平，有关世界观形成的情绪初步建立。

2. 情感的发展

(1) 母婴依恋。

母婴依恋是指婴儿与母亲之间逐渐建立的一种特殊的感情联结，即婴儿对母亲产生的依恋。一般出现在 6~7 个月时。

母婴依恋的形成有助于婴儿形成积极、健康的情绪和情感，以及乐于与人相处、信任人的基本交往态度，养成自信、勇敢、敢于探索的个性人格，并促进婴儿智力发展。

(2) 陌生人焦虑。

陌生人焦虑是指陌生人的出现引起婴儿的恐惧和焦虑。陌生人离开，婴儿的情绪就平静下来，该现象一般出现在 6~8 个月时。

产生陌生人焦虑的原因是陌生人的形象与婴儿头脑中已有的母亲的表象不符。这说明婴儿已具备母亲概念。陌生人焦虑是婴儿开始形成自我保护、辨别父母与陌生人的标志。

(3) 分离焦虑。

分离焦虑是指婴儿与依恋对象分离而产生的焦虑、不安或不愉快的情绪反应，表现为伤心、痛苦、拒绝分离，又称离别焦虑。该现象一般会出现在 6~7 个月时。

拓展阅读

社会学习理论——恒河猴实验

动物学家哈罗曾做过一项关于恒河猴的有趣研究。研究者将小猴与猴妈妈分开，让它与一个用金属制成的和一个用绒布制成的假猴妈妈一起生活。金属猴妈妈能为小猴提供食物，绒布猴妈妈不能提供食物。结果，在165天的实验过程中，小猴同金属猴妈妈和绒布猴妈妈待在一起的时间有着显著的差异。小猴在绒布猴妈妈身旁的时间达到平均每天16小时以上，它总是设法待在绒布猴妈妈身旁，与其拥抱、亲近或在绒布猴妈妈的怀里睡觉。相反，小猴每天在金属猴妈妈身旁待的时间只有1.5个小时，而这包括吃奶的时间。可见，动物之间的依附行为或交往行为取决于机体寻求温暖、舒适的本能需要。

二、学前儿童情绪、情感发展的一般趋势

（一）社会化

学前儿童最初出现的情绪是与生理需要相联系的。随着年龄的增长，情绪逐渐与社会性需要相联系。社会化成为儿童情绪和情感发展的一个主要趋势。

1. 引起情绪反应的社会性动因不断增加

情绪动因是指引起学前儿童情绪反应的原因。在3岁前学前儿童情绪动因中，生理需要被满足是主要动因。3~4岁学前儿童情绪动因处于从主要为满足生理需要向主要为满足社会性需要过渡的阶段。在中、大班学前儿童中，社会性需要的作用越来越大。由此可见，社会性交往、人际关系是左右学前儿童情绪和情感产生的最主要动因。

2. 情绪、情感中社会性交往的成分不断增加

学前儿童的情绪、情感活动涉及社会性交往的内容，且随着年龄的增长而增加。例如，一个研究发现，学前儿童交往中的微笑可以分为三类：第一类，学前儿童自己玩得高兴时的微笑；第二类，学前儿童对教师微笑；第三类，学前儿童对小朋友的微笑。这三类中，第一类不是社会性情感的表现，后两类是社会性的。该研究所得的1.5岁和3岁学前儿童的三类微笑的次数比较如表9-4所示。

表9-4　1.5岁和3岁学前儿童的三类微笑的次数比较

年龄	自己微笑		对教师微笑		对小朋友微笑		总数	
	次数/次	占比/%	次数/次	占比/%	次数/次	占比/%	次数/次	占比/%
1.5岁	67	55.37	47	38.84	7	5.79	121	100
3岁	117	15.62	334	44.59	298	39.79	749	100

从表9-4中可以看到，从1.5岁到3岁，学前儿童非社会性交往微笑的比例下降，社会性微笑的比例增长。

3. 表情的社会化

情绪的外部形式是表情。学前儿童在成长过程中，逐渐掌握了周围人们的表情手段，表情日益社会化。学前儿童表情社会化的发展主要涉及两个方面：一是理解（辨别）面部表情的能力，二是运用社会化表情手段的能力。研究表明，随着年龄的增长，学前儿童理解面部表情的能力和运用表情手段的能力都有所增长。一般而言，辨别表情的能力强于制造表情的能力。

除以上趋势外，学前儿童情绪社会化还有一种重要现象和过程——情绪的社会性参照，即当婴儿处于陌生的、不能肯定的情境时，他们往往从成人的面孔上搜寻表情信息，然后决定自己的行动。比如，当他们遇到陌生人递过来的一个玩具时，会犹豫不决，这时，他们会抬起头来看母

亲，试图从母亲面孔上搜寻到能够帮助确定当前情境的信息，然后再采取相应的行动或做出相应的反应。

（二）丰富化和深刻化

从情绪、情感所指向的事物来看，其发展趋势是逐渐丰富和深刻。

1. 情绪、情感内容的丰富性

情绪、情感内容的日益丰富可以说包括两种含义：其一，情绪过程分化越来越明显；其二，情感所指向的事物不断增加。

（1）情绪过程分化越来越明显。这一点在前面的情绪的分化中已经涉及。刚出生的婴儿只有少数的几种情绪，随着年龄的增长，其情绪不断分化、增加。在幼儿中期学前儿童逐渐产生友谊感，到了幼儿晚期进一步产生集体荣誉感等。

（2）情感指向的事物不断增加。有些先前不引起学前儿童情感体验的事物，随着年龄的增长引起了情感体验。例如：2~3岁年幼的儿童不太在意同伴是否和他共玩，但随着年龄的增长，同伴的孤立、不和他玩以及成人的不理解，特别是误会、不公正对待、批评等，会使他们非常伤心。

2. 情绪、情感体验的深刻化

情绪、情感体验深刻化是指情绪、情感指向事物的性质的变化，从指向事物的表面到指向事物更内在的特点。学前儿童情绪的日益深刻，主要与认知发展水平有关，集中体现在其高级情感的发展，如道德感、理智感和美感的发生。如年幼儿童对父母的依恋，主要由于父母能满足他的基本生活需要，年长儿童对父母的依恋则已包含对父母的尊重和爱戴等内容。

（三）自我调节

从情绪的进行过程来看，其发展趋势是越来越受自我意识的支配。随着年龄的增长，婴幼儿对情绪的自我调节越来越强。这种趋势表现在三个方面。

1. 情绪的冲动性逐渐减少

学前儿童早期由于大脑皮层的兴奋容易扩散，加上大脑皮层对皮层下中枢的控制能力发展不足，因此情绪冲动易变。幼小儿童常常处于激动的情绪状态。学前儿童的情绪冲动性常表现在他用过激的动作和行为表现自己的情绪。

随着学前儿童脑的发育及语言的发展，情绪的冲动性逐渐减少。他们对自己情绪的控制，起初是被动的，即在成人要求下，服从成人的指示而控制自己的情绪。到幼儿晚期，他们对情绪的自我调节能力才逐渐发展。

2. 情绪的稳定性逐渐提高

婴幼儿的情绪常不稳定。随着年龄的增长，情绪的稳定性逐渐提高，但是，总的来说，学前儿童的情绪是不稳定、易变化的。学前儿童的情绪不稳定与以下两个因素有关：

（1）情绪变化具有情境性。学前儿童的情绪常被外界情境所支配，某种情绪往往随着某种情境的出现而产生，又随着情境的变化而消失。两种对立的情绪可在短期内相互转换，甚至同时出现。例如，两名幼儿刚刚争玩具而打架，可转眼之间，又和好了。这种情况在学前儿童身上是常见的，而且年龄越小，表现越明显。

（2）情绪容易受到感染和暗示。学前儿童的情绪容易受周围人和环境的影响，在幼儿早期特别明显，如初入园的小班幼儿看见某名幼儿哭，很快也会哭起来。学前儿童在幼儿晚期情绪比较稳定，情境性和受感染性逐渐减少。这时期其情绪较少受一般人感染，但仍然容易受亲近的人，如家长和教师的感染。

3. 情绪和情感从外显到内隐

处于婴儿期和幼儿初期的儿童对自己的情绪、情感体验通常不能加以控制和掩饰，而完全表露于外。到幼儿晚期，随着言语和心理活动有意性的发展，特别是内部语言的发展，学前儿童对情绪、情感的自我调节能力逐步加强，由外露到内隐。例如，打针时感到痛，但是，认识到要学习解放军叔叔的勇敢精神，能够含着泪露出笑容。

三、学前儿童高级情感的发展

（一）道德感

学前儿童3岁前只有某些道德感的萌芽。3岁后，特别是在幼儿园的集体生活中，他们逐步掌握了各种行为规范，道德感也逐渐发展起来。

小班幼儿的道德感主要指向个别行为，往往由成人的评价引起。

中班幼儿比较明显地掌握了一些概括化的道德标准，可以因为自己在行动中遵守了老师的要求而产生快感。中班幼儿不但关心自己的行为是否符合道德标准，而且开始关心别人的行为是否符合道德标准，由此产生了相应的情感。

大班幼儿的道德感进一步发展和复杂化。他们对好与坏、好人与坏人有鲜明的不同感情。在这个年龄，爱同伴、爱集体等情感已经有了一定的稳定性。

（二）理智感

学前儿童理智感的发生在很大程度上取决于环境的影响和成人的培养。对一般学前儿童来说，5岁左右时，这种情感明显地发展起来，突出表现在他们很喜欢提问题并因为提问和得到满意的回答而感到愉快。同时，他们喜爱进行各种智力游戏，如下棋、猜谜语、拼搭大型建筑物等。这些活动既能满足他们的求知欲和好奇心，又有助于促进理智感的发展。

（三）美感

美感是人对事物审美的体验，根据一定的美的评价而产生。学前儿童的美的体验，有一个逐步发展的过程。婴儿从小喜好鲜艳悦目的东西以及整齐清洁的环境。有研究表明，婴儿已经倾向于注视端正的人脸，喜欢有图案的纸板多于纯灰色的纸板。在幼儿初期学前儿童仍然主要是对颜色鲜明的东西、新的衣服鞋袜等产生美感。他们自发地喜欢相貌漂亮的小朋友，而不喜欢形状丑恶的任何事物。在环境和教育的影响下，学前儿童逐渐形成审美的标准。比如，对拖着长鼻涕的样子感到厌恶，对衣物、玩具摆放整齐产生快感。同时，他们能够从艺术活动和作品中体验到美，而且对美的评价标准日渐提高，美感也有了较大的发展。

四、学前儿童情绪和情感的培养策略

成人应从以下几个方面培养学前儿童积极的情绪、情感：

（一）营造良好的情绪环境

学前儿童的情绪易受周围环境气氛的感染。别人的情绪因素使他们在无意中受到影响。可以说，学前儿童情绪的发展主要依靠周围情绪气氛的熏陶。

1. 营造和谐的育人环境

成人在家庭中要互敬互爱，家庭成员之间也要使用礼貌用语，并努力避免剧烈的冲突。教师要以亲切、和蔼而又认真严肃的态度对待学前儿童，既细心照料他们的生活，也要尽量满足他们的合理要求，还要教导学前儿童团结友爱、互帮互助，使学前儿童处于一个愉快、欢乐、互相关心、互相爱护的集体之中，经常保持积极的情绪。

2. 建立良好的亲子情和师幼情

家长在与学前儿童相处时要注意与他们的感情联系，与他们建立良好的亲子关系。教师要较多地注意、接触和关爱学前儿童，增加必要的肢体接触，给予他们必要的理解和尊重，建立良好的感情联结。

（二）成人的情绪自控

成人的情绪示范对学前儿童情绪的发展十分重要。成人愉快的情绪对学前儿童具有良好的示范作用。更重要的是，成人要善于控制自己的情绪，不在学前儿童面前表露消极情绪。若喜怒无常，会使学前儿童无所适从，情绪也不稳定。

（三）采取积极的教育态度

1. 肯定鼓励学前儿童的进步

许多父母常常对学前儿童说“你不行”“太笨了”“没出息”等。经常处于这些负面影响下，学前儿童易产生消极情绪，也没有活动热情。成人应多给予学前儿童正面教育，但凡他们有一点进步都要鼓励和肯定，使他们在积极的情绪中游戏和学习，产生不一样的教育效果。

2. 耐心倾听学前儿童说话

学前儿童对父母和教师信任时，会愿意诉说自己的见闻。父母或教师消极的反馈会使学前儿童感受到压抑和孤独，因而情绪不佳，甚至出现逆反心理，故意做出错误行为，以引起成人的注意。因此成人要学会倾听，对学前儿童的倾诉及时做出回应，使他们自然产生积极情绪。

3. 正确运用暗示和强化

婴幼儿的情绪在很大程度上受成人的暗示。比如，有位家长在外人面前总是对自己的孩子加以肯定，说：“我家宝贝摔倒了从来不哭。”她的孩子果真能控制自己的情绪。另一位家长常常对别人说：“我的孩子就是爱哭。”“他就是胆小。”这种暗示容易使孩子产生消极情绪。

（四）帮助学前儿童控制情绪

学前儿童难以控制自己的情绪。成人可以用各种方法帮助他们控制情绪。

1. 转移法

当学前儿童出现消极情绪时，很难依靠自己从消极情绪中抽离。成人可以利用其他事物、活动等转移他们的注意力，从而达到转移他们情绪的目的，如给其有趣的玩具、好吃的食物，为其讲故事等。值得注意的是，当成人采用这种方法时，许诺的一定要兑现，否则会使学前儿童对成人产生不信任感，引发其他情绪问题。

2. 冷却法

学前儿童情绪十分激动时，成人可以采取暂时置之不理的办法，给他们适当的发泄时间。当学前儿童处于激动状态时，成人切忌激动起来，否则会使学前儿童更加激动，而这无异于火上浇油。

3. 消退法

对学前儿童的消极情绪，成人可以采用消退法，即成人对学前儿童的不良行为不予关注和理睬，那么，这种行为发生的频率就会下降，甚至消失。比如：丽丽上床睡觉要母亲陪伴，否则就哭闹。母亲只好每晚陪伴，有时长达一个小时。后来，父母采用消退法，对他的哭闹不予理睬。丽丽第一天晚上哭了整整 50 分钟，哭累了也就睡着了；第二天只哭了 15 分钟。以后她哭闹的时间逐渐减少，最后不哭也能安然入睡了。

（五）教会学前儿童调节自己的情绪表现

当学前儿童出现不良情绪时，成人应通过引导他们正确地认识、分析情境，达到有效控制和调节情绪的目的。成人的任务不是一味地压制学前儿童的消极情绪，也不是一味地满足他们在消极情绪下提出的不合理要求，而是帮助他们学习使用对自己和他人都无伤害的方式去宣泄消极情绪。

1. 反思法

反思法即引导学前儿童想一想他们自己的情绪表现是否合适，比如：在自己的要求不能得到满足时，想想这样的要求是否合理；和同伴发生争执时，想想是否错怪了对方。

2. 自我说服法

自我说服法即引导学前儿童通过自我调节暗示（言语调节）来缓解情绪。例如，学前儿童初入园因找不到妈妈而伤心地哭泣时，教师可以教他自己大声说："好孩子不哭。"他起先会边说边抽泣，渐渐地就不哭了。再如，学前儿童和同伴打架，很生气时，教师可以要求他讲述打架发生的过程，他通常就会越讲越平静。

3. 想象法

想象法即引导学前儿童在遇到困难或挫折而伤心时，想象自己是"大姐姐""大哥哥""男子汉"或某个英雄人物等。随着年龄的增长，在正确的引导和培养下，学前儿童能学会恰当地调节自己的情绪。

当学前儿童由于情感发展偏常，出现情绪障碍时，成人及时采用有效的方法消除其情绪障碍十分必要。成人还可以帮助学前儿童改变认知方式、调整认知结构，通过情感演示、行为练习等方法，让学前儿童对所遇到的问题有较为正确的认识，使他们学会正确调节情绪的方法。必要时，可以请专业心理咨询人员，通过游戏疗法、行为疗法来矫正学前儿童的情绪障碍，使他们的心理得以健康发展。

思考与练习

一、名词解释

1. 情绪、情感：
2. 心境：
3. 激情：
4. 应激：
5. 道德感：
6. 理智感：
7. 美感：

二、选择题

1. (　　) 是在出乎意料的紧张与危急状况下出现的情绪状态。

A. 心境　　B. 激情　　C. 应激　　D. 挫折

2. 孩子看到陌生人会惧怕，但如果大人用微笑、点头等表情鼓励他，他就会慢慢接触，从而不害怕陌生人。这个现象说明了情绪和情感的（　　）作用。

A. 适应　　B. 动机　　C. 感染　　D. 信号

3. 华生认为，新生儿的基本情绪反应不包括（　　）。

A. 怒　　B. 爱　　C. 哭　　D. 怕

4. 婴儿最初的笑是（　　）。

A. 出声的笑　　B. 有差别的笑

C. 诱发性的笑　　D. 自发性的笑

5. 幼儿最初社会性发生的标志是（　　）。

A. 有选择的社会性微笑　　B. 出声的笑

C. 诱发性的笑　　D. 自发性的笑

6. 幼儿看到图画书中的坏人，常常会把它抠掉。这种心理现象是（　　）。

A. 理智感　　B. 道德感　　C. 美感　　D. 自尊感

7. 幼儿高兴了就笑，伤心了就哭，这说明其情绪具有（　　）的特点。

A. 外显性　　B. 丰富性　　C. 稳定性　　D. 随意性

8. “男孩儿摔倒，从来不哭”，这是家长、教师等对男孩儿调节控制情绪的（　　）。

A. 反思法　　B. 冷却法　　C. 转移法　　D. 自我说服法

三、简答题

1. 简述学前儿童情绪、情感发展的一般趋势。

2. 简述学前儿童情绪与情感的培养策略。

四、案例分析题

3岁的阳阳，从小跟奶奶生活在一起。阳阳刚上幼儿园时，奶奶每次送他到幼儿园后准备离开时，他总是又哭又闹。奶奶的身影消失后，阳阳很快就平静下来，并能与小朋友们高兴地玩。由于担心，奶奶每次走后又折返回来。阳阳再次看到奶奶时，又立刻抓住奶奶的手哭泣起来。

针对上述现象，请结合材料进行分析：

1. 阳阳的行为反映了幼儿情绪的哪些特点？

2. 阳阳奶奶的担心是否有必要？教师该如何引导？

第十章 学前儿童的意志

【目标导航】

1. 了解意志的基本概念，意志与认知、情绪、情感的关系。
2. 理解并掌握意志的基本特征。
3. 理解意志行动的过程、意志的品质。
4. 了解学前儿童意志的发展。
5. 掌握学前儿童意志培养的方法。

【思维导图】

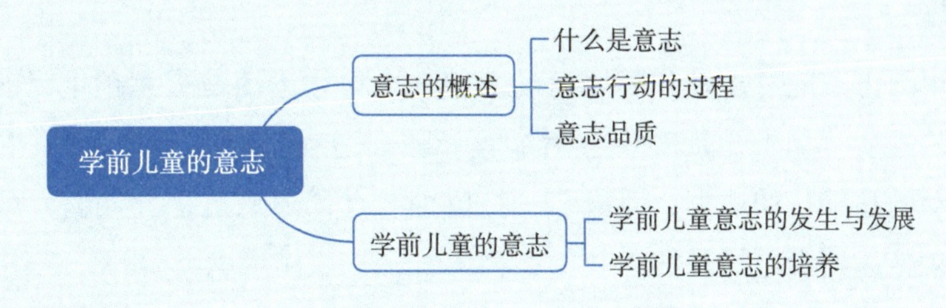

第一节　意志的概述

美国心理学家推孟在20世纪20年代通过智力测试筛选了1 528名天才儿童，并对他们进行了跟踪研究。20年后，他将成就最高组的成员与成就最低组的成员进行了各个方面的比较，发现他们之间最明显的差别不在智商的高低，而在意志品质的不同。这充分说明了意志在儿童发展中的重要性。

一、什么是意志

（一）意志的概念

意志是个体自觉地确定目的，并根据目的支配、调节自己的行动，克服面临的各种困难，达到预定目的的心理过程。例如，学生为了顺利通过钢琴十级考试，每天练琴3个小时；学生为了考试考高分，晚上复习到深夜；教师为了达到预定的教学目的，克服遇到的外部困难和内心矛盾，在备课中认真钻研教材，并根据学生的身心发展特点及个性形成和发展的规律，选择教学方法，设计教学程序。

意志是人所特有的心理现象，是人的主观能动性最突出的表现。意志和行动是密不可分的，意志总是通过行动表现出来。人在行动之前，要考虑做什么和怎样做，按照考虑好的目的、计划去行动，并克服在行动中遇到的困难，最后达到目的。

（二）意志的基本特征

1. 明确的目的

意志不同于其他心理过程的最重要特点是始终保持着清醒的意识。意志是为达到预定目的而进行的心理过程。为了达到目的而确定行动的方式与步骤，始终不渝地按照预定目标去行动，遇到困难仍然不改变预定目标，这种行动过程就是人的意志的表现。一些不学而能的先天的无条件反射和一些无意识的动作都没有明确的目的，不是意志。

2. 意识调节行动

人的运动可分为不随意运动和随意运动两种。不随意运动是指无预定目的的、不受意识控制的、不由自主的运动，如手被针刺中会后缩等。随意运动是指有预定目的、受意识支配的运动，是实现意志行动的基础，如读书、看电影、打球等。有了随意运动，人们就可根据预定目的调节支配自己的行动，达到预定的目的。

意志表现为人的意识对行动的自觉调节与控制。意识对行动的调节有两种基本表现：一是发动，二是制止。前者在于推动人去从事达到预定目的所必需的行动，后者在于制止不符合预定目的要求的行动。在实际活动中，意志调节的这两个方面是统一的。

意志不仅调节人的外部动作，还可以调节人的心理状态。如：当人处于危急、险恶的情境下，努力克服内心的恐惧和慌乱，使自己保持镇定时，就表现出意志对情绪状态的调节；当学生排除外界干扰，把注意力集中于完成作业时，就存在着意志对注意、感知、想象、思维等认知活动的调节。

3. 克服困难

意志对自身行为的调节和支配并不是轻而易举的，常会遇到各种外部或内部的困难。正是在为达到目标而进行的行动中克服各种困难的时候，意志方能够更好地体现出来。人的意志坚强与否、坚强程度如何，是以困难的性质和克服困难的难易程度来衡量的。

（三）意志与认知、情绪、情感的关系

1. 意志与认知

意志是在认知过程的基础上产生的。人在确定目的、选择方法和步骤时，要审度、分析客观形势及主观条件，回顾过去的经验，设想未来的结果，拟订实施方案、编制计划，并对这一切进行反复的斟酌和权衡，而这些都必须通过感知、记忆、想象、思维等认知过程才可能实现。另外，人在遇到各种困难时，还需要更多的深思熟虑，找出有效的方法去克服困难、战胜困难。因此，意志离不开认知过程。

意志对认知过程也有很大的影响，能促使认知更加具有目的性和方向性，使认知更加广泛而深入。认知的过程离不开意志的参与。意志能促进认知的发展。

2. 意志与情绪、情感

意志能调节情绪、情感。情绪、情感是人评价客观事物是否满足自己的需要时产生的态度体验。意志行动是要改变客观事物以达到预期目的。意志行动必然会引起人的态度体验。我们常说"理智战胜情感"，也是指在理性认识的基础上靠意志的力量去克服和抑制不理智的情感。意志坚强的人，可以控制、调节自己的情绪、情感；意志薄弱的人就易半途而废。认识过程本身并不具有控制情绪、情感的功能。控制是由意志来完成的。

情绪、情感影响意志行动的实现。当某种情绪、情感对人的活动起推动和支持作用时，这种情绪、情感就会成为意志行动的动力。当某种情绪、情感对人的活动起阻碍和削弱作用时，这种情绪、情感就会成为意志行动的阻力。

总之，认知、情绪、情感与意志是密切联系的。意志包含着认知和情绪、情感的成分，认知和情绪、情感过程也包含着意志成分。它们彼此渗透，融为一体，在人的实践活动中，从不同的角度反映客观现实，共同组成个体统一的精神世界。

二、意志行动的过程

意志行动的过程分为两个阶段：确定决定阶段，包括动机冲突、确定行动的目的；执行决定阶段，包括行动方法、策略的选择和克服困难所做出的决定。

（一）确定决定阶段

确定决定是意志行动的开始阶段，它决定意志行动的方向以及意志行动的动因。一般来说要经过动机冲突和确定目的环节。

1. 动机冲突

人的意志行动是由一定动机引起的。动机是激起人去进行意志行动的直接心理和内部动力。动机是在需要的基础上产生的。人在同一时间内的需要是多种多样的。各种需要之间可能存在冲突。

动机冲突

(1) 从形式上划分。

动机冲突从形式上看，大致可以分为以下四类：

① 双趋冲突。

个体以同等程度的两个动机去追求两个有价值的目的，但又不能同时达到时，只能选择其中之一。像这种从两个所爱或两个趋向中仅择其一的矛盾心理状态，称为双趋冲突。古人云："鱼，我所欲也；熊掌，亦我所欲也；二者不可得兼，舍鱼而取熊掌者也。"譬如，一个面临毕业的学生既想参加工作，又想考研究生，为此犹豫不决。当两种目标的吸引力比较接近或相同时，解决冲突非常困难；当两种目标的吸引力差别较大时，解决冲突比较容易。双趋冲突若要解决，需要权衡目标的轻重，趋向更有价值的、更重要的目标。

② 双避冲突。

一个人以同等程度的两个动机去躲避两个具有威胁性而又力图想躲避的事件或情境，而他又必须接受其一时，能避免其二。像这种从两个所恶或两个想躲避的事件中必须择其一的困扰心理状态，称为双避冲突。所谓"前有断崖，后有追兵"就属于这种情况。比如一个学生既不想学习，也不想被教师批评，对于这种情况，他需要权衡轻重，做出明智的选择。

③ 趋避冲突。

一个人对同一目的同时产生两种动机：一方面，希望接近；另一方面，不得不回避。像这种对同一目的的兼具好恶的矛盾心理状态，称为趋避冲突。例如，学生想参加学校里的文体活动锻炼自己，又怕耽误时间影响自己的学习成绩，这类矛盾就是趋避冲突。

④ 多重趋避冲突。

在实际生活中，一个人有时会面对两个或两个以上的目的，而每一个目的又分别具有趋和避两个方面的作用。像这种对几个目的兼具好恶的复杂矛盾心理状态，称为多重趋避冲突。这时人不能简单选择一个目的，而回避别的目的，必须进行多重选择。例如，开学之初，一个大学生想选修足球，进校足球队为学校争光，但又害怕耽误太多时间；想参加学校的公关协会学习公关学问，但又怕不能被接受，面子上不好看。

(2) 从内容上划分。

从内容上看，动机冲突除了有原则性的以外，也有非原则性的。

① 原则性动机冲突。凡是涉及个人期望与社会道德标准、法律相矛盾的动机冲突，都属于原则性的动机冲突。例如，上课时间有精彩的电影放映，是放弃上课去看电影还是认真上课而放弃看电影？

② 非原则性动机冲突。凡是不涉及个人期望与社会道德标准、法律相矛盾，仅属个人兴趣爱好方面的动机冲突都属于非原则性的动机冲突。例如，学生在复习功课时先做数学题还是先背外语单词，这就没有什么原则性，也不会有尖锐的动机冲突。

前述的双趋冲突、双避冲突、趋避冲突等既可能是原则性的冲突，也可能是非原则性的冲突。

2. 确定目的

个体通过动机冲突解决思想冲突后，便由优势动机决定行动，行动目的就能够确定下来。行动目的是有层次的，先达到主要的、近期的目的，后达到次要的、遥远的目的。即个体需要在几个目的中做远近或主次的安排，确定的过程是一个决策过程。决策是意志行动中重要的成分。在整个决策过程中，人的心理过程和个性特征都起着重要作用。在决策实行之初，必须探讨目的实现的意义、价值及其各种方案，同时收集各种信息，从中筛选出一种最可行的方案。

（二）执行决定阶段

1. 行动方法和策略的选择

明确目的之后，需要选择达到目的的行动方法。对于简单的意志行动，行动目的一经确定，行动方法很快就能提出。但对于复杂的意志行动，达到同一目的的方法可能并不止一种，这时就需要进行选择。在选择之前首先要收集资料，比较各种方案的优劣，之后再做出决定。方法的选择必须满足两个要求：① 达到预定目的的行动方法设计是合理的。② 符合客观事物的发展规律与社会准则，要求是合理、合法的。为了达到预定目的，还需要制订行动计划，详细规划意志行动的步骤、每一步骤的要求以及所应采取的具体措施，以便按步骤进行活动。

2. 克服困难所做出的决定

在执行决定的过程中，人还会碰到许多困难。这些困难有些是主观方面的，如认识模糊，情绪、情感低沉。还有客观方面的困难，如客观条件发生改变，与既定愿望、目的相违背的困难等。为了达到预定目的，面对如此众多的困难考验，个体就必须有面对困难的勇气与机智，承受身体与心理上的负荷。此时，一方面，要按既定计划发挥人的积极性与主动性，随着主客观情况变化，运用知识经验，迅速分析、判断困难的性质，确定克服困难的方法以及策略，努力达到既定目的；另一方面，要努力排除各种困难与干扰，克服自身不足，排除外界干扰，对行动做出必要调整，修正原来的行动计划，根据新的决定采取行动。

三、意志品质

构成意志的稳定因素称为意志品质。意志品质是衡量一个人意志坚强与否的尺度。人的意志品质存在着很大的个体差异。

（一）独立性

意志的独立性是指一个人在行动中具有明确的目的，不屈从于周围人的压力，按照自己的信念、知识和行为方式行动的品质。独立性反映一个人在行动中的自主程度。独立性强的人对自己的行动有坚定的立场和信念，在行动中既不轻易接受外界影响，又不拒绝一切有益的意见。

与独立性相反的品质是易受暗示性和独断性。易受暗示性是指一个人缺乏主见，人云亦云，不认真分析别人的思想、行为，盲目接受，没有自己独立的见解，为人处世易受他人影响。独断性是指一个人一意孤行，刚愎自用，拒绝考虑别人的任何批评、劝告和建议。

（二）果断性

意志的果断性是指一个人面对复杂多变的情境时，善于明辨是非，迅速而合理地做出决定并执行的品质。果断性反映一个人在行动中决策的速度和深度。具有这种意志品质的人对自己的行为目的、方法以及可能的后果都有深刻的认识和清醒的估计。所以，具有果断性的人在产生动机冲突时能当机立断，在行动时能敢作敢为，在不需要立即行动和情况发生变化时又能随机应变。

与果断性相反的品质是优柔寡断和武断。优柔寡断者在面临选择时犹豫不决，患得患失，在认识上分不清轻重缓急，在不同的目的、方式之间摇摆不定，迟迟做不出决定，即使执行决定也是三心二意。武断者冲动莽撞，不负责任，草率行事。

（三）坚持性

意志的坚持性是指一个人能矢志不渝、坚持到底，遇到困难和挫折时能顽强乐观地面对和克服，不屈不挠地向既定目标前进的品质。具有坚持性的人，一方面善于克服各种主客观因素的干扰，另一方面善于长期地维持与目的相符合的行动，坚持不懈。“锲而不舍，金石可镂”即意志坚持性的表现。

与坚持性相反的品质是顽固执拗和见异思迁。顽固执拗者只承认自己的意见和论据，对自己的行动不做理性评价，执迷不悟，明知不可为而为之，不能审时度势，寻求变通。见异思迁者表现为行动易发生动摇，在行动过程中随意更改既定目标和方向，虎头蛇尾，终至碌碌无为。

（四）自制性

意志的自制性是指一个人善于控制和支配自己行动的品质。具有自制力的人，在一般情况下都能保持清醒的头脑，控制自己的思维、情感不受外界干扰；善于约束自己的言论，克制自己的行为，遇事三思而后行。“富贵不能淫，贫贱不能移，威武不能屈”就是意志自制性的表现。

与自制性相反的品质是任性和怯懦。任性者往往易受情感左右，不能约束自己的言行，不能有效克制冲动，任意妄为。怯懦者胆小怕事，遇到困难或情况变化时惊慌失措，畏缩不前，在迎接挑战时临阵退缩。

第二节　学前儿童的意志

牛津大学进化心理学教授罗宾·邓巴认为：人类与其他灵长类动物相比有一个很大的不同，便是能够支配自己的意志力，因为人类生活在巨大的、复杂的社会团体环境中。人类只有克制及时享受的本能冲动、克服避免费力的本能冲动，才能迎接更大的挑战。即使是非常聪明的灵长类动物黑猩猩，最多也只能坚持克制原始本能需求 20 分钟。

一、学前儿童意志的发生与发展

（一）学前儿童意志的萌芽

作为个体，意志的萌芽体现于婴儿的有意运动的发展。运动分为无意运动和有意运动。无意运动又称不随意运动，既是人没有意识到的被动运动，也是天生就会的无条件反射活动，如吮吸动作。有意运动又称随意运动，是个体为了达到某种目的而主动去支配自己的肌肉运动，例如，伸手去拿玩具等。

婴儿出生时，除了一些本能动作以外，其他动作是混乱的。2~3 个月时，婴儿会用手去抚摸和拍物体，还不会抓握物体，也会用一只手抚摸自己的另一只手，但多是无意的触摸动作。4 个月左右时，婴儿会被动地抓握到手的东西，但仍然是偶然和无意的动作，手眼还是不协调的。5 个月左右时，婴儿动作有了一定的目的性，能够主动用手准确、有意地抓住眼前的物体，出现了手眼协调的动作，即眼睛的视线和手的动作能够配合，手的运动和眼球的运动协调一致，能够抓住所看见的东西。手眼协调动作的发生是婴儿有意动作发生的主要标志。

8 个月左右时，婴儿动作有意性的发展出现了较大质变，可以说是意志行动的萌芽。这时婴儿能够坚持一个目标，并且用一定努力去排除障碍达到目的。例如，婴儿看见一个漂亮的玩具，因隔着一个坐垫而拿不到时，会努力爬过去挪开那个坐垫，把玩具拿到手。1 岁以后，学前儿童意志行动的特征更加明显。这时，他们能够设法探索各种新方法，通过"尝试错误"排除向预定目标前进中所遇到的障碍。例如，玩具在毯子上离学前儿童较远处，他拿不到，多次试图直接取得而失败后，偶尔抓住了毯子一角，似乎发现了毯子的运动同玩具运动之间的关系，便开始有意识地逐渐拖动毯子，使玩具靠近自己，然后拿到手。

（二）学前儿童意志的发展

学前儿童意志的发展跟他们的皮层抑制机能的发展是密不可分的。皮层抑制机能的发展既使反射活动更精确、更完善，又可以保护脑细胞，因而是学前儿童调节控制自身行为的生理前提。3 岁以前儿童的内抑制机能发展很慢。约从 4 岁起，由于神经系统结构的发展，内抑制机能开始蓬勃发展。虽然学前儿童抑制机能在不断增强，但是总体来说抑制机能还是较弱。

拓展阅读

菲尼亚斯·盖奇的故事

前额皮质对自控力到底有多重要？最有名的前额皮质损伤案例莫过于菲尼亚斯·盖奇的故事。

1848 年，铁路领班工人菲尼亚斯·盖奇 25 岁。他是个意志力顽强、身体健壮的人，但在当年 9 月 13 日下午 4 点半，一切都变了。当时，盖奇和工友正在用炸药炸路段。但炸药提早爆炸了，冲击波带着一条钢筋插进了盖奇的头骨。钢筋刺穿他的左脸，穿过他的前额皮质，飞到了他身后。

在场的人都认为盖奇肯定活不了了，然而，他奇迹般地生还了。医生尽全力救治盖奇。两个月后，盖奇的身体机能完全恢复了，但他的大脑发生了奇怪的变化。朋友和工友都表示，他的性格大变。医生在原始事故医疗报告上记录了盖奇的变化：盖奇的心智和身体之间的平衡似乎被打破了。他经常粗鲁地侮辱别人（他以前不是这样），总想去控制别人，极少顺从他人。如果谁限制他，或是和他意见相左，他就会失去耐心。从这个角度上看，盖奇的性情发生了 180° 大转变。难怪他的朋友和熟人都说他"已经不是盖奇了"。

学前儿童在出生后的头两年逐渐形成意志行动。随着年龄的增长，学前儿童的意志发展呈现出以下特点：

1. 目的性逐渐明确

幼儿园小班儿童的目的是具体的、直接的，他们还不会自己提出一个总的行动目的，通常目的是个人的，较少有共同目的。

幼儿园中班儿童的目的性显著发展。在正确的教育影响下，他们开始能使自己的行动服从于教师的指示和要求，能够在某些活动中独立地为自己确定行动目的和逐渐按照既定的目的去行动，而且提出相当多的共同目的。通常他们的目的在活动中能保持 15~25 分钟，但这些行动的目的有时还不甚明确，对行为的制约性也不强。

幼儿园大班儿童已能够比较明确地给自己提出行动的目的、任务，不仅能较好地使自己的行动服从于成人的指示，而且能较好地服从于自己提出的目的。在稳定的游戏兴趣方面，他们的个人目的与共同目的能统一起来。大班儿童的目的在活动中通常能保持35~55分钟。周围环境对他们的影响相对减弱，而语言指示、目的任务对他们的制约力相对增强，其行动具有较明显的目的性。

2. 坚持性不断增强

小班儿童做事常常有头无尾、有始无终。比如：他们画画，往往只画了一半就不画了；在实现目标的过程中，他们如果遇到某些小困难，就会轻易放弃，坚持性很弱。

中班儿童的坚持性发生较大变化。他们在行动中还能提出一些活动的细节，想出一些活动的方法，使自己能更加顺利地坚持行动，达到预定目的。他们开始努力坚持完成每一项任务，尤其是在他们感兴趣的、喜欢的活动中，能够坚持较长时间，在遇到困难时也能尝试克服困难。

大班儿童的坚持性比较稳定。他们不仅在自己感兴趣的活动中能努力完成任务，而且在自己不感兴趣的，甚至较困难的活动中能在较长时间内坚持完成任务。

拓展阅读

哨兵站岗

著名的马努依连柯“哨兵站岗”实验的研究充分说明：用游戏的方式来培养儿童的坚持性等意志品质是十分有效的。实验是以3~7岁的儿童为被试，要求他们在空手的情况下保持“哨兵持枪站岗”的姿势。实验设置了两种情境：游戏情境和非游戏情境。要求第一组儿童按照主试者的示范，右肘弯曲，左手垂在身旁，不动地站着；要求第二组儿童采取哨兵的姿势，尽量长久地保持这个姿势；第三组儿童则采取“工厂与哨兵”的创造游戏的方式，在这个游戏中儿童知道担任哨兵的角色时站岗应该是不动的。不同条件下，三组儿童保持姿势的时间不同。

实验结果表明：第一，随着年龄的增长，儿童自觉坚持行动的能力逐步增强；第二，分散注意的强烈因素可以影响意志行动的稳定性；第三，在游戏中儿童自觉坚持行动的时间比单纯完成成人交给的任务的时间长得多。

3. 自制力逐步增强

总的来说，学前儿童的自制力是比较弱的，特别是学前初期的儿童，不善于控制、支配自己的行动，常常表现出很大的冲动性和明显的“不听话”现象，如：早晨来园时应该先洗手，但许多小班儿童都争着先去活动区；在活动室里应该安静、小声说话，轻轻走，但许多小朋友总爱大声说笑，跑来跑去……

但是，在教育的影响下，学前儿童也开始学习控制、调节自己的行为。从中班开始，学前儿童控制行动的能力逐渐发展，在成人的鼓励和帮助下，能调控自己去完成一些必须完成的行动，开始有一些自制力，如上课时坐正，眼睛看老师，手、脚不乱动。大班儿童的自制力进一步发展，能依照集体或成人的要求控制自己的行为，自觉制止那些不符合集体规则或成人要求的行为，如游戏时轮流玩、合作、分享，午睡醒后安静躺着不讲话。不少五六岁的儿童还能比较主动地控制自己的愿望和行动，努力使之符合集体的行为规则和成人的要求。

拓展阅读

延迟满足实验

幼儿自制力可以通过延迟满足实验进行测试。20 世纪 60 年代，美国斯坦福大学心理学教授米歇尔设计了一个著名的关于延迟满足的实验。研究人员找来一些儿童，让他们每个人单独待在一个小房间里，向这些儿童展示他们爱吃的东西——一颗棉花糖。研究人员告诉这些儿童：他们可以马上吃掉棉花糖，或者等研究人员回来时再吃。如果他们等研究人员回来再吃，还可以再得到一颗棉花糖作为奖励。对这些孩子来说，实验的过程颇为难熬。结果，大多数孩子坚持不到 3 分钟就放弃了。大约 1/3 的孩子成功等到研究人员回来兑现了奖励，前后差不多有 15 分钟的时间。

后续的跟踪研究发现：延迟满足能力强的儿童，未来更容易发展出较强的社会竞争力，有较高的工作和学习效率；具有较强的自信心，能更好地应对生活中的挫折、压力和困难；在追求自己的目标时，更能抵制住即刻满足的诱惑，而实现长远的、更有价值的目标。

二、学前儿童意志的培养

培养学前儿童的意志可从以下几个方面着手：

（一）帮助学前儿童明确活动的目的

意志的第一个特征就是具有明确的目的。学前儿童活动的目的性比较差，不善于独立地给自己提出明确的目的。因此，教师和家长应该指导和帮助学前儿童制定短期目标和长远目标，使他们明确努力的方向，教育他们一旦定下目标，不可轻易改变和放弃。当然，提出的目标一定要恰当、具体、切实可行，必须是学前儿童经过努力可以实现的，否则就达不到培养意志的目的。

（二）鼓励学前儿童克服困难，增强自信心

学前儿童在有目的的活动中遇到困难时，需要教师和家长给予及时的鼓励和支持，帮助他们克服困难，在完成目的的意志行动中体验成功带来的快乐，增强自信心。克服困难、增强自信心是学前儿童发展各种动作和意志有力的内部力量。

（三）培养学前儿童良好的生活习惯，启发学前儿童自我锻炼

学前儿童的意志只有在多种多样的实践活动中，在反复多次地克服困难的过程中，才能逐渐形成和培养起来。因此，教师和家长应有目的、有意识地结合学前儿童的日常生活各主要环节，培养他们的意志。

一方面，教师和家长可从培养学前儿童的生活习惯开始，大胆放手，让学前儿童自己去做力所能及的事，如穿衣服、穿鞋、系鞋带、叠被子、盥洗、进餐、收拾玩具等，让他们按照一定的要求独立完成并坚持下去。不要怕他们做不好，也不要责备，更不能包办代替。应要求和鼓励学前儿童自始至终做好每一件事情，培养他们良好的生活习惯，增强学前儿童行为的坚持性和控制力。

另一方面，教师和家长可通过学习、游戏、劳动等活动锻炼学前儿童的意志。计数、走迷宫、猜谜、学解放军站岗的游戏、做手工等都能使学前儿童在轻松、愉快的气氛中锻炼意志。在日常生活中，学前儿童要想培养优良的意志品质必须在实践活动中不断加强自我锻炼。这就要求学前

儿童经常进行自我鼓励、自我命令、自我监督，因为只有发自内心地严格要求自己，主动地去克服困难，才能有效地培养坚强的意志。教师和家长可以根据学前儿童的特点，通过讲故事、阅读和看电影等方式，让学前儿童学习反映典型人物坚强意志的内容，启发学前儿童进行自我锻炼。

（四）为学前儿童提供良好的榜样

模仿是学前儿童重要的学习方式。榜样的形象性和可模仿性适合学前儿童爱模仿的心理特点。一方面，教师和家长要充分利用电影、电视、故事及现实生活中的英雄人物不屈不挠地克服困难以实现目标的动人事迹去感染儿童；另一方面，要充分利用学前儿童身边的榜样力量。在日常生活和各种活动中，教师和家长要做好学前儿童的榜样，以身作则，无论处理什么事情，都要认真地完成；遇到困难要努力想办法解决，而不是抱怨或退缩。

（五）注重对学前儿童进行个别教育

人的意志品质与个性特征有着一定的联系。不同的个体意志的形成过程与表现各不相同，如有的儿童缺乏坚持性，有的儿童缺乏自制力，有的儿童任性、执拗。因此，教师和家长在培养学前儿童的意志时，应针对个体的不同特点采取不同的教育策略和方法进行个别教育，帮助学前儿童扬长避短。如：对待胆汁质型的学前儿童，应加强培养他们的自制力，同时有意识地培养他们忍耐、沉着、克制的意志；对待黏液质型的学前儿童，应加强果断性和灵活性的锻炼，培养他们大胆、勇敢、坚毅的意志；对待固执、任性的学前儿童，必须坚持正当要求，耐心讲道理，绝对不能放弃原则去迁就。

思考与练习

一、名词解释

1. 意志：
2. 坚持性：
3. 自制力：

二、选择题

1. 儿童有意动作发生的主要标志是（　　）。

A. 手眼协调动作的出现　　B. 拉单取物动作的出现
C. “尝试错误”动作的出现　　D. 无意抚摸动作的出现

2. 情不自禁、明知故犯属于缺乏意志的（　　）。

A. 自觉性　　B. 果断性　　C. 坚持性　　D. 自制性

3. 不喜欢学习的学生又怕被处分，这种冲突是（　　）。

A. 双趋冲突　　B. 双避冲突　　C. 趋避冲突　　D. 多重趋避冲突

4. “鱼和熊掌不可兼得”反映的心理冲突是（　　）。

A. 双趋冲突　　B. 双避冲突　　C. 趋避冲突　　D. 多重趋避冲突

5. “水滴石穿”“锲而不舍”体现的意志品质是（　　）。

A. 自觉性　　B. 果断性　　C. 坚持性　　D. 自制性

6. “前怕狼，后怕虎”，顾虑重重，这是意志品质（　　）差的表现。

A. 自觉性　　B. 果断性　　C. 坚持性　　D. 自制性

三、简答题

1. 简述意志的基本特征。

2. 简述意志与认知、情绪、情感的关系。

3. 如何培养学前儿童的意志？

四、探究题

请通过实地调查、图书查阅、网络搜索等方式寻找适合培养学前儿童意志的游戏。

第十一章

学前儿童的个性

【目标导航】

1. 理解并掌握个性的概述及相关知识。

2. 理解学前儿童需要、动机与兴趣的基本概念和相关知识。

3. 理解学前儿童气质、性格和能力的基本概念和相关知识。

4. 理解学前儿童自我意识的基本概念和相关知识。

5. 学会运用学前儿童个性发展的基本理论知识，对学前儿童的个性行为表现进行初步判断、分析与评价，促进学前儿童个性的发展。

【思维导图】

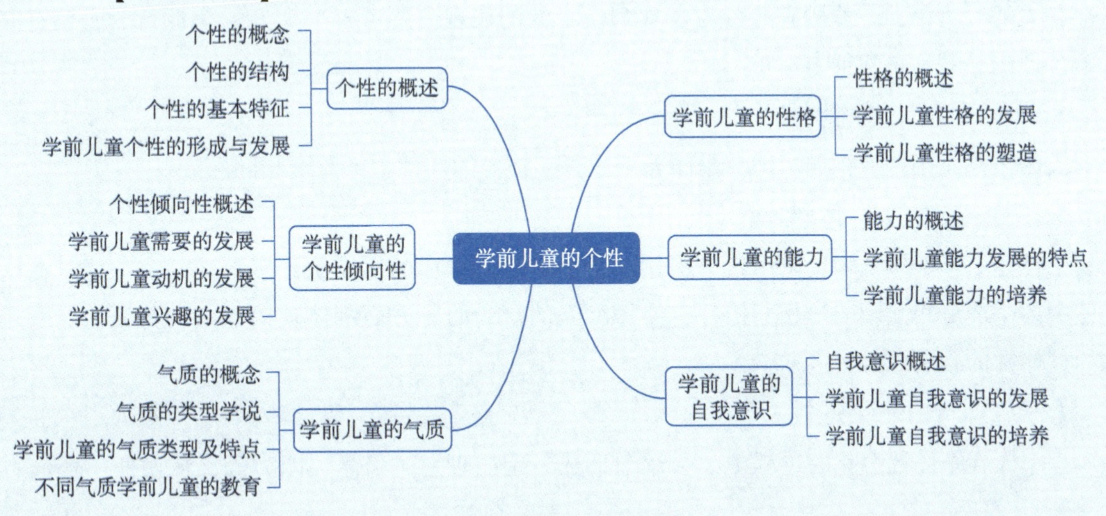

第一节　个性的概述

一般来说，个性就是个性心理的简称，在西方又称人格。本节将对个性的概念、个性的结构、个性的基本特征等进行阐述。

一、个性的概念

个性又称人格，是指个体全部心理活动的总和，或一个人比较稳定的、具有一定倾向性的各种心理特点和品质的独特组合。个性不是随意拼凑而成的，而是由各种心理活动有机组成的、相对稳定的体系。

二、个性的结构

个性主要包括个性倾向性、个性心理特征和自我意识三种成分。

（一）个性倾向性

个性倾向性包括需要、动机、兴趣、理想、信念、世界观等，是个性结构当中的动机系统，是人进行活动的基本动力。它决定着人对现实的态度，决定着人对认识活动的对象的趋向和选择，是个性结构中最活跃的成分。

（二）个性心理特征

个性心理特征是指一个人身上经常地、稳定地表现出来的心理特点。个性心理特征主要包括能力、气质和性格。

（三）自我意识

自我意识包括自我认识、自我评价和自我调节。它是个性心理结构中的控制系统，是个性形成和发展的前提，也是个性系统中最重要的组成部分，制约着个性的发展。自我意识的成熟标志着个性的成熟。

三、个性的基本特征

在人的行为中，并非所有的行为表现都是个性的表现。要了解一个人的个性行为，就有必要了解个性的一些基本特征。

（一）个性的独特性

人的个性是千差万别的。即使是同卵双生子，他们的个性也不完全相同。

（二）个性的整体性

个性是一个整体结构，是由各个密切联系的成分所构成的多层次、多水平的统一体。在这个整体中各个成分相互影响、相互依存，使每个人的行为的各方面都体现出统一的特征。这就是个性的整体性的含义。

（三）个性的稳定性

一个人在个体社会化的过程中，会逐渐形成一定的理想、信念、能力等，从而使个体的行为总带有一定的倾向性，使个体的心理面貌在不同的环境和场合中都显示出相同的品质。

个性虽然具有稳定性，但并不是一成不变的，它还具有可变性，受后天的环境和教育的影响。

（四）个性的社会性

人的本质是一切社会关系的总和。人的个性的本质方面是由人的社会关系决定的。个性特征的形成与其所处的社会生活环境及所受的教育有着密切的联系。影响个性形成的社会因素可以分为两个方面，即宏观环境和微观环境。

四、学前儿童个性的形成与发展

（一）先天的个性差异（0~1 岁）

婴儿从来到这个世界之始，除了生理上显示明显个性差异之外，还有与生理联系密切的气质类型的差异。这种先天气质类型的差异作为个别差异而存在，而且相对稳定。

（二）个性的萌芽（1~3 岁）

2 岁前，学前儿童各种心理过程还没有完全发展起来，不可能组成有机的心理活动系统，因而个性不可能形成。学前儿童在 2 岁左右，个性逐渐萌芽。此时，学前儿童的各种心理过程包括想象思维等逐渐齐全，发展迅速。3 岁左右，在气质类型差异的基础上及与父母和周围人的相互作用中，学前儿童之间会出现较明显的个性差异。

（三）个性初步形成（3~6 岁）

3~6 岁学前儿童随着心理活动和行为的有意性发展，在个性的完整性、稳定性、独特性及倾向性各方面都得到了迅速的发展。这标志着学前儿童个性初步形成。同时，个性组成部分的三大方面都已明显地表现出变化来。但是，个性形成的过程是漫长的。直到 18 岁左右，个性才基本定型，而人的个性定型以后，既具有相对的稳定性，又有一定的可塑性。

拓展阅读

弗洛伊德人格发展阶段理论

弗洛伊德是精神分析学派创始人，他认为人格结构由三部分组成：本我、自我和超我。本我是人的意识的最底层，处于“潜意识”状态；自我处于本我和外界之间，根据外部世界的需要来对本我加以控制与压抑；超我是人意识的最高层，是“道德化了的自我”，以社会道德标准或理想来控制行动。在正常情况下，本我、自我和超我三者处于相对平衡状态。如果平衡状态被破坏，就会导致精神疾病。

弗洛伊德是一个本能决定论者，同时也是泛性论者。他认为，本能，尤其是性本能，即“力比多”，是推动人格发展的基本动力。当然，他所指的“性”，泛指一切能直接或间接引起机体快感的活动，如吮吸、排便、抚摸、生殖活动等。他根据性本能在不同的发展阶段集中投放的身体部位的不同，将人的心理发展划分为五个阶段：口唇期、肛门期、性器期、潜伏期和青春期。

1. 口唇期（0~1 岁）

在此时期，个体性本能的主要区域集中在口唇。婴儿可从吮吸、咀嚼、咬等口唇活动中获得快感。在此时期，成人要让婴儿在口唇活动中得到满足，因而喂食特别重要，不可过早为其断奶。

如果口唇期的性本能得到满足，个体长大后会有正面的性格，如积极、乐观、开朗等；反之，则会形成负面的性格，如悲观、猜忌等，表现为酗酒、贪吃、咬指甲、过分纠缠或过分依赖配偶等。

2. 肛门期（1~3 岁）

在此时期，自发排便是满足幼儿性本能的主要方法。成人要以适当的方式对幼儿的便溺行为进行训练，培养其良好的卫生习惯。但不可训练得过早、过严，否则将对幼儿产生持久的消极影响，导致其形成抑制、固执等不良性格。

3. 性器期（3~6 岁）

此阶段幼儿对性器官感兴趣，其愉快来自性器官的刺激。由于对性的好奇，幼儿很容易出现男孩恋母和女孩恋父情结，即俄狄浦斯情结，但通常最终会对同性家长产生认同。

4. 潜伏期（6—11 岁）

此时期的儿童由于道德感、羞耻心等的发展，对男女的界限已经很清楚，其性冲动受到压抑，并将性冲动转移到学习、体育等充满活力的活动中。随着儿童在学校、社会获得更多的问题解决能力和对社会价值的内化，其自我和超我会持续不停地发展。

5. 青春期（12 岁以后）

青春期的到来唤醒了个体的性冲动，此时青少年必须学会以社会可接受的方式表达这种冲动。如果发展健康，在长大成人后，婚姻和抚养孩子就能够满足这种成熟的性本能。

埃里克森的人格发展阶段理论

埃里克森认为：社会对个体在不同的发展阶段有不同的要求，个体自身的需要和能力与社会要求之间就会出现不平衡。这种不平衡会给个体带来紧张感和内心的冲突。这种冲突称为心理社会危机。埃里克森根据个体在不同时期心理社会危机的特点，将人格的发展分为八个阶段（表 11-1）。

表 11-1　人格发展阶段

阶段（年龄）	冲突	发展顺利者的表现	发展障碍者的心理特征
婴儿期（0~1.5 岁）	信任对怀疑	与看护者建立初步的爱与信任，获得安全感	认为外在世界是不可靠的，在不熟悉的环境中会感到焦虑
儿童早期（1.5~3 岁）	自主对羞怯	开始出现符合社会要求的自主性行为	缺乏信心，产生羞愧感
学前期（3~6/7 岁）	主动对内疚	对周围世界更加主动和好奇，更具自信和责任感	形成退缩、压抑、被动的人格，产生内疚感
学龄期（6/7~12 岁）	勤奋对自卑	学习知识，发展能力，学会为人处世，形成成功感	产生自卑感和失败感，缺乏基本能力
青年期（12~18 岁）	同一性对角色混乱	在职业、性别角色等方面获得同一性，方向明确	难以始终保持自我一致性，容易丧失目标，失去信心
成年早期（18~30 岁）	亲密对孤独	乐于与他人交往，感到和他人相处具有亲密感	被排斥在周围群体之外，因疏离于社会而感到孤独寂寞
成年中期（30~60 岁）	繁殖对停滞	关爱家庭，支持下一代发展，富有社会责任感和创造力	关心自我，满足私利，产生颓废感，生活消极懈怠
成年晚期（60 岁之后）	完善对绝望	自我接受感和满足感达到顶点，安享晚年	固执于陈年往事，在绝望中度过余生

第二节　学前儿童的个性倾向性

一、个性倾向性概述

（一）个性倾向性的概念

个性倾向性是指一个人对现实的态度和行为倾向，一般包括需要、动机、兴趣、理想、信念和世界观等。这些成分之间并不是彼此孤立的，而是相互影响、相互制约的。学前儿童个性倾向性的发展主要反映在需要、动机及兴趣的发展方面。

（二）个性倾向性的基本特征

个性倾向性有两个基本特征，即积极性和选择性。

1. 积极性

个性倾向性的积极性使人以不同的态度和积极性去组织自己的行动。如当一个人的动机强烈时，他的行为反应程度就会相应比较高；当动机较弱时，行为反应程度就会相对降低。

2. 选择性

个性倾向性的选择性使人有目的、有选择地对客观世界进行反应。如不同的需要会导致人选择不同的事物、不同的方向。

二、学前儿童需要的发展

（一）需要的概念

需要是有机体感到某种欠缺而力求获得满足的心理倾向，表现出人的生存和发展对客观条件的依赖性。它是形成其他个性倾向的基础，也是活动的积极源泉。

（二）需要的种类

对需要种类的划分有不同的角度，通常从需要的起源和需要的对象两个角度进行。

1. 按需要的起源划分

按需要的起源划分，需要包括生理需要和社会需要。生理需要是维持有机体生命和种族延续所必需的，如饮食、运动、睡眠、排泄等需要。社会需要是人们为了提高自己的物质文化生活水平而产生的需要，包括对知识、劳动、艺术创作的需要等，是人特有的在社会生活实践中产生和发展起来的高级需要。社会需要是在生理需要的基础上，在后天社会环境等因素的影响下形成的。不同的人因社会背景、文化意识熏陶的影响，其社会需要具有显著的个性差异。

2. 按需要的对象划分

按需要的对象划分，需要包括物质需要和精神需要。物质需要是指人对物质对象的需求，包括对衣、食、住、行有关物品的需要，对工具和日常生活用品的需要。精神需要是指人对社会精神生活及其产品的需要，包括对知识的需要、对文化艺术的需要、对审美与道德的需要等。这些需要既是精神需要，又是社会需要。

拓展阅读

马斯洛需要层次理论

马斯洛需要层次理论

马斯洛认为人的一切行为都是由需要引起的。人类主要有五种基本需要。这些需要按低层次向高层次发展的顺序依次为：生理需要、安全需要、归属与爱的需要、尊重需要和自我实现需要。后来他又在尊重需要与自我实现需要之间增加了认识需要和审美需要。马斯洛认为，人类的基本需要是相互联系、相互依赖、彼此重叠的。它们排列成一个由低到高逐级上升的层次。层次越低的需要强度越大。只有低级需要基本满足后，高一级的需要才会出现。只有前面几种需要基本满足后，人才会产生自我实现需要。

自我实现需要是马斯洛个性发展理论中最理想的目标，是指个体希望最大限度地实现自己潜能的需要，表现为个体充分发挥自己的潜力，不断充实自己，不断完善自己，尽量使自己达到完美无缺的境地。

（三）学前儿童需要的发展

我国心理学家杨丽珠、袁茵等人对学前儿童需要做了专门的研究，发现学前儿童的需要具有如下特点。

1. 学前儿童需要的结构具有一定的系统性

学前儿童需要是由彼此有机联系的 7 个等级和 14 种层次所构成的一个多维度、多层次的整体结构（表 11-2）。

表 11-2　学前儿童的需要结构

层次	等级						
	生理与物质生活	安全与保障	交往与保障	游玩活动	求知活动	尊重与自尊	利他行为
1	吃、喝、睡等	人身安全	母爱	游戏	听讲故事	信任、自尊	劳动
2	智力玩具	躲避羞辱	友情	文娱活动	学习文化知识	求成	助人

2. 学前儿童的优势需要具有发展性

不同年龄学前儿童的优势需要是由几种强度较大的需要组成的，是一个不断发展变化的动态结构。研究结果表明，不同年龄学前儿童的优势需要存在差异。3～6 岁学前儿童强度最大的前五种需要及其排序见表 11-3。

表 11-3　3～6 岁学前儿童强度最大的前五种需要及其排序

年龄	需要类型排序									
	生理	母爱	人身安全	游戏	听讲故事	学习文化知识	劳动	求成	信任自尊	友情
3 岁	1	2	3	4	5					
4 岁	2	4	5	1	3					
5 岁	2			4		1	3	5		
6 岁	4					2	3		1	5

3. 学前儿童需要的发展具有不同步性

学前儿童需要的发展具有不同步性。其中，生理需要、人身安全需要、母爱需要呈随年龄增长而减少的趋势，而智力玩具需要、躲避羞辱需要、文娱活动需要等呈随年龄增长而增加的趋势；游戏需要与听讲故事需要则呈现出增加后减少的趋势，即在学前儿童中期（4 岁左右）出现高峰期，以后逐渐减少。总的来说，随着年龄的增长，学前儿童需要的社会性逐渐加强，需要层次逐渐由低向高发展。

4. 学前儿童需要的发展具有集约性和扩散性

需要发展的集约性是指需要在质上越来越高的趋势，而需要发展的扩散性是指需要在量上越来越多、范围越来越大的趋势。

学前儿童的需要具有集约性和扩散性。需要的层次在不断提高，需要的范围也越来越广泛：先形成水平层次较低的需要系统，逐渐丰富、扩大、螺旋式地上升，形成水平层次较高、复杂的需要系统。

5. 5 岁是学前儿童需要发展的关键期

从学前儿童各种需要的发展中可以看出，5 岁是学前儿童的需要由生理需要、物质需要向社会需要、精神需要发展的关键期。

（四）学前儿童需要的培养

学前儿童需要的发展是他们个性积极性发展的基础。成人应该关心和正确处理儿童的合理需要，从而引导和促进他们需要的正常发展。

1. 通过多种多样的活动满足学前儿童的合理需要

对于学前儿童的各种需要，成人要先判定其是否合理，对于合理的需要，应该创造条件，给学前儿童提供需要的东西，使他们的需要得到满足。

（1）关爱学前儿童，满足他们渴望被爱的心理需要。学前儿童渴望成人的爱与关注。成人的爱与关注对他们心理的健康成长具有十分重要的意义。如果他们这方面的心理需要得不到适当的满足，他们很可能会通过一些不符合常规要求的行为来吸引成人的关注。

（2）给每个学前儿童创造成功的机会，满足他们的成就需要。学前儿童的成功经验主要来自两个方面：一个是活动本身给他们带来的成功体验；二是活动后得到的评价，如教师的表扬、肯定。因此，成人应该创设尽可能多的机会，让每个孩子都能获得成功的经验。

（3）给学前儿童创设温馨的精神环境，满足他们的心理安全需要。学前儿童心理上的安全感主要与教师对待他们的态度、伙伴之间的关系等因素有关。幼儿园要以建立民主、平等、和谐、宽容的师生关系、同伴关系为前提，关注学前儿童的心理安全需要，让他们在一个宽松愉快的环境中健康茁壮地成长。

（4）给学前儿童自由活动的时间，满足他们自主活动的需要。学前儿童十分喜欢自由度较大的活动，如有的儿童说“我喜欢户外活动，因为可以跑来跑去”“我喜欢上厕所，因为可以自由说话”。可见，他们喜欢自由、自主的活动。

2. 制止学前儿童不合理的需要，引导其正确发展

学前儿童受到外界不良因素（如父母的娇纵溺爱、其他儿童不良行为的榜样等）的影响，也可能产生各种不合理的需要。这些不合理的需要往往使他们的个性发展偏离正确的方向，从而导致他们出现不良的行为。成人要对学前儿童的不合理需要及时纠正，促使他们的需要向健康积极

的方向发展。

3. 通过多样性的活动促使学前儿童产生新的需要

成人要丰富学前儿童的生活，促使他们产生新的需要，或者向他们不断提出新的要求，并转化为他们新的需要。对于学前中期的儿童，不仅可要求“自己的事情自己做”，而且可要求他们为同伴和集体做些力所能及的好事。对于学前晚期的儿童，更可以要求他们认真地、有始有终地做自己能做的事和为同伴、集体服务。

三、学前儿童动机的发展

（一）动机的概念

动机是激发和维持个体活动，并使该活动朝向某一目标的心理倾向，是直接推动个体行为的内部动因和动力。引起动机的内在条件是需要，引起动机的外在条件是诱因。

（二）学前儿童活动动机的发展

3岁前的学前儿童动机稳定性差，变化性强，还没有形成具有一定社会意义的动机体系，其各种动机往往是互不相干的，没有形成主从关系。进入幼儿期以后，随着儿童社会性需要及其目的性的发展，他们的活动动机有了较大发展，表现在以下几个方面。

1. 从动机互不相干到动机之间形成主从关系

幼儿初期的儿童在遇到主从动机之间的冲突时，往往选择较近的、较容易达到目的的动机。动机系统还带有情境性，是相当不稳定的。幼儿晚期的儿童能逐渐摆脱那些外表较诱人的情境，动机的主从关系逐渐趋于稳定。

2. 从直接近景动机占优势发展到间接远景动机占优势

幼儿初期的儿童的动机往往是直接近景动机占优势。随着年龄的增长，学前儿童逐渐形成更多间接远景动机。对幼儿做值日生的动机的实验研究发现，小班幼儿做值日生往往是出于对活动本身的兴趣，而中、大班的幼儿做值日生时，社会意义的动机逐渐占主要地位，他们比较注意值日生工作的成果和质量，知道做值日生是要为别人服务的。

3. 从外部动机占优势到内部动机占优势

幼儿初期儿童的行为动机主要由外部影响引起，是被动的。其行为动机往往是为了获得成人的奖励。到了幼儿晚期，儿童的行为动机中，兴趣的作用逐渐增强。兴趣成为左右学前儿童行为的一个主要因素。

四、学前儿童兴趣的发展

（一）兴趣的概述

兴趣是人积极地接近、认识和探究某种事物并与肯定情绪相联系的心理倾向。兴趣是个体对客观事物的一种高度积极的肯定态度。

在心理学中，根据兴趣的倾向性，兴趣可以分为直接兴趣与间接兴趣。直接兴趣是对某种客观事物（或活动）本身感兴趣，间接兴趣只是对某种客观事物（或活动）所能带来的结果感兴趣。根据兴趣的内容，兴趣也可以分为物质兴趣和精神兴趣。

兴趣的特征有指向性、广泛性、稳定性和效能性。

（二）学前儿童兴趣的发展

3~6 岁学前儿童在环境和教育的影响下，兴趣发展迅速，表现出以下特点：

1. 兴趣比较广泛

学前儿童对客观世界充满了好奇，对周围任何新鲜的事物和各种活动都表现出了广泛的兴趣，例如，对小动物和各种花草树木等自然现象很有兴趣，喜欢观看成人的劳动和交往等社会行为，也喜欢参加简单的劳动及音乐、美术、体育等方面的活动，对动画片、活动的东西有浓厚的兴趣，其中对游戏的兴趣占主导地位。一般来说，虽然学前儿童的兴趣比较广泛，但他们还没有形成比较稳定的中心兴趣。

2. 兴趣表现出个别差异和年龄差异

受自身素质、环境、教育、生活经验等多种因素的影响，不同的学前儿童对各种事物的喜爱以及喜爱程度常不相同，这时他们的兴趣就已经表现出个别差异。如：有的学前儿童对任何事物都充满兴趣，而有的学前儿童对什么都没兴趣；有的学前儿童对汽车感兴趣，而有的学前儿童对昆虫感兴趣；有的学前儿童对美术感兴趣，而有的学前儿童对音乐感兴趣；等等。

3. 直接兴趣比重较大

小班学前儿童大多只对某种客观事物（或活动）本身感兴趣（直接兴趣），中、大班学前儿童才对比较遥远的事物或活动的结果产生间接兴趣。例如，大班学前儿童为了在文艺表演中赢得荣誉，即使不喜欢枯燥乏味的反复练习，也会每天坚持排练舞蹈。

4. 兴趣比较肤浅，容易变化

学前儿童由于受知识经验和心理发展水平的限制，其兴趣往往由客体鲜艳悦目的颜色、新颖多变的外形等引起，不会深入事物的本质，比较肤浅。多次接触后，这些客体的外部特点会慢慢失去吸引力，学前儿童的兴趣也就逐渐减弱或完全消失。

5. 兴趣可能表现出不良的指向性

学前儿童的兴趣一般表现出良好的指向性，但也有些学前儿童由于没有受到良好的教育，娇惯任性，分不清是非，其兴趣表现出不良的指向性。

（三）学前儿童兴趣的培养

兴趣是儿童认识世界的动力。学前儿童一切自主选择的活动无不始自兴趣，而一切的活动追根究底也源于兴趣。培养学前儿童的兴趣应从以下几方面入手。

1. 保护学前儿童的好奇心

好奇心是兴趣之根本。学前儿童每种兴趣的产生都是由于他们对某一事物产生了好奇之心。教师应抓住时机对学前儿童的好奇心予以保护，并鼓励、启发和引导，培养他们良好的兴趣。

2. 从实际出发，感染、激发学前儿童的兴趣

教师在培养学前儿童兴趣时，首先要考虑他们的年龄特点。教师在日常生活和教育活动过程中，应遵循生活化原则，注意用欢乐的情绪、生动形象的语言和对所教内容的喜爱之情，来感染、影响学前儿童，激发他们的兴趣。

3. 创设良好的环境，组织开展丰富多彩的活动

教师在创设环境时，要致力教学环境的创设，倾向于将所有与教育有关的事物结合起来。教师应注意在教学中设置问题情境，提供丰富的活动材料，促进学前儿童形成认知冲突，激起他们探究的兴趣。

第三节　学前儿童的气质

一、气质的概念

气质俗称"脾气""性情"，是指一个人所特有的、相对稳定的心理活动的动力特征，主要表现在心理活动的强度（反应的大小）、平衡性（兴奋或抑制的优势）、灵活性（转换的速度）、指向性（倾向于外部事物还是内心世界）等方面。由于气质在很大程度上受到先天和遗传因素的影响，和人的解剖生理特点相联系，因此气质是人的个性中最为稳定的特性。

气质的稳定性具体表现在：第一，无论从事何种活动，一个人的气质特征总会或多或少地表现出来，不会因活动的具体目的、动机或内容不同而有所改变；第二，气质特征不会随个人年龄的增长而发生很大的变化。

二、气质的类型学说

（一）传统的气质类型说

目前，影响最大、应用最广、获得普遍认可的是传统气质类型划分方法。传统的气质类型是古希腊医生希波克利特提出的。他认为人体内有 4 种体液，分布多寡形成了人的气质差异。他把人的气质分成 4 种典型的类型：胆汁质、多血质、黏液质、抑郁质。这 4 种不同的气质类型表现出不同的心理活动动力特征。

（1）胆汁质（黄胆汁过多）：易激动，好发怒，不可抑制。

（2）多血质（血液过多）：热情，活泼好动。

（3）黏液质（黏液过多）：冷静、沉稳。

（4）抑郁质（黑胆汁过多）：敏感、抑郁。

希波克利特用体液来解释气质成因有点牵强附会，但他把人的气质分为 4 种基本类型比较切合实际，所以，心理学上一直沿用至今。

（二）巴甫洛夫高级神经活动类型学说

苏联生理学家、心理学家巴甫洛夫通过实验研究，发现四种高级神经活动类型，这与希波克利特提出的传统的气质类型相吻合（见表 11-4）。巴甫洛夫指出，高级神经活动过程具有 3 个基本特性：强度、平衡性和灵活性。强度是指兴奋和抑制的强度，即神经细胞所能承担的刺激量，以及神经细胞工作的持久性。平衡性是指兴奋和抑制两种神经过程之间强度的对比。如果兴奋强于抑制或抑制强于兴奋都是不平衡的表现。灵活性是指兴奋和抑制两种神经过程相互转化的速度。

高级神经活动基本特性结合的不同形式可以形成 4 种高级神经活动类型，即兴奋型、活泼型、安静型和弱型。其中，三种是强型，一种是弱型。强型可分平衡型与不平衡型，平衡型又可分为灵活型与不灵活型。

（1）兴奋型。兴奋型是强而不平衡的类型。其特征是容易形成阳性条件反射，但难以形成阴性（抑制性）条件反射。

（2）活泼型。活泼型是强而平衡又灵活的类型。

（3）安静型。安静型是强而平衡的类型，但不灵活，反应迟缓。

（4）弱型。弱型的兴奋和抑制过程都很弱。外来刺激对它来说大多是过强的，因而使其精力迅速消耗，难以形成条件反射。

表 11-4　四种高级神经活动类型以及与之相对应的气质类型

高级神经活动过程基本特征			高级神经活动类型	气质类型	主要特征
强度	平衡性	灵活性			
强	不平衡		兴奋型	胆汁质	反应快，易冲动，难约束，表里如一，刚强，粗枝大叶，脾气暴躁，态度热情积极，待人直率诚恳，行为坚韧不拔
强	平衡	灵活	活泼型	多血质	活泼，灵活，好交际，行动迅速，缺乏耐力和毅力，受不了一成不变的生活
强	平衡	不灵活	安静型	黏液质	安静，迟缓，有耐性，恪守既定的工作制度和生活秩序，可塑性差，稳重而缺乏灵活性，踏实却有些死板，沉着但生气不足
弱			弱型	抑郁质	敏感，畏缩，孤僻，多愁善感，心理反应速度慢，遇事犹豫不决，不果断，富于想象，办事谨慎，常有孤独感

（三）如何看待气质类型

1. 气质类型没有好坏之分

气质仅使人的行为带有某种动力的特征，就动力特征而言无所谓好坏；同时，每一种气质类型都有其积极的方面，也都有其消极的方面。例如：胆汁质的人精力旺盛，热情豪爽，但脾气暴躁；多血质的人活泼敏捷，善于交往，却难以全神贯注，缺乏耐心；黏液质的人做事有条不紊，认认真真，却缺乏激情；抑郁质的人非常敏锐，却容易多疑多虑。

2. 气质类型不决定一个人成就的高低，但能影响工作的效率

社会实践的领域众多。不同领域的工作对人的要求是不同的。不同的气质类型适合不同的工作。例如：多血质的人适合从事环境多变、交往繁多的工作，难以从事较为单调、需要持久耐心的工作；黏液质的人适合从事耐心细致、相对稳定的工作。如果一个人的气质类型正好适合工作的要求，他就会感到工作得心应手，对工作有浓厚的兴趣。不考虑气质类型对工作的适宜性可能会增加心理负担，给人带来烦恼，也会影响工作的效率。

3. 气质类型影响性格特征的形成和对环境的适应

不同气质类型的人在形成性格特征和适应环境时有难易上的区别。例如：胆汁质的人容易形成勇敢、果断的性格特征，却难以形成善于克制自己情绪的性格特征，在不顺心的时候容易产生攻击行为，造成不良的后果，适应环境能力差；多血质的人容易形成热情好客、机智开朗的性格特征，却难以形成耐心细致的性格特征，容易用很巧妙的办法应付环境的变化，适应环境的能力较强。

4. 气质类型能影响健康

一般来说，气质类型极端的人情绪兴奋性较强或较弱，适应环境的能力也比较差，这容易影

响到身体的健康。我们对这种极端类型的人应该给予特别的照顾，具有极端气质的人也应该学会更好地保护自己，尽量避免强烈的刺激和大起大落的情绪变化。

三、学前儿童的气质类型及特点

（一）学前儿童的气质类型

学前儿童从一出生就表现出气质类型的差异。本节主要介绍“布雷泽尔顿的气质三类型说”与“托马斯和切斯的气质三类型说”两种气质分类。

1. 布雷泽尔顿的气质三类型说

布拉泽尔顿将新生儿的气质分为活泼型、安静型和一般型。

（1）活泼型。

这类新生儿是名副其实地“连哭带闹”地来到人间的。他们不像一般新生儿那样要靠外力帮助才哭，而是等不及任何外界刺激就开始呼吸和哭喊。睡醒后立即就哭，深睡和大哭之间似乎没有过渡阶段。每次喂奶对母亲来说都是一场战斗。

（2）安静型。

这类新生儿出生时就不活跃。出生后就安安静静地躺在小床上，很少哭。动作柔和、缓慢，眼睛睁得大大的，四处环视。成人第一次给他洗澡时，他也只是睁大眼睛，皱皱眉，没有惊跳也没有哭，甚至在打针时也很安静而不大闹。

（3）一般型。

这类新生儿介于上述两者之间，大多数新生儿都属于这一类。

2. 托马斯和切斯的气质三类型说

托马斯和切斯等人通过大量的考察将学前儿童的气质分为容易抚养型、难以抚养型、缓慢发动型。

（1）容易抚养型。

大多数学前儿童属于这一类型。这类学前儿童的生理机能有规律，他们容易适应新环境，也容易接受新事物和不熟悉的人。他们的情绪一般积极愉快，看到陌生人也经常微笑。这类儿童大约占40%。

（2）难以抚养型。

这类学前儿童的突出特点是时常大声哭闹，烦躁易怒，不易安抚，生理机能缺乏规律性，对新事物、新环境的反应消极，接受也很慢。他们的情绪反应强烈且消极。这类儿童大约占10%。

（3）缓慢发动型。

这类学前儿童比较温和，既有好的反应，也有坏的反应。他们活动水平很低，情绪较为消极而不愉快，对外界环境和事物的变化适应得较慢。但在没有压力的情况下，他们也会对新刺激缓慢地产生兴趣，逐渐适应起来。这类儿童大约占15%。

以上三种类型只涵盖了大约65%的学前儿童，另有大约35%的学前儿童不能简单地划归到上述任何一种气质类型中。他们往往具有上述两种或三种气质类型的混合特点，属于上述类型的中间型或过渡（交叉）型。

（二）学前儿童的气质特点

1. 具有相对的稳定性

幼儿期各种气质特征随年龄的增长而发展，但发展速度逐渐缓慢直到逐渐平稳。幼儿晚期儿童的气质已比较稳定，表现出明显的倾向性，如有些幼儿在很多时候都表现出易兴奋的特点，而有些幼儿无论在什么场合都会很安静。

2. 具有一定的可变性

气质虽然是比较稳定的心理特征，但并不是不能变化的。学前儿童的气质在一定条件下具有一定的可变性。进入幼儿园后在教师和父母的教育下，学前儿童一些消极的气质特征会逐渐改变，甚至完全消除。例如，胆汁质孩子的急躁、任性和抑郁质孩子的孤独、畏怯等会逐渐改变。由于成人的积极引导，学前儿童消极特征的纠正和积极特征的发展可以使整个气质类型发生改变。

3. 学前儿童的气质可能出现掩蔽现象

学前儿童的气质也可能受到生活条件和教育条件的影响而发生掩蔽现象。有时，一个人的气质类型并没有变化，但是受环境影响而没有充分表露，或改变表现形式，表现出一种不同于原来气质类型的心理特征。这在心理学上称为气质的掩蔽。例如，有一个女孩神经活动类型的检查结果是“强、平衡、活泼型”，但是她长期处于一个十分压抑的生活环境下，在这种生活条件下形成的特定行为方式掩盖了原有的气质类型表现，表现出委顿、畏缩和缺乏生气等抑郁质行为特点。

四、不同气质学前儿童的教育

（一）了解学前儿童的气质特点

教师可对学前儿童在游戏、学习、劳动等活动中的情感表现、行为、态度等进行反复细致的观察，将观察结果和气质类型的典型特征进行对照，确定学前儿童的气质特点。

（二）不要轻易对学前儿童的气质类型下结论

虽然学前儿童表现出各种气质特征，但教师不应轻易断定一个学前儿童属于哪种气质类型，这是由于：① 在实际生活中纯粹属于某种气质类型的人是极少的。② 某一种行为特点可能为几种气质类型所共有。例如，情绪敏感、易激动、容易改变，既可能是胆汁质型的表现，也可能是抑郁质型的表现。③ 学前儿童虽然表现出气质类型的个别性，但他们的气质还在发展之中，还未稳定，还能改变。教师必须经过长期的反复观察，比较、综合各种行为特点，再审慎地确定学前儿童的气质是接近或属于哪种类型，以免引起教育上的失误。

（三）针对学前儿童的气质特点，采取适宜的教育措施

教师要针对学前儿童的气质特点，提出不同要求，采取适当措施，区别对待。例如：对于容易兴奋、难抑制的儿童，要教会他们自制，如午睡先醒时能够安静躺着，不喊叫，不吵醒别人，养成遵守纪律的习惯；对于容易抑制、行动畏怯的儿童，要多表扬他们的成绩，培养他们的自信心，激发他们活动的积极性；对于热情活泼、难于安定的儿童，要着重培养他们专心学习、耐心做事的习惯；对于反应迟慢、沉默寡言的儿童，要鼓励他们多参加集体活动，引导他们多和其他儿童交往，而且教会他们各种活动技能和工作方法。教师要努力让每个学前儿童都在教育的积极影响下发扬气质的积极方面，改变气质的消极方面。

第四节 学前儿童的性格

一、性格的概述

（一）性格的概念

性格是个性中最重要的心理特征，是指人对现实的稳定的态度以及与之相适应的习惯化了的行为方式，是比较稳定的心理特征。

（二）性格的结构

从组成性格的各个方面来分析，性格可以分解为态度特征、意志特征、情绪特征和理智特征四个成分。

1. 态度特征

性格的态度特征主要指的是一个人如何处理社会各方面的关系的性格特征。它表现在以下三个方面：对社会、集体和他人的态度（集体主义、同情心、诚实、正直等），对工作和学习的态度（勤劳、有责任心、认真、创新性等），对自己的态度（谦虚、自信等）。

2. 意志特征

性格的意志特征表现在人自觉调节自己行为方面，由以下四个方面组成：对行为目的的明确程度（冲动性、独立性、纪律性等），对行为的自觉控制水平（主动性、自制力等），在长期工作中表现出来的特征（恒心、坚韧性、顽固性等），在紧急或困难情况下表现出来的特征（勇敢、果断、镇定、顽强等）。

3. 情绪特征

性格的情绪特征表现为人受情绪影响的程度和情绪受意志控制的程度，由以下四个方面组成：情绪的强度（是否易受感染及反应强度），情绪的稳定性（波动与否），情绪的持久性（持续时间长短），主动心境（愉快与否）。

4. 理智特征

性格的理智特征也称人的认知风格，表现的是人在认识活动方面的特点。它分别表现在四个方面：感知（观察的主动性、目的性、快速性及精确性）、想象（想象的主动性和大胆性）、记忆（记忆的主动性和自信程度）和思维（思维为独立型、分析型还是综合型）。

（三）性格与气质的区别和联系

性格与气质两个概念既有区别，又有着比较密切的联系，互相渗透，彼此制约。

两者的区别在于：① 气质主要是先天获得的，较难改变，也无好坏之分；性格主要是后天养成的，有可塑性，可以按照一定社会评价标准分为好的或坏的。② 气质与性格彼此具有相对独立性，同种气质类型（如多血质）的人可以具有不同性格特点（如有的慷慨大方，有的吝啬尖刻）；不同气质类型的人也可以有类似的性格特点。

两者的联系在于：① 不同气质可以使各人的性格特征显示出各自独特的色彩。如多血质的人用热情、敏捷来表达勤劳，抑郁质的人以埋头苦干来展示这同一性格特征。② 某一气质会比另一气质更容易促使个体形成某种性格特征。如黏液质的人比胆汁质的人更容易养成自制力。③ 性格可以在一定程度上掩盖和改造气质。如一位黏液质的教师会由于多年从事幼儿教育工作，渐渐变得活泼、开朗。

二、学前儿童性格的发展

（一）学前儿童前期性格的萌芽

学前儿童性格的最初表现出现在学前期。3 岁左右，学前儿童出现了最初的性格方面的差异，主要表现在以下几个方面。

1. 合群性

合群性在学前儿童与伙伴的关系方面有明显的区别。如有的孩子比较随和，富于同情心，看到小伙伴哭了会主动上前安慰，与小伙伴发生争执时，较容易让步，而另一些孩子存在明显的攻击性行为。

2. 独立性

独立性是学前儿童发展较快的一种性格特征，在 2~3 岁变得明显。独立性强的孩子可以独立做很多事情，而有些孩子离不开父母，表现出很强的依赖性。

3. 自制力

到了 3 岁左右，在正确的教育下，有些学前儿童已经掌握了初步的行为规范，并学会了自我控制，如不随便要东西、不抢别人的玩具，而有些孩子不能控制自己，当要求得不到满足时，就以哭闹为手段要挟父母。

4. 活动性

有的学前儿童活泼好动，手脚不停，对任何事物都表现出很强的兴趣，且精力充沛，而有的学前儿童好静，喜欢做安静的游戏，一个人看书或看电视等。

幼儿前期儿童性格的差异还表现在坚持性、好奇心及情绪等方面。进入幼儿期后，在正常的教育条件下（没有大的环境变化），这些萌芽将逐渐成为学前儿童稳定的个人特点。

（二）学前儿童性格的年龄特点

在原有性格差异的基础上，学前儿童性格差异更加明显，并越来越趋向于稳定，同时，学前儿童的性格也具有很大的可塑性，行为容易改造。学前儿童性格的年龄特征具体表现在以下几个方面：

1. 活泼好动

活泼好动是学前儿童的天性，也是幼儿期儿童性格的最明显特征之一。不论何种类型的学前儿童都有此共性。

2. 喜欢交往

儿童进入幼儿期后，在行为方面最明显的特征之一是喜欢和同龄或年龄相近的小伙伴交往。3 岁以后，儿童游戏中的社会性成分逐渐增加，个体游戏减少，联合性、合作性游戏增多。

3. 好奇好问

学前儿童有着强烈的好奇心和求知欲，主要表现为探索行为和好奇好问。好问是学前儿童好奇心的一种突出表现。

4. 模仿性强

模仿性强是幼儿期学前儿童的典型特点，小班幼儿表现得尤为突出。学前儿童模仿的对象可以是成人，也可以是儿童。对成人的模仿更多的是对教师或父母行为的模仿，这是由于这些人是学前儿童心目中的“偶像”。学前儿童的模仿方式可以有即时模仿（马上照着去做），也可以有延迟模仿（过一段时间模仿）。

5. 好冲动

学前儿童的性格在情绪方面的表现就是情绪不稳定，好冲动。

三、学前儿童性格的塑造

幼儿期正是性格初步形成的时期，也是富于可塑性的时期，因而成人要特别重视学前儿童的性格教育，使学前儿童形成良好的性格。

（一）加强思想品德教育

性格标志着一个人的思想品德。只有具有良好的思想品德，才会形成良好的性格。教师应根据学前儿童心理发展特点，采取生动有效的方法，加强思想品德教育，使学前儿童能分辨简单的是非，掌握一些行为规则，懂得用正确的态度和行为方式对待周围的人和事物，逐步形成良好的性格。

（二）引导学前儿童参加集体生活和实践活动

集体的意见和要求制约着学前儿童对待周围事物的态度和行为方式，同时集体生活也能遏止或纠正学前儿童已经形成的某些不良性格特征，使其性格趋于完善。学前儿童通常会把在游戏、学习和劳动中掌握的行为准则实际运用于自己的行动上。在新的活动条件下，学前儿童会形成新的态度和相应的行为方式，形成新的性格特征。

（三）树立良好榜样

教师和家长要重视榜样在学前儿童性格塑造中的作用。他人的态度和行为方式生动形象地呈现在学前儿童面前，学前儿童特别容易模仿。教师和家长要机智地给学前儿童提供良好榜样并指导和鼓励他们学习。

（四）巩固学前儿童良好的性格特征，助其克服性格方面的缺点

教师和家长要采用适宜的表扬方式，及时肯定和表扬学前儿童所表现出的良好的性格特征。对于表现出不良性格的学前儿童，要先了解这种性格形成的原因，采取个别教育、启发诱导的方法，指出缺点，提出明确要求，同时指导他们用正确的态度和行为方式替代不正确的态度和行为方式，使他们逐渐改变不良的性格特征，形成良好的性格。

第五节　学前儿童的能力

一、能力的概述

（一）能力的概念

能力是指人成功地完成某种活动所必须具备的个性心理特征。能力都是通过人的活动体现出

来的。反过来，能力又是直接影响人的活动效率的心理特征，是使活动任务得以顺利完成的必备的心理条件。

（二）能力的结构

关于能力的结构，心理学家从不同角度进行了分类。

1. 运动和操作能力及智力

（1）运动和操作能力。它既是指体育运动、生产劳动、技术操作等方面的能力，也是手脑结合、协调自己动作并掌握和施展技能所必备的心理条件。

（2）智力。它既是人认识事物的能力，也是人们完成活动所必须具备的最基本和最主要的能力，包括感知力、记忆力、思维力、想象力、注意力等。

运动和操作能力的发展与智力的发展不可分割。智力的发展需要通过运动和操作能力来表现，而运动和操作能力的发展水平越高，越是依靠智力的支配。在 2 岁以前，智力发展与动作的发展难以区分。

2. 一般能力和特殊能力

（1）一般能力。它是指进行各种不同类型的活动所必需的能力，包括一般的运动和操作能力及智力。

（2）特殊能力。它是指进行某种专门活动所必需的能力，如音乐能力、绘画能力、数学能力等。

一般能力和特殊能力的划分是相对的。实际上，特殊能力总是建立在一般能力之上，它是一般能力在活动中的具体化。对特殊能力训练的同时，也就发展了一般能力。

3. 模仿能力和创造能力

（1）模仿能力。它是指仿效他人的举止行为而产生与之相类似活动的能力。

（2）创造能力。它是指产生新思想，发现和创造新事物的能力，如科学发现、文学创作等，这些都需要创造能力的参与。

模仿能力和创造能力是互相联系的。创造能力是在模仿能力的基础上发展起来的，但就其独特性而言，模仿能力是学习的基础，而创造能力是人成功地完成任务及适应不断变化的新环境的必备条件。

4. 认知能力、操作能力和社交能力

（1）认知能力。它是指学习、研究、理解、概括和分析的能力。

（2）操作能力。它是指操纵、制作和运动的能力，如平常所说的动手能力、体育运动能力等。

（3）社交能力。它是指人们在社会交往活动中所表现出来的能力，如组织管理能力、言语感染能力等。

总之，人的能力多种多样、千差万别。每个人的能力类型和水平都是不同的。

二、学前儿童能力发展的特点

（一）各种能力显现与发展

1. 操作能力最早表现，并逐步发展

新生儿自出生起就已经有了运动能力。从 1 岁开始，学前儿童操作物体的能力逐步发展起来，走、跑、跳等能力逐渐完善。学前儿童进入幼儿园后，各种游戏在一日生活中逐渐占据主要地位，使学前儿童的操作能力在活动中逐渐发展。

2. 语言能力发展迅速

从1岁左右开始，在短短的两三年时间里，学前儿童的语言开始具有交往、概括及调节的功能。进入幼儿期后，学前儿童的语言表达能力逐渐增强，特别是语言的连贯性、完整性和逻辑性迅速发展，为他们的学习和交往创造了良好的条件。

3. 模仿能力随着延迟模仿同时发展

学前儿童的模仿能力是随着延迟模仿同时发展的。延迟模仿发生在18~24个月。学前儿童的延迟模仿既可以发生在语言方面，也可以发生在动作方面。模仿能力的发展对学前儿童心理的发展具有重要意义。

4. 认知能力迅速发展

新生儿出生时只具有基本的感知能力。随着年龄的增长，各种认知能力，如记忆、想象、思维等能力逐渐发生、发展。到了幼儿期，各种认知能力均发展起来，认知活动的有意性也开始发展，为学前儿童的学习、个性发展提供了必要的前提。

5. 特殊能力有所表现

学前儿童在接受教育和参加游戏、学习等活动的过程中积累了知识，学会了一些技能，同时也进一步发展了能力。教师和家长应有计划、有目的地指导学前儿童观察事物、认识事物，进行讲故事、计算、音乐、美术、体育等活动，有意识地培养他们的能力，并促使他们的能力不断发展。

6. 创造能力萌芽

学前儿童的创造能力发展较晚，他们直到学前晚期才出现创造力的萌芽。这种创造能力明显地表现在学前儿童的绘画、手工、讲述活动中。

（二）出现主导能力的萌芽，开始出现比较明显的类型差异

学前儿童出现了主导能力（也称优势能力）的差异。在一个人所具备的各种能力中，往往有一种能力起主要作用，其他能力处于从属地位。例如，有的学前儿童在艺术方面有特殊才能，有的在语言方面表现出优势等。

拓展阅读

加德纳多元智能理论

20世纪80年代，美国著名发展心理学家、哈佛大学教授霍华德·加德纳博士提出多元智能理论，指出人类的智能是多元化而非单一的，主要由八项智能组成，且每个人都拥有不同的智能优势组合。

1. 语言智能。主要是指有效运用口头语言或文字表达自己的思想并理解他人，灵活掌握语音、语义、语法，用言语思维、用言语表达和欣赏语言深层内涵的能力。

2. 数学逻辑智能。主要是指有效地计算、测量、推理、归纳、分类，并进行复杂数学运算的能力。这项智能包括对逻辑的方式和关系、陈述和主张、功能及其他相关的抽象概念的敏感性。

3. 空间智能。主要是指准确感知视觉空间及周围一切事物，并且把感觉到的形象以图画的形

式表现出来的能力。这项智能包括对色彩、线条、形状、形式、空间关系的敏感性。

4. 身体运动智能。主要是指善于运用整个身体来表达思想和情感，灵巧地运用双手制作或操作物体的能力。这项智能包括特殊的身体技巧，如平衡、协调、敏捷、力量、弹性和速度以及由触觉所引起的能力。

5. 音乐智能。主要是指敏锐地感知音调、旋律、节奏、音色等的能力。具备这项智能的人对节奏、音调、旋律或音色的敏感性强，拥有音乐天赋，具有较强的表演、创作及思考音乐的能力。

6. 人际智能。主要是指很好地理解别人和与人交往的能力。具备这项智能的人善于察觉他人的情绪、情感，体会他人的感受，辨别不同人际关系的暗示以及对这些暗示做出适当的反应。

7. 自我认知智能。主要是指自我认识和有自知之明并据此做出适当行为的能力。具备这项智能的人能够认识自己的长处和短处，意识到自己的内在爱好、情绪、意向、脾气和自尊，喜欢独立思考。

8. 自然认知智能。主要是指善于观察自然界中的各种事物，对物体进行辩论和分类的能力。具备这项智能的人有着强烈的好奇心和求知欲，有着敏锐的观察力，能了解各种事物的细微差别。

多元智能理论的基本观点：① 每个个体同时拥有相对独立的八种智能；② 每个个体的智能都呈现出独特的表现方式；③ 智能发展的核心是增强个体解决实际问题的能力；④ 环境与教育会影响和制约个体智能的发展方向和程度；⑤ 重视从多维度看待个体的智能问题。

多元智能理论给我们的启示主要有三点。① 评价观的转变：多元的、情境化的、多主体的。② 教学观的转变：尊重儿童个体之间的内在差异。③ 学习观的转变：学习者智能具有个体差异性。

（三）智力发展迅速

美国心理学家、教育家本杰明·布鲁姆搜集了20世纪前半期多种对儿童智力发展的纵向追踪材料和系统测验的数据之后，进行了分析和总结，发现：儿童智力发展有一定的规律；各种测验的时间和条件虽然不同，所得曲线却非常相似。经过统计处理，他得出了一条儿童智力发展的理论曲线。

布鲁姆以17岁为发展的最高点，假定智力为100%，那么，1岁儿童的智力为20%，4岁儿童的智力为50%，8岁儿童的智力为80%，13岁儿童的智力为92%。上述数字说明：出生后头4年儿童的智力发展最快，已经发展了50%，达到了智力成熟的一半水平；4~8岁，即出生后的第二个4年智力继续发展了30%，速度显然比头4年缓慢；之后智力发展的速度更慢。

布鲁姆提出的只是一个理论假设，但关于学前期是儿童智力发展关键时期的观点已经被许多心理学家认可。7岁前儿童脑发育的研究也证明了学前期是儿童智力发展的关键时期。

（四）学前儿童能力发展有差异

1. 能力类型有差异

从日常观察中就可以发现，学前儿童在能力类型上存在差异，如有的儿童记忆力较强，有的儿童理解能力较强。在记忆时，有的儿童擅于视觉记忆，有的长于听觉记忆，有的则对形象的东西过目不忘，还有的擅长记住抽象逻辑性强的东西。个体间的能力差异是一个普遍现象。

2. 能力发展水平有差异

除了能力类型的差异外，学前儿童在能力发展水平上也存在不均衡现象，呈现正态分布的态势，其分布特点：处在中间位置的人数居多，即能力在中等水平的人居多；处在极高或极低两个极端水平上的人数较少。

3. 能力表现早晚有差异

我们常把早期就表现出能力的儿童称为早慧、早熟及天才儿童。智力超常的儿童往往在年幼时就展现出非凡的才能。教师一方面要关心那些特殊、优异的儿童，另一方面要注意平凡儿童身上的闪光之处，不可因为仅仅关注一部分早慧或超常儿童而忽视了其他大多数平凡儿童。

三、学前儿童能力的培养

学前儿童的能力是在参加实践活动和成人的积极培养中得到发展的。家长和教师应该关心学前儿童能力的发展，积极培养学前儿童的能力。

（一）正确了解学前儿童能力发展水平

要培养学前儿童的能力，先要正确了解学前儿童能力发展的实际水平。在日常生活中，成人通过日常观察，可以粗略地评定一个学前儿童能力发展的特点和水平，但这种评定不精确，容易受评定者主观因素影响，不能客观反映学前儿童能力发展的实际水平。心理学研究者采用“智力测验”测定人们的一般智力。

（二）组织学前儿童参加各种活动

学前儿童的能力是在实践活动中形成和发展的。实践活动是学前儿童能力发展的基础。成人要根据学前儿童所必须具备的能力为他们组织适宜的活动，并鼓励和指导他们积极参加，使其能力得到锻炼和发展。

（三）指导学前儿童掌握有关的知识技能

能力和知识技能之间有着密切联系。掌握与能力有关的知识技能，有助于相应能力的发展。例如指导学前儿童掌握丰富的词汇和正确的发音技能，可以促进学前儿童言语表达能力的发展。

（四）培养兴趣

能力和兴趣有着密切联系。学前儿童如果对某项活动具有浓厚兴趣，便会积极持久地参加该项活动，并逐渐获得有关知识技能，能力也就得到了发展。

（五）教育好能力异常的学前儿童

对于有特殊才能的学前儿童，教师应创造条件，给予特殊的专业培养；对于智力超常儿童，可以采取加快教学进度，增加教学内容等方式使他们的求知欲得到满足。更应注意的是：对于有特殊才能和智力超常的儿童，要教育他们虚心学习，尊重别人，与人和谐相处，防止其养成骄傲自负、轻视别人等不良品性；对于智力落后的幼儿，要耐心教育，而且要给予更多关怀，经常鼓励，使他们逐步形成自信、积极和愉快的心理状态。

第六节　学前儿童的自我意识

一、自我意识概述

（一）什么是自我意识

自我意识是个体对自己身心状态以及对自己与客观世界关系的认识。它包括对自己的生理状态的认识、对自己的心理特征的认识以及对自己同周围现实之间关系的认识。

自我意识有两个基本特征，即分离感和稳定的同一感。

1. 分离感

分离感是指一个人意识到自己作为一个独立的个体，在身体和心理的各方面和他人都是不同的。

2. 稳定的同一感

稳定的同一感是指一个人知道自己是长期持续存在的，不管外界环境如何变化，不管自己有了什么新的特点，都能认识到自己是同一个人。

（二）自我意识的结构

自我意识包括自我认识、自我体验和自我调节。

1. 自我认识

自我认识是自我意识的认知成分。它是自我意识的核心和首要成分，也是自我调节控制的心理基础。自我认识包括自我感觉、自我概念、自我观察、自我分析和自我评价。

2. 自我体验

自我体验是自我意识在情感方面的表现。自尊心、自信心是自我体验的具体内容。自尊心是指个体在社会交往中通过比较所获得的有关自我价值的积极的评价与体验。自信心是对自己的能力是否适合所承担的任务产生的自我体验。自信心与自尊心都是和自我评价紧密联系的。

3. 自我调节

自我调节是自我意识的意志成分。自我调节主要表现为个人对自己的行为、活动和态度的调控。它包括自我检查、自我监督、自我控制等。

二、学前儿童自我意识的发展

（一）学前儿童早期自我意识的发展阶段和特点

1. 自我感觉的发展（1 岁前）

新生儿不具有自我意识。认识自己比认识外界事物更晚，最初不能把自己作为主体去同周围的客体区分开来，几个月的婴儿甚至不能意识到自己身体的存在。

2. 自我认识的发展（1~2 岁）

1 岁左右的婴儿开始把自己的动作和动作的对象加以区别，意识到自己的手指与脚趾是自己身体的一部分，这是自我意识的最初级形态，即自我感觉阶段。

1.5 岁左右的学前儿童从成人那里学会使用自己的名字，表明他们能把自己和别人区分。会使用自己的名字是自我意识发展中的巨大飞跃。研究者使用了一种叫作“镜像测验”的方法，巧妙地测量婴儿的自我认识。

3. 自我意识的萌芽（2~3 岁）

自我意识的真正出现是和儿童言语的发展相联系的。2 岁前的学前儿童倾向于用自己的名字称呼自己。在 2~3 岁时，他们逐渐掌握了代词“我”，学会用“我”来称呼自己。这是学前儿童自我意识萌芽的重要标志。

4. 自我意识各方面的发展（3~6 岁）

学前儿童从 3 岁开始对自己内心活动有了意识，如意识到“愿意”和“应该”是有区别的，开始懂得“愿意”应该服从“应该”。他们逐渐开始了简单的对自己的评价。进入幼儿期，儿童以自我评价为主导，自我体验、自我控制已开始发展。

（二）幼儿期自我意识的发展

幼儿期的自我意识主要表现在自我评价、自我体验和自我控制上。

1. 学前儿童自我评价的发展

学前儿童自我评价的发展与学前儿童认知和情感的发展密切相联，3~4 岁的学前儿童自我评价发展迅速。其特点如下：

（1）从依从性评价发展到自己独立评价。在幼儿初期，学前儿童的自我评价常常依赖成人对他们的评价，其自我评价只是对成人评价的简单重复。例如，他们评价自己是好孩子，因为“老师说我是好孩子”。在幼儿晚期，学前儿童开始出现独立的评价，对成人对他的评价逐渐持批判的态度。如果成人对他的评价不符合他的实际情况，他会提出疑问或申辩，甚至表示反感。

（2）从评价具有强烈情绪色彩发展到根据简单的行为规则评价。学前儿童自我评价具有主观性，往往从情绪出发。学前儿童一般都过高评价自己。随着年龄的增长，学前儿童的自我评价逐渐趋向客观。

（3）自我评价受认识水平的限制。学前儿童的自我评价受整体思维、认知发展水平的影响很大，这突出表现在以下三个方面：

一是学前儿童的自我评价一般比较笼统，较多只从某个方面或局部对自己进行评价，以后渐向比较具体、细致的方向发展。

二是学前儿童的自我评价最初往往较多局限于对外部行动的评价，之后逐渐出现对内心品质的评价。如小班儿童说自己是好孩子，因为“我吃饭吃得好，睡觉好”，或者“上课坐得好”，而大班儿童说自己是好孩子是因为自己“上课认真，和小朋友友好，能分享”等。

三是学前儿童的自我评价从没有论据发展到有论据。在幼儿初期，学前儿童常常做了评价后说不出依据，在幼儿中期逐渐意识到评价应该有依据，并逐渐能给出比较明确、清晰的依据。

2. 学前儿童自我体验的发展

学前儿童自我体验相对较平稳，趋于渐变状态，具体特点如下：

（1）自我体验发展水平不断深化。学前儿童的各种自我体验都随年龄增长而发展。如学前儿童对愤怒感的情绪体验，从“会哭”“不高兴”“会生气”发展到“很生气”“很恨他”，由此可以看出学前儿童体验的深刻性在逐渐发展。

（2）自我体验的社会性。学前儿童不仅能对生理需要产生自我体验，而且能对社会需要产生自我体验，即开始发展对社会情感的自我体验。

（3）自我体验的受暗示性。在学前儿童自我体验产生的过程中，成人的暗示起着重要作用，年龄越小，暗示的作用越明显。

3. 学前儿童自我控制的发展

4~5 岁学前儿童自我控制能力发展迅速，主要表现在坚持性和自制力两个方面。学前儿童自我控制发展的趋势如下：

（1）从主要受他人控制发展到自我控制。3 岁左右的儿童自我控制水平很低。在遇到外界诱惑时，他们主要受成人控制，而一旦成人离开，他们就很难控制自己，很快会违反行为规则。

(2) 从不会自我控制发展到使用控制策略。控制策略是影响学前儿童控制能力的一个重要因素。随着年龄的增长，他们逐渐学会使用简单的策略如小声唱歌、用脚敲地板或睡觉等方式进行自我控制。

(3) 自我控制的发展受父母控制特征的影响。有研究表明，父母要求少或要求低的儿童有高攻击性的特征；严厉控制下的儿童有情绪压抑、盲目顺从等过度自我控制的倾向。

三、学前儿童自我意识的培养

自我意识是人的社会化的一个重要目标，也是人格发展的内在动因，因此成人要注重培养学前儿童良好的自我意识。

(一) 增强学前儿童的自信心

1. 创设一个温暖的环境，给学前儿童充分的安全感

温暖和谐的家庭氛围是学前儿童自信心建立的前提。父母的精心照顾和爱护能给学前儿童充分的安全感。一个温暖的家庭既是学前儿童力量的来源，也是其自信心的支撑。如果学前儿童感受不到父母的关爱，就可能出现自信心的垮塌。

2. 实施赏识教育，帮助学前儿童获得成就感

成就感是形成自信的基础。学前儿童的每一个新点子、每一个新发现、每一个细小的进步，成人都要及时肯定，让他看到自己的成就，从中获得愉悦。这种对内心成就的体验，经过多次强化可以转化为学前儿童努力的驱动力。在一次次成功体验的激励下，自信心会不断巩固和加强。

3. 提供宽松环境，给学前儿童更多的自主权

成人要解放学前儿童的头脑和双手，解放他们的时间和空间，让他们自由地去看、听、想，自由地去发现，让他们用自己独特的方式去认识这个世界，给他们最大的信任，并提供必要的恰到好处的帮助，使他们在探索中体验到自己的力量，彰显独立性，逐渐建立自信。

(二) 增强学前儿童的自我评价能力

1. 成人对学前儿童的评价要实事求是，恰如其分

成人要全方位了解学前儿童，尽量对学前儿童做实事求是、恰如其分的评价。同时，也要对学前儿童的自我评价做及时的引导和调控，告诉他们既要看到自己的优点，也要看到自己的缺点，尤其要对自我评价过高和自我评价过低的学前儿童做有针对性的引导，使他们对自己的评价变得尽可能全面、客观。

2. 鼓励学前儿童大胆交往，增强其自我评价能力

交往活动是学前儿童自我认知、自我评价产生和发展的基础。学前儿童的自我评价是在与成人和同伴的交往活动中形成与校正的，因此，成人要注意改善学前儿童的交往环境，多开展游戏等各种活动，鼓励学前儿童大胆交往，在交往中增强自我评价能力。

3. 加强学前儿童交往的个别指导

学前儿童自我评价不当有两种情况：一是自我评价过低。这类学前儿童不善于与人交往，也不知道如何与人交往，缺乏自信，容易退缩。对于这类学前儿童，成人要给予特别的关心，在保护他们的自尊心的基础上教给他们交往技巧，让他们在和同伴的交往中获得成功的体验，逐步增

强自我评价能力，促进自我意识的发展。二是自我评价过高。这类学前儿童普遍具有盲目的优越感，看不起别人，处处想占上风，不受同伴的欢迎。对于这类学前儿童，成人要有针对性地引导他们参加一些活动，使他们在活动中切实认识到自己的优势和不足，消除优越感，重新认识自我，逐步调整自己的行为。

思考与练习

一、名词解释

1. 个性：

2. 气质

3. 性格：

4. 能力：

5. 自我意识：

二、选择题

1. 人的个性心理特征中，出现最早、变化最缓慢的是（　　）。

A. 性格　　B. 气质　　C. 能力　　D. 兴趣

2. 2岁半的豆豆还不会自己吃饭，可偏要自己吃；不会穿衣，偏要自己穿。这反映了幼儿（　　）。

A. 情绪的发展　　B. 动作的发展　　C. 自我意识的发展　　D. 认知的发展

3. 让脸上抹有红点的婴儿站在镜子前，观察其行为表现，这个实验测试的是婴儿（　　）的发展。

A. 自我意识　　B. 深度知觉　　C. 性别意识　　D. 道德意识

4. 研究儿童自我控制能力和行为的实验是（　　）。

A. 陌生情景实验　　B. 点红实验　　C. 延迟满足实验　　D. 三山实验

5. 肖晓活泼好动，善于交际，思维敏捷，易接受新事物，兴趣广泛，注意力容易转移。他的气质类型属于（　　）。

A. 多血质　　B. 胆汁质　　C. 黏液质　　D. 抑郁质

6. 幼儿意识到自己和他人一样都有情感、有动机、有想法，这反映幼儿（　　）。

A. 个性的发展　　B. 情感的发展　　C. 社会认知的发展　　D. 感觉的发展

三、简答题

1. 简述学前儿童需要的特点与培养。

2. 简述学前儿童兴趣的特点与培养。

3. 如何针对不同气质类型的学前儿童开展教育?

4. 简述学前儿童能力发展的特点。

5. 简述加德纳的多元智能理论。

6. 简述学前儿童自我评价发展的特点。

四、案例分析题

在一项行为试验中，教师把一个大盒子放到幼儿面前，对幼儿说："这里面有一个很好的玩具，一会儿我们一起玩。现在我要出去一下，你等我回来。我回来前，你不能打开盒子看，好吗?"幼儿回答："好的!"教师把幼儿单独留在房间里。下面是两名幼儿在接下来两分钟独处中的不同表现：

幼儿一一会儿看墙角，一会儿看地上，尽量让自己不看面前的盒子，小手也一直放在自己的腿上。教师再次进来问："你有没有打开盒子?"幼儿一说："没有。"

幼儿二忍了一会儿，禁不住打开盒子偷偷看了一眼。教师再次进来问："你有没有打开盒子看?"幼儿二说："没有。这个玩具不好玩。"

请分析上述材料中两名幼儿各自表现出的行为特点。

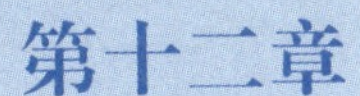

学前儿童的社会性发展

【目标导航】

1. 了解学前儿童社会性发展的基本概念。
2. 掌握学前儿童人际关系发展的特点与支持策略。
3. 理解学前儿童亲社会行为与攻击性行为的含义，能客观看待其产生和发展。
4. 了解学前儿童性别角色发展的阶段及特点。
5. 掌握学前儿童品德的概念和内容，掌握促进学前儿童品德萌发的知识和策略。

【思维导图】

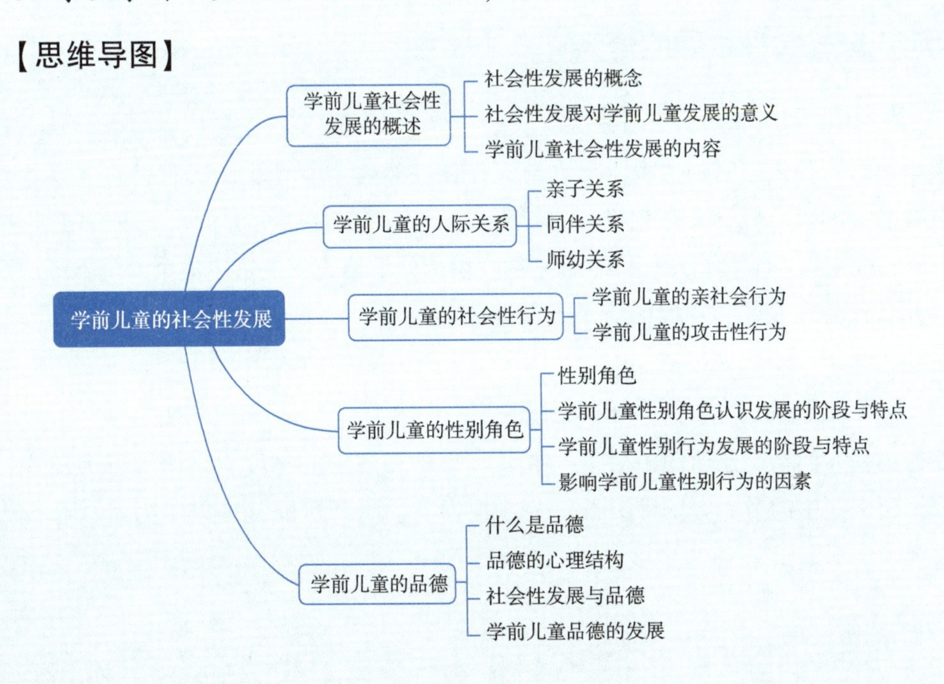

第一节　学前儿童社会性发展的概述

一、社会性发展的概念

（一）社会性

广义的社会性是指由人的社会存在所获得的一切特性。狭义的社会性指个体参与社会生活、与人交往，在他固有的生物特性基础上形成的独特的心理特性。

（二）社会性发展

社会性发展（也称儿童的社会化）是指儿童从一个自然人逐渐掌握社会的道德行为规范与技能，成为一个社会人，逐步步入社会的过程。

二、社会性发展对学前儿童发展的意义

（一）社会是学前儿童健全发展的重要领域，促进其社会性发展是现代教育的重要目标

在幼儿园的课程领域中，学前儿童社会教育起到核心和灵魂的作用。社会性发展、体格发展、认知发展共同构成了学前儿童发展的三大方面。从这个意义上说，促进学前儿童的社会性发展是现代教育的重要目标。

（二）学前期是社会性发展的重要时期，社会性发展是学前儿童未来发展的重要基础

学前儿童的社会性发展是其未来人格发展的基础。学前期社会性发展的好坏直接关系到学前儿童未来人格发展的方向和水平。因此，成人应该注重发展学前儿童的社会性，为学前儿童未来的发展奠定良好的基础。

三、学前儿童社会性发展的内容

（一）学前儿童人际关系的发展

人际关系是指人与人之间的关系，是人与人在交往过程中所产生的各种社会关系的总和，它是学前儿童社会性的核心内容。学前儿童的人际关系主要包括两个方面：一是学前儿童与成人（父母或教师）的关系，即亲子关系和师幼关系。亲子关系是人际关系中最重要的方面，居于主导地位。学前儿童社会性形成和发展的首要途径是父母示范。二是学前儿童与同龄人之间的关系，即同伴关系。

（二）学前儿童社会性行为的发展

社会性行为是人们在交往活动中对他人或某一事件表现出的态度、言语和行为反应，在交往中产生，并指向交往中的另一方。社会性行为，根据其动机和目的，可以分为亲社会行为和反社会行为两大类。

（三）学前儿童性别角色的发展

性别角色是被社会文化标准认可的男性和女性在社会上的一种地位，是按性别来规定的一个人的社会身份，也是社会对男性和女性在行为方式和态度上期望的总称。

（四）学前儿童品德的发展

品德是个人依据一定的社会道德规范行为所表现出来的心理特征和倾向，是社会道德在个人身上的具体表现。因此，品德是个人社会品质的核心，不可能涵盖所有个人生活的社会属性，它只能包含在社会性之中，品德教育也只能包含在社会性教育之中。

第二节　学前儿童的人际关系

一、亲子关系

（一）亲子关系的概述

1. 亲子关系的含义

广义的亲子关系是指父母与子女相互作用的方式，即父母的教养态度与方式。这种亲子关系直接影响到学前儿童个性品质的形成，是学前儿童人格发展的最重要影响因素。

狭义的亲子关系是指学前儿童早期与父母的情感关系，即依恋。早期的亲子关系（依恋）是以后学前儿童同他人建立关系的基础。

2. 亲子关系的作用

良好的亲子关系对学前儿童的健康成长起到良好的促进作用，具体表现为如下几个方面。

（1）良好的亲子关系是学前儿童安全感形成的重要因素。

许多心理学研究表明：只有在童年早期与父母一起生活的儿童，其心理深层才能形成一块“磐石”。以后无论走到哪里，只要有这块“磐石”，他（她）的心里就是踏实的，即形成了良好的安全感。

（2）良好的亲子关系能帮助学前儿童更好地认识世界，增强认知能力。

学前儿童的认识能力是通过自己直接接触世界的活动发展起来的。父母在与学前儿童交往的过程中引导他们注意观察身边的事物，获得粗浅的知识，学习解决生活中的问题，将有助于学前儿童更好地认识世界，增强认知能力。

（3）良好的亲子关系有助于稳定学前儿童的情绪，促进其心理健康发展。

父母平时对孩子所表现出的关怀、支持和鼓励，有助于他们获得和发展积极、愉快的情绪、情感，对他们的自信心和自尊心的形成具有积极的影响，有利于他们建立起对周围世界的安全感和信任感，对其健康个性的形成具有重要的作用。

（4）良好的亲子关系可以规范学前儿童的行为，发展其交往能力。

亲子关系直接影响到学前儿童将来的各种人际关系和社会行为。实践证明，孩子如果生活在和谐、民主、温馨、和睦的家庭环境中，就会养成友好、谦让等良好品性。

3. 亲子关系的影响因素

亲子关系的影响因素包括家庭结构，父母的婚姻关系、教养方式和自身素质，父母的教育意识和教育能力，幼儿自身的发育水平和发展特点等。

拓展阅读

不同教养方式对幼儿个性的影响

父母的教养方式不同，亲子关系也会不同。亲子关系通常被分成三种类型：权威型、专制型及放任型。研究证明，权威型的亲子关系最有益于幼儿个性的良好发展。不同教养方式对幼儿个性的影响如表 12-1 所示。

表 12-1　不同教养方式对幼儿个性的影响

类型	教养方式	幼儿个性
权威型	平等沟通、相互尊重、控制适当、要求明确而合理	积极乐观、自信、独立性强 自我控制、主动、探索性强
专制型	过多地干预和禁止、强制、简单粗暴、不尊重孩子	驯服、忧虑、退缩、怀疑 不善交往、缺乏生气、无主动性 以自我为中心、胆大妄为、言行不一
放任型	关怀过度、百依百顺、宠爱娇惯 不关心、不信任、不关注 否定过多、任其自然发展	好吃懒做、生活不能自理、胆小怯懦 蛮横胡闹、自私自利、清高孤傲、自命不凡 缺乏恒心和毅力、意志薄弱、缺乏独立性

（二）依恋关系与依恋行为

依恋

依恋是学前儿童寻求并企图保持与另一个人亲密的身体和情感联系的倾向。一般认为，婴儿对主要照料者（如母亲）的依恋大约在第六七个月里形成，与此同时婴儿对陌生人会开始出现害怕的表现，即俗话所说的“认生”。

1. 依恋的测量和类型

最常用的测量婴儿与母亲及其他养育者的依恋质量的技术是玛丽·艾斯沃斯设计的陌生情境程序，试图模拟在有玩具的情况下婴儿与养育者自然互动（考察婴儿是否把养育者看成自由探索的安全基地）、婴儿与养育者短暂分离并遇到一个陌生人（陌生人往往给婴儿带来压力）、重聚情节（考察一个处于压力下的婴儿能否从养育者那里得到安抚，重新回到安心状态，接着去玩玩具）等情境。测量者通过记录并分析婴儿对这些情境的反应，如探索活动、对陌生人和分离的反应，特别是与亲人重聚时的行为，一般就可以对婴儿的依恋类型做出相对准确的评价。婴儿的依恋类型通常可划分为以下四种。

（1）安全型依恋。

大约 65%的婴儿的依恋属于这一类型。这类婴儿单独和母亲在一起时主动探索，与母亲分离时烦躁不安。母亲回来时，他们一般会高兴地叫“妈妈”，如果非常不安，常会和母亲进行身体接触，以抚平忧伤。当母亲在场时，这类婴儿能与陌生人友好相处。

（2）拒绝型依恋。

约 10%的婴儿的依恋属于这一“不安全”类型。这类婴儿在母亲在场时紧靠着母亲，很少有探索行为。母亲离开时，他们非常悲伤，但是母亲回来时，他们的行为有些矛盾：他们靠近母亲，但是对母亲把他们单独留下的行为感到生气，而且拒绝母亲发起的身体接触。即使母亲在场，这类婴儿对陌生人也非常警觉。

(3) 回避型依恋。

约20%的婴儿的依恋属于这一“不安全”类型。这类婴儿和母亲分离时很少悲伤。他们离开母亲身边，即使母亲想引起其注意，他们也不理睬母亲。这类婴儿一般能和陌生人交往，但偶尔会像回避与忽视母亲一样回避并忽视陌生人。

(4) 混乱型依恋。

这是后来发现的依恋类型。约5%的婴儿的依恋属于这种类型。陌生情境对这类婴儿造成的压力最大。这种类型的依恋属于拒绝型依恋与回避型依恋的结合，反映了婴儿对养育者靠近与回避的矛盾。与母亲重聚时，这类婴儿可能表现得茫然、冷淡，也许会靠近母亲，但母亲要把他们拉近时，他们又突然回避。他们可能会在两次重聚情境中表现出两种“不安全”依恋类型。

2. 依恋的发展阶段

以鲍尔贝为代表的习性学理论认为婴儿的依恋是一种本能反应，会被环境中合适的刺激激起。他将依恋发展过程分为以下四个阶段：

(1) 第一阶段（0~3个月）：无差别社会性反应阶段。

在此期间，婴儿对人的反应几乎是一样的，哪怕是对一个精致的面具也会微笑。他们喜欢所有的人，最喜欢注视人的脸。见到人的面孔或听到人的声音就会微笑。

(2) 第二阶段（3~6个月）：有差别社会性反应阶段。

这一时期婴儿对母亲和他们所熟悉的人的反应与对陌生人的反应有了区别，即“认生”。婴儿在熟悉的人面前表现出更多的微笑、啼哭和“咿咿呀呀”，对陌生人的反应明显减少，但依然有这些反应。

(3) 第三阶段（6个月~2岁）：特殊情感连接阶段。

婴儿从6个月开始，对依恋对象的存在表现出深深的关注。当依恋对象离开时，他会哭喊；当依恋对象回来时，他会十分高兴。

(4) 第四阶段（2岁以后）：“伙伴关系”阶段。

2岁以后，随着语言、动作能力的迅速发展，幼儿交往范围扩大。这时幼儿与母亲形成了更为复杂的关系，即“伙伴关系”。幼儿运用种种行动影响母亲，力求亲子之间达到亲近。同时，也能忍受与母亲的短暂分离，到托儿所、幼儿园去，在新环境中学会与陌生成人或同伴交往。

拓展阅读

陌生情境测验

陌生情境测验是在一间实验性质的玩具室内观察幼儿、养育者（多为母亲）和一名友好却陌生的成人在一系列情境中的行为与反应。当幼儿安静下来并开始玩玩具时，陌生人便进入。之后，参加测验的人按顺序进行“母亲离去，陌生人与幼儿相处；母亲回来，陌生人离去；母亲离去，幼儿独处”。有关人员将幼儿的反应进行记录，然后根据记录评估幼儿的探索行为、对养育者与陌生人的倾向性、在简单分离后重聚时对养育者的反应等，最后据此给依恋分类。虽然幼儿的所有行为都要被考虑在内，但在区分依恋类别时，重聚时的行为表现具有最突出意义。

3. 良好依恋关系的形成

（1）注意“母性敏感期”的母子接触。

有研究认为，最佳依恋的发展需要学前儿童在“母性敏感期”与母亲接触。实验表明，出生后3小时起便有定时的母子（女）接触，并且在开始的3天里，每天额外有5小时被母亲搂抱的学前儿童后期与母亲的依恋关系更好。

（2）尽量避免父母亲与学前儿童的长期分离。

研究表明，学前儿童与父母的长期分离会造成学前儿童的“分离焦虑”，影响其正常的心理发展。尤其是6~8个月后的分离会对学前儿童产生严重的影响。

（3）父母对学前儿童发出的信号要及时做出反应，并经常与其保持身体接触。

父母对学前儿童发出的信号要敏感地做出反应，要注意其行为（如找人、哭闹等）并给予一定的关照。另外，父母及照料者应经常抱抱学前儿童，还要适当和他们一块玩耍。同时，父母在和学前儿童接触时，要保持愉快的情绪，高高兴兴地和他们玩。

（三）亲子关系的引导

1. 树立对亲子关系的正确认识

良好的亲子关系，父母与学前儿童的有效交往，对学前儿童社会性的发展有着较大的影响。父母的思想观念、行为习惯和性格特征，都有可能成为教育资源，与学前儿童的社会性的发展有直接或间接的关系，因此，父母必须高度重视。

2. 了解亲子交往的技巧

交往是一种发展亲子关系的手段。父母必须具有与学前儿童交往的能力。因此，父母应该了解亲子交往的技巧与方法。

（1）和谐的家庭氛围是建立良好亲子关系的“土壤”。家庭是亲子交往的最佳场所。父母为了孩子的健康成长，必须努力去营造一个温馨的家庭氛围，这也是儿童良好性格形成的基本保证。

（2）家长角色的科学合理定位是提高亲子交往效能的关键。在亲子交往中，家长既是学前儿童的交往对象，同时又是学前儿童的导师；既是学前儿童的朋友，也是学前儿童的支持者、指导者。应通过观察、交谈、询问等手段，了解并满足学前儿童的合理需要，给予其科学合理的引导。

（3）克服不正确的家庭教养方式。专制型父母要求孩子绝对遵循父母所定的规则，不鼓励孩子提问、探索、冒险及主动做事，较少对孩子表现温情，并严格执行对孩子的处罚。放任型父母只给予孩子足够的温情，忽略了教导孩子树立尊重意识，不能适时教给孩子为人处世的基本道理，使得孩子较缺乏自制力。权威型父母以合理的态度对待孩子，能站在引导和帮助的立场，设下合理的标准，并解释道理；既尊重孩子的自主性和独立性，又坚持自己的合理要求；既控制孩子，又积极鼓励孩子独立自主。在这种家庭环境中长大的孩子，从小被尊重，又不乏父母的引导和要求，往往成为独立而有自信的人。

二、同伴关系

同伴关系是指学前儿童在同伴交往中形成的相互关系，是学前儿童形成和发展社会认知、社会态度、社会能力的重要“课堂”。同伴交往是学前儿童建立独立、平等、互惠的人际关系的重要途径，对其社会技能的习得、社会情感的发展、自我意识的萌发具有十分重要的意义。

（一）同伴交往的重要性

1. 帮助学前儿童学习社会技能和策略，发展社会认知

在同伴交往中，学前儿童做出社交行为，尝试、练习社交技能和策略，不断地根据其他幼儿的反应调整行为，逐渐发展自身的社会认知能力。

另外，在同伴交往中，不同学前儿童具有不同的生活经验和认识基础，在共同的活动中会有各种不同的具体表现，所以他们会在交流、指导中一起探索，共同分享知识经验，相互模仿学习，从而丰富自己的认知。

2. 促进学前儿童积极情感的发展

良好的同伴关系对学前儿童具有重要的情感支持作用。学前儿童在成长过程中遇到困惑与烦恼时，往往能在同伴交往中宣泄自己的情绪，得到宽慰、同情和理解，克服情绪上和心理上可能出现的问题，从而获得良好的情感发展。

3. 有利于学前儿童自身和同伴的相互社会化

学前儿童在同伴交往中能够观察对方的社会行为，从而获得新的社交手段。通过与同伴的相互作用，逐渐学会沟通、自卫与合作的技巧。此外，他们能学会彼此平等对待的处事方式，学会用他人的眼光而不仅仅用自己的眼光认识情景，这也是个体社会性发展的重要方面。

4. 有利于培养学前儿童积极的个性

学前儿童在同伴交往中可以自由地发表各自的见解，因为他们有类似的发展水平和经历，又有类似的需要，在心理上是平等的。平等的交往能够让他们体验到内在的尊重感，有利于他们自信心、责任感等良好个性品质的发展。

5. 有助于学前儿童自我意识的发展

同伴的行为和活动为学前儿童提供了自我评价的参照，使他们能够通过对照更好地认识自己。这是学前儿童最初的社会比较，为学前儿童形成自我概念打下了最初的基础。同时，同伴交往有助于学前儿童对行为进行自我调控。

（二）社会交往的类型

庞丽娟采取同伴提名法加以考察，通过研究，将学前儿童在同伴中的社会交往类型分为以下五种类型。

1. 受欢迎型

受欢迎型学前儿童是被多数同伴喜欢的儿童。这类儿童喜欢与人交往，积极主动并表现较好，因而被大多数同伴接纳、喜爱，在同伴中享有较高的地位，具有较强的影响力。

2. 被拒绝型

被拒绝型学前儿童是指那些多数同伴都不喜欢的儿童。这类儿童也喜欢交往，活跃、主动，但常常采取不友好、攻击性的举动，往往对自己评价过高。

3. 被忽视型

被忽视型学前儿童不喜欢交往，他们常常独处或单独活动，在交往中表现为退缩、害羞、不起眼，常常被忽视和冷落。

4. 一般型

一般型学前儿童在同伴交往中既不主动、友好，也不消极、敌对，既不被同伴特别喜欢、接纳，也不被同伴忽视、拒绝。大多数幼儿属于这一类型。

5. 矛盾型

矛盾型学前儿童被某些同伴喜爱，同时又被其他同伴拒绝。

学前儿童的社会交往类型反映了他们在同伴中的社会地位和受欢迎程度，同时也影响着他们的心理发展。被忽视型和被拒绝型的儿童都可以被称为“社会处境不利”儿童。教师和保育员应对“社会处境不利”儿童给予特殊的帮助和指导，使他们逐渐成为人际关系和谐的人。

拓展阅读

同伴提名法

同伴提名法是社会测量法中的一种很重要的方法。其基本实施过程：让被试根据某种心理品质或行为特征的描述，从同伴团体中找出最符合这些描述的人。例如，研究者以“喜欢”或“不喜欢”为标准，让幼儿说出班级中他最喜欢或最不喜欢的三个幼儿，然后对研究结果进行一定的技术处理和解释。一个人在积极标准上被同伴提名的次数越多，就说明他被同伴接纳的程度越高；一个人在消极标准上被同伴提名的次数越多，就说明他被同伴排斥的程度越高。也就是说，同伴之间在一定标准上进行的肯定性或否定性的选择，实际上反映着同伴之间的人际关系状况。通过分析同伴的选择结果，研究者就可以定量地测量幼儿同伴间的关系。

（三）同伴交往的发展

3 岁以内学前儿童的同伴交往分为三个阶段：物体中心阶段、简单相互作用阶段和互补的相互作用阶段。学前儿童之间绝大多数的社会性交往是在游戏情境中发生的。3 岁后，学前儿童同伴交往的发展特点主要表现为：

3 岁左右，学前儿童的交往主要是非社会性的。学前儿童以独自游戏或平行游戏为主，彼此之间没有联系，各玩各的。

4 岁左右，学前儿童的联系性游戏逐渐增多，并逐渐成为他们的主要游戏形式。在游戏中，学前儿童彼此之间有一定的联系，说笑，互借玩具，但这种联系是偶然的，没有组织的，彼此间的交往也不密切。这是儿童游戏中社会性交往发展的初级阶段。

5 岁以后，学前儿童的合作性游戏开始发展，同伴交往的主动性和协调性逐渐发展。儿童游戏中社会性交往水平最高的就是合作性游戏，如角色游戏、规则游戏等。在游戏中，学前儿童分工合作，有共同的目的、计划，必须服从一定的指挥，遵守共同的规则，互相协作、尊重、关心与帮助，一起为玩好游戏而努力。

幼儿期同伴交往主要是与同性别的儿童交往，而且随着年龄的增长，越来越明显。女孩更明显地表现出交往的选择性，偏好更加固定。女孩在游戏中的交往水平高于男孩，表现在女孩的合作游戏明显多于男孩，男孩对同伴的消极反应明显多于女孩。

三、师幼关系

师幼关系是教师和学前儿童在教育教学和交往过程中形成的比较稳定的人际关系。与亲子关系、同伴关系等学前儿童的其他人际关系相比，师幼关系的特殊之处在于它蕴涵着教育的因素，是一种特殊的教育关系。

（一）良好的师幼关系对学前儿童发展的影响

1. 能够促进学前儿童的学习和对幼儿园环境的适应

和谐的师幼关系是高质量教学的基础和先决条件，能够使学前儿童心情愉快、情绪饱满，提高学习的积极性。相反，不和谐的师幼关系会使学前儿童产生否定的内心感受与体验，使其情绪沮丧、低落，学习的积极性和主动性降低，不利于学习活动的正常进行。

2. 能够促进学前儿童良好的亲子关系和同伴关系的发展

积极的师幼关系对学前儿童的亲子关系，特别是对不安全的亲子依恋关系有一定的弥补和调整作用，并能促进良好亲子关系的发展。同时，教师与学前儿童形成亲密、安全的情感关系，对于学前儿童在同伴交往中的主动性、态度、能力、交往行为以及社交地位等都有十分显著的影响。

3. 能够促进学前儿童社会性的发展

在和谐的师幼关系中，学前儿童能够拓展社会认知，学习一定的社会行为规范和价值标准，学会分享、合作、同情、谦让等亲社会行为，并发展积极的社会性情感。同时，由于教师在学前儿童心目中具有重要地位，因此教师对学前儿童的情感、态度和评价对他们自我意识和自我意识性情感的发展也具有决定性的影响。

（二）建立良好的师幼关系

良好的师幼关系具有平等性、发展性、交互性、共享性的特点，因此建立良好的师幼关系十分必要。

1. 关心爱护学前儿童

关爱儿童是对教师的基本要求，教师只有在关爱儿童的基础上才可能与之建立良好的关系。教师如何对待学前儿童、教师与学前儿童之间的关系如何，都将会影响学前儿童今后的学习和生活，因此教师应理智地爱每个孩子。当学前儿童离开朝夕相处的父母，进入一个陌生的学习环境时，他们难免会感到焦虑、担心、恐慌。教师应当理解他们的这种表现，要给他们多一分爱心、多一分耐心。

2. 尊重、理解学前儿童，与其建立平等的“对话”关系

学前期是良好行为习惯形成的关键期。由于学前儿童的是非判断能力和行为控制能力较差，他们经常会做出一些违规行为。教师要了解他们的身心发展规律，同时要明白学前儿童和教师在人格上是平等的，有自己的想法，而且自尊心很强。在组织各种活动时，教师应充分考虑学前儿童的身心发展特点、兴趣和需要，尊重学前儿童，把他们当作具有独立人格的人，保护他们的自尊心。面对每一个活生生的个体，教师应带着一颗童心与学前儿童交流，站在学前儿童的角度去了解他们所想。

3. 教师要有良好的教育技能

教师要想激发学前儿童的学习兴趣，不能仅仅靠微笑、平等、尊重和理解，还要把教育活动开展得有声有色。教师要具有良好的教育技能，尤其是教师的课堂组织要具有探究性，能够引起学前儿童强烈的好奇心，这样才能让学前儿童深深地陶醉其中，进而向教师提出许多问题。而教师对学前儿童的提问应认真听，回答时要耐心机智，千万不要对他们提出的问题不理不睬，甚至

感到厌烦。

总之，师幼关系是幼儿园教育过程中最基本、最重要的人际关系。师幼关系直接影响着学前儿童的发展，影响着教育的效果。良好的师幼关系是保证教育活动顺利开展的重要条件。

第三节　学前儿童的社会性行为

社会性行为是人们在交往活动中对他人或某一事件表现出的态度、言语和行为反应。它在交往中产生，并指向交往中的另一方。

根据动机和目的，社会性行为可以分为亲社会行为和反社会行为两大类。

亲社会行为又称积极的社会行为，是指一个人帮助或者打算帮助他人，做有益于他人的事的行为或倾向。亲社会行为是人与人之间形成和维持良好关系的重要基础，是为人类社会所肯定和鼓励的积极行为。

反社会行为也称消极的社会行为，是指可能对他人或群体造成损害的行为或倾向。其中，最具代表性、在学前儿童中最突出的反社会行为是攻击性行为，也称侵犯性行为，如推人、打人、抓人、骂人、破坏他人物品等。侵犯性行为或倾向一旦形成，就很难矫正，而且还会影响到成年以后社会性的发展。这些反社会行为或倾向不利于良好人际关系的形成，还会造成人与人之间的矛盾、冲突。因此，成人应尽量避免学前儿童形成反社会行为或倾向。

一、学前儿童的亲社会行为

美国社会心理学家威斯伯格（1972）最先使用“亲社会行为”这一概念来表示所有与攻击、侵犯等消极行为相对立的行为，如同情、仁慈、分享、帮助、合作、援救等各种积极的社会行为。亲社会行为又被称作亲善行为或利社会行为。

亲社会行为既是个体社会化的重要指标，又是社会化的结果，具有社会性、规范性和利他性的特点。学前儿童的亲社会行为主要表现为同情、关心、分享、合作、谦让、帮助、抚慰、援助等。

（一）学前儿童亲社会行为的发展

亲社会行为的发展是学前儿童道德发展的核心问题。学前儿童 2 岁左右开始出现亲社会行为的萌芽，在早期就能通过多种方式表现出亲社会行为，尤其是同情、帮助和分享等利他行为（表 12-2）。

表 12-2　学前儿童亲社会行为的表现

年龄	表现
3 个月	能对友善和不友善的行为做出不同的反应
6~7 个月	能分辨愤怒和微笑的面孔
12 个月之前	在看到他人处于困境，如摔倒、哭泣时，会加以关注，并出现皱眉、伤心的表情
12 个月之后	会越来越明显地表现出同情、分享和助人等利他表现，尽管很难弄清别人遭受困境的原因，却明显地表现出对处于困境的人的关注
24 个月之后	随着生活范围和交往经验的增多，亲社会行为逐步发展，能够逐渐根据一些不太明显的细微变化识别他人的情绪体验，推断他人的处境，并给予相应的抚慰或帮助

（二）学前儿童亲社会行为的特点

王美芳、庞维国对学前儿童在幼儿园的亲社会行为进行了观察研究。结果表明：

（1）学前儿童的亲社会行为主要指向同伴，极少指向教师。

（2）学前儿童的亲社会行为指向同性伙伴和异性伙伴的次数存在着年龄差异：小班幼儿亲社会行为指向同性、异性同伴的次数接近，而中班和大班幼儿亲社会行为指向同性伙伴的次数不断增多，指向异性伙伴的次数不断减少。

（3）在学前儿童的亲社会行为中，合作行为最为常见，其次是分享行为和助人行为，安慰行为和公德行为较少发生。

（三）学前儿童亲社会行为的影响因素

学前儿童亲社会行为的影响因素有很多，比如家庭环境、社会文化环境、同伴关系，还有学前儿童自身的内在因素。

1. 家庭环境

家庭的物质生活条件、结构、成员关系、教育方式，家长自身的素养等都会对学前儿童亲社会行为产生潜移默化的影响。

2. 社会文化环境

良好的社会文化环境有利于学前儿童开阔眼界，在丰富知识经验的同时体会和谐、友好的相处模式，促进其亲社会行为的产生。大众传媒也是社会文化环境的一个重要组成部分。

3. 同伴关系

同伴的作用在于模仿和强化。学前儿童之所以能在特定情境中表现出亲社会行为，是因为其在类似的情境中学会了怎样去做。

4. 学前儿童自身的内在因素

对他人亲社会行为的认同、理解和模仿会影响学前儿童亲社会行为的形成和表现，尤其学前儿童的移情能力对其亲社会行为的形成具有重要作用。

（四）学前儿童亲社会行为的培养

1. 榜样示范法

社会学习理论者主张以呈现范例的方式来培养学前儿童的亲社会行为。实验证明，学前儿童的亲社会行为可以通过榜样示范的方法获得，且这种方法的影响是长期的，所以成人一定要做好榜样和示范。

2. 角色扮演法

角色扮演法也是一种有效的助人行为训练方式。曾有实验表明，经历过角色扮演训练的学前儿童在日常生活中表现出的帮助行为会比没有经历过训练的学前儿童多。

3. 表扬强化法

学前儿童的亲社会行为比较不稳定，需要成人或外部群体的不断强化。所以，成人在学前儿童表现出亲社会行为时应及时给予强化和鼓励，以帮助学前儿童逐渐形成稳定的亲社会行为。

4. 移情

移情指的是对他人情绪、情感状态的识别和自我体验。移情是引起亲社会行为的根本的内在因素，对学前儿童亲社会行为具有动机功能和信息功能。移情教育就是在日常生活中引导学前儿童学习设身处地地为别人着想，产生与他人相同的心情，体验他人的情感，感受他人的需要。

总之，亲子关系、同伴关系和师生关系是以相互联系的方式来影响学前儿童的。学前儿童的交往能力正是在与父母、同伴和教师这些重要他人的联系和交往活动过程中逐渐发展起来的。这是学前儿童获得知识，发展智力，运用语言，增强能力，丰富情感，形成社会行为、道德规范，塑造人格特征所不可缺少的重要条件。

拓展阅读

罗伯特的观点采择五阶段

所谓观点采择，指的是个体把自己的观点与他人的观点加以区分并协调起来的能力，也称为换位思考的能力。观点采择是与皮亚杰提出的“自我中心”相对而言的，它要求孩子在对他人的行为做出判断或对自己的行为进行计划时，把他人的观点或视角考虑在内。

罗伯特·塞尔曼采用两难故事法研究了儿童的观点采择能力。他请学前儿童和青春期的孩子对一些两难社会问题做出反应。举例来说：

霍丽是一个6岁的女孩，她喜欢爬树。在社区里，她是同龄人中最会爬树的孩子。有一天，她爬树时不小心从一棵大树上摔了下来。虽然她没有受伤，但她的爸爸看了很担心，警告她以后不能再爬树了。她答应了。后来，霍丽和她的朋友凯特玩时，凯特的小猫爬上树下不来了。霍丽是在场唯一会爬树的孩子，并且有能力把小猫从树上救下来，但她想起自己答应过爸爸不再爬树。

问题：

凯特知不知道霍丽为什么会犹豫要不要爬树？

霍丽的父亲会怎样想？如果霍丽爬树，父亲会理解她吗？

霍丽是不是认为她爬树会受到父亲的惩罚？她如果爬了，应不应该受惩罚？

根据儿童的反应，塞尔曼将其观点采择能力分为以下几个阶段：

- 3~6岁：无显著特征

孩子认为自己和别人有不同的想法，但两者常常混淆。孩子认为霍丽不想让小猫受伤害，因此她会去救小猫，父亲也会因此而高兴，他也喜欢小猫。

- 4~9岁：社会信息角度

孩子认为不同观念是有可能的，因为人们接受不同的社会信息。当被问及霍丽父亲知道她爬树后会怎么想时，孩子说：“如果他不知道是为了小猫，他就会生气。但如果告诉他是为了救小猫，他就会改变主意。”

- 7~12岁：自我反省角度

孩子能“踏着别人的脚印”寻思别人的想法、行为，他们也认为别人能这么做。当被问及霍丽是否会因此而受惩罚时，孩子说：“不会，因为父亲会理解她爬树的原因。”这一反应说明孩子认为霍丽的想法受父亲的影响，也认为父亲会站在霍丽的角度思考问题。

- 10~15岁：第三者角度

孩子能站在第三者（旁观者）的角度考虑自己和他人的想法。当被问及霍丽该不该受罚时，孩子说：“不该，因为霍丽认为救小猫很重要，她知道父亲不准她爬树，但她也知道如果向父亲说明爬树的原因，父亲就不会惩罚她。”这一反应跳出霍丽和父亲的圈子，同时从两个角度考虑问题。

- 14 岁~成年：社会角度

孩子认识到旁观者的看法会受社会价值观的影响。当被问及霍丽会不会受罚时，孩子回答："对动物的人道主义原则会决定霍丽的行为。父亲对女儿这一行为的评价会影响他是否惩罚女儿"。

二、学前儿童的攻击性行为

攻击性行为又称侵犯性行为，是以伤害他人或他物为目的的有意伤害行为，是幼儿发展过程中的一种不良的社会性行为。

（一）攻击性行为的分类

1. 根据表现形式分类

根据不同的表现形式，攻击性行为可以分为直接的身体攻击、语言攻击和间接的心理攻击。3~6 岁幼儿较多出现的是身体攻击、语言攻击。

（1）身体攻击是指攻击者利用身体动作直接对被攻击者实施的攻击行为，如打、掐、抓等。

（2）语言攻击是指攻击者利用语言对被攻击者实施攻击的行为，如辱骂、嘲笑等。

（3）间接的心理攻击是指攻击者借助第三方或其他中介对被攻击者实施的攻击行为，如背后说坏话、造谣等。

2. 根据目的分类

根据不同的行为目的，攻击性行为可以分为敌意性攻击和工具性攻击。

（1）敌意性攻击的目的主要是伤害他人，给他人造成痛苦，并以此为乐。

（2）工具性攻击虽然存在伤害他人的动机，但目的不是伤害他人，而是为了达到其他的目的。

（二）学前儿童攻击性行为的发展

学前儿童的攻击性行为很早就已经出现。从整体来看，年龄较小的幼儿往往会因为争抢玩具、空间等产生攻击性行为，且以身体攻击为主。随着年龄的增长，游戏角色、游戏规则、行为规范等成为引发学前儿童攻击性行为的主要问题，且语言攻击在攻击性行为中所占比例逐渐增加。

（三）学前儿童攻击性行为的特点

到了幼儿期，学前儿童的攻击性行为在频率、表现形式和性质上都发生了很大的变化，具有以下特点。

学前儿童攻击性行为的特点

1. 攻击性行为有着明显的性别差异

男孩的攻击性行为普遍比女孩多，而且他们很容易在受到攻击后采取报复行动。女孩在受攻击时会哭泣、退让，或向教师报告，较少采取报复行动。男孩经常会怂恿同伴采用攻击性行为，或亲自加入同伴间的争斗。较大的男孩在与同伴发生冲突时，如果对方也是男孩，他们很容易产生攻击性行为；但如果对方是女孩，他们采取攻击性行为的可能性要少一些。

2. 中班幼儿的攻击性行为明显多于小班、大班幼儿

4 岁前儿童攻击性行为的数量随着年龄增长，呈逐渐增多的态势。中班幼儿攻击性行为最多，但此后随着年龄的增长，其攻击性行为数量逐渐减少，尤其儿童身上常见的无缘无故发脾气、扔东西、抓人、推开他人的行为会逐渐减少。

3. 攻击性行为以身体动作为主

学前儿童攻击性行为以推、拉、踢、咬、抓等身体动作为主。小班幼儿常常为争抢座位、玩具而出手抓人、打人、推人，甚至用整个身体去挤撞妨碍自己的人。到了中班，随着言语能力的逐步发展，语言攻击开始逐渐增加。幼儿期带有攻击性的语言在人际冲突中出现得越来越多，身体攻击逐渐减少。

4. 攻击性行为以工具性攻击为主

学前儿童攻击性行为以工具性攻击为主。学前儿童常为了玩具、活动材料或活动空间而争吵、打架。但是，随着年龄的增长，他们也会表现出敌意性攻击，有时故意向自己不喜欢的小朋友说难听的话，或者在被他人无意伤害后有意骂人或打人、扔玩具等以示报复。

（四）学前儿童攻击性行为的影响因素

1. 生物因素

生物因素对学前儿童攻击性行为的影响主要体现在个体的气质类型方面，如胆汁质的学前儿童在与他人的相处过程中极易与他人发生冲突，表现出攻击性行为。

2. 家庭因素

父母的教养方式对学前儿童攻击性行为的形成具有一定的影响。攻击性行为较频繁的学前儿童多数来自专制型和放任型的家庭。父母的惩罚能抑制非攻击型学前儿童的攻击性行为，但会加重攻击型学前儿童的攻击性行为。

3. 幼儿园因素

幼儿园对学前儿童的攻击性行为产生的影响主要体现在学前儿童的需要得不到及时满足和教师不加以制止或听之任之两个方面。

4. 大众传媒

大众传媒上的攻击性“榜样”会增加学前儿童的攻击性行为。根据班杜拉的社会学习理论，学前儿童会从电视、电影中的暴力情节中观察、学习，并以此为“榜样”应用到各种具体的攻击性行为中。

5. 挫折

当意愿不能得到满足时，学前儿童就会面临挫折，产生挫败感。学前儿童攻击型行为产生的直接原因就是挫折。

拓展阅读

班杜拉的波波玩偶实验

班杜拉基于社会学习理论进行了波波玩偶实验：将一些儿童分为甲、乙两组，在实验的第一阶段让两组儿童分别看一段录像。甲组儿童看的录像是一个大孩子在打一个玩具娃娃，过一会儿来了一个成人，给大孩子一些糖果作为奖励。乙组儿童看的录像开始也是一个大孩子在打一个玩具娃娃，过一会儿来了一个成人，为了惩罚这个大孩子的不好的行为，打了他一顿。看完录像后，班杜拉把两组儿童一个个送进一间放着一些玩具娃娃的小屋里，结果发现，甲组儿童都会学着录像里大孩子的样子打玩具娃娃，而乙组儿童中很少有人敢去打一下玩具娃娃。这一阶段的实验说明对“榜样”的奖励能使儿童表现出“榜样”的行为，对“榜样”的惩罚则使儿童避免“榜样”

行为。在实验的第二阶段，班杜拉鼓励两组儿童学录像里大孩子的样子打玩具娃娃，谁学得像就给谁糖吃。结果两组儿童都争先恐后地使劲打玩具娃娃。这说明通过看录像，两组儿童都已经学会了攻击性行为。在第一阶段，乙组儿童之所以没有人敢打玩具娃娃，只不过是因为他们害怕打了以后会受到惩罚，从而暂时抑制了攻击性行为，而当条件许可时，他们也会像甲组儿童一样把学习到的攻击性行为表现出来。

（五）减少学前儿童攻击性行为的策略

1. 创设良好环境

幼儿园各活动区域的布局要合理，以避免学前儿童因空间拥挤而碰撞；玩具数量要充足，以避免学前儿童因彼此争抢玩具而产生矛盾冲突。对待具有攻击性行为的幼儿，教师要有爱心和耐心，寻找契机与其交流，真诚地表达自己的关怀；在生活中为幼儿提供适合模仿的榜样，在幼儿面前回避矛盾，不说脏话，杜绝暴力行为，给幼儿营造一个和谐的环境。

2. 提供宣泄途径

面对学前儿童的攻击性行为，宜“疏”不宜“堵”。成人不能采用简单的方法要求学前儿童压制其攻击性行为。过分的压抑往往会导致更为猛烈的攻击性行为。成人应努力创设多种途径帮助学前儿童宣泄内心的紧张情绪：教会他们用语言来倾诉内心情感，引导他们在适当的场合以大哭大叫来宣泄内心无法排遣的挫折、烦恼与愤怒，帮助他们参与各种有趣的游戏等活动，转化其内心的消极情绪。

3. 教授解决方法

学前儿童缺乏生活经验，社交能力较差，因此，对学前儿童进行社会交往技能的训练十分必要。教师可通过开展谈话活动、故事讲述、角色表演等，引导学前儿童在参与、讨论、思考中学会用非攻击性的方式处理与他人的矛盾或冲突。此外，可利用移情教育引导学前儿童体会他人的情绪、情感，从而控制自己的攻击性冲动，减少攻击性行为。

第四节　学前儿童的性别角色

一、性别角色

性别角色是被社会文化标准认可的男性和女性在社会上的地位，是按性别来规定的一个人的社会身份，也是社会对男性和女性在行为方式和态度上期望的总称，包括性别概念、性别角色认识、性别行为三个方面。

学前儿童的性别概念主要包括三种成分：性别认同（1.5~2 岁，知道自己是男孩还是女孩）、性别稳定性（3~4 岁，知道人的性别不会随年龄的变化而变化）和性别恒常性（6 岁，知道人的性别不因为其外表和活动的变化而改变）。

学前儿童的性别行为是男女儿童通过对同性别长者的模仿而形成的自己所特有的行为模式。

二、学前儿童性别角色认识发展的阶段与特点

儿童性别角色认识的发展经历了四个发展阶段。对学前儿童来说，他们主要经历了前三个阶

段的发展。

第一阶段：知道自己的性别，并初步掌握性别角色知识（2~3 岁）。

学前儿童对他人性别的认识是从 2 岁左右开始的，但这时他们还不能准确说出自己是男孩还是女孩。2.5~3 岁时，绝大多数儿童能准确说出自己的性别。同时，这个年龄的儿童已经有了一些关于性别角色的初步知识，如女孩要玩娃娃、男孩要玩汽车等。

第二阶段：以自我为中心地认识性别角色（3~4 岁）。此阶段的学前儿童已经能明确分辨自己是男孩还是女孩，并对性别角色的认识逐渐增多，如男孩和女孩在穿衣服和游戏、玩具方面的不同点等。他们能接受各种与性别习惯不符的行为偏差，如认为男孩穿裙子也很好，几乎不会认为这是违反了常规。这说明他们对性别角色的认识还不明确，具有明显的以自我为中心的特点。

第三阶段：刻板地认识性别角色（5~7 岁）。在前一阶段发展的基础上，学前儿童不仅对男孩和女孩在行为方面的区别认识越来越清楚，同时开始认识到一些与性别有关的心理因素，如男孩要胆大、勇敢，不能哭，女孩要文静，不能粗野等。同时他们对性别角色的认识也表现出刻板性。他们认为违反性别角色习惯是错误的，会受到惩罚和耻笑，如一个男孩玩娃娃就会遭到同性别儿童的反对，因为这不符合男子汉的要求。

三、学前儿童性别行为发展的阶段与特点

（一）性别行为的产生

2 岁左右是学前儿童性别行为初步产生的时期，具体体现在儿童的活动兴趣、选择同伴及社会性发展三个方面。

（二）学前儿童性别行为的发展

进入幼儿期后，学前儿童之间的性别行为差异日益稳定、明显，具体体现在以下三个方面。

1. 游戏活动兴趣

学龄前期男女儿童的游戏活动已经有明显的差异。男孩更喜欢有汽车参与的运动性、竞赛性游戏，女孩更喜欢过家家等角色游戏。

2. 选择同伴的性别倾向

3 岁以后，学前儿童选择同性别伙伴的倾向日益明显。

3. 个性和社会性

幼儿期儿童已经开始有了个性和社会性方面比较明显的行为差异，并且这种差异在不断发展中。

四、影响学前儿童性别行为的因素

一般认为，影响学前儿童性别行为的因素有两类：一是生物因素，二是社会因素。

（一）生物因素

影响学前儿童性别行为的生物因素主要是性激素（荷尔蒙）。研究发现，在胎儿期雄性激素过多的女孩，虽然父母在抚养过程中按女孩来养，但其仍然具有典型的“假小子”的特征。

（二）社会因素

在社会因素中，父母的行为发挥主要作用。

1. 父母是学前儿童性别行为的引导者

在孩子还不知道自己的性别和应该具有什么样的行为之前，父母就已经开始对孩子的性别行为进行引导了。例如，孩子出生以后，大多数父母对孩子房间的布置、玩具的选择、衣服的样式与颜色的安排等，都是根据孩子的性别来进行的。

2. 父母是学前儿童性别行为的模仿对象

学前儿童一般会把自己的同性别父母作为模仿对象。例如，从知道自己的性别开始，女孩就学着妈妈的样子给娃娃喂饭、拍娃娃睡觉等，男孩则更容易看到爸爸做什么就学着做什么。

3. 父母对学前儿童性别行为的强化

孩子刚出生，有的母亲就用不同的方式对待男孩或女孩，如：当女儿做出女性行为（如安静、不淘气）时，母亲就会做出积极的反应；而当女儿做出男性行为（如淘气、爱活动）时，母亲就会做出消极的反应。父母对孩子性别行为的这种强化会使孩子逐渐形成符合自己性别的行为。

拓展阅读

男女双性化与教育

男女双性化是指一个人同时具有男性和女性的心理特征。这类人的特征：有自信、事业成功、愿意为家庭和自己的信念奋斗（男性特征）；温和、文雅、照顾家庭（女性特征）。双性化理论强调，从儿童早期就开始进行无性别歧视的儿童教育，而不过分强调性别差异。家长和教师应该意识到适当淡化对儿童的性别角色教育对儿童的智力发展和性格发展是有益的。

第五节　学前儿童的品德

一、什么是品德

为了维持社会的稳定，保护共同的利益和协调人际关系，人类逐渐产生了一系列行为规范。其中，道德便是十分重要的行为规范。人们不仅按道德规范去评价他人的行为，也按道德规范支配自己的行动。一个人在按道德规范表明态度、发表言论和采取行动时，总是伴随着一定的心理活动。我们把个人依据社会道德采取行动时表现出来的稳定的心理特征和倾向称为品德。

品德是社会道德在个体身上的表现。品德的形成既受社会生活条件的影响，也受人的心理发展规律的制约。

品德与道德之间既有联系，又有区别。品德与道德的联系主要表现在品德和道德两者有着相互依存的关系。没有社会道德就谈不上个体的品德；同时，个体品德又是社会道德的组成部分，个体品德的集中表现反映着时代的特征，并影响社会道德的内容和社会风尚。品德和道德的区别主要表现在：① 道德是依赖整个社会的存在而存在的一种社会现象，而品德是依赖某一个体而存在的一种个体现象；② 道德的发展完全受社会发展规律的制约，而品德的形成和发展不仅要受到社会发展规律的制约，还要服从个体生理、心理活动的规律；③ 道德主要是伦理学与社会学研究的对象，品德则主要是教育学与心理学研究的对象。

二、品德的心理结构

品德由道德认知、道德情感、道德意志和道德行为四个心理成分构成。

（一）道德认知

道德认知是个体对道德规范及其执行意义的认识。一个人按社会道德规范行动前，必须了解这些道德规范，掌握一系列的概念，并能对某个行为正确与否做出相应的道德判断以及最终形成道德观念体系。这些都属于道德认知。道德认知是品德形成的基础。道德认知水平的高低直接影响品德水平的高低。

（二）道德情感

道德情感是评价人的举止、行为、思想、意图是否符合社会道德规范时产生的情感体验。当人的思想、意图和行为、举止符合一定的社会规范要求时，人就会感到道德上的满足，否则，就会感到后悔或不满足。道德情感按其内容可以分为爱国主义情感、集体主义情感、责任感、义务感、荣誉感、友谊感、自尊感等。

（三）道德意志

道德意志是一个人自觉地调节行为、克服困难以实现预定的道德目标的过程。它是调节道德行为的内部力量，通常表现为在实现道德目标时的积极进取或坚忍自制两种形式。

（四）道德行为

道德行为是在一定的道德意识支配下所采取的各种行为。人的道德面貌最终是以其道德行为来表现和说明的。道德行为是一个人道德意识的外部表现形态。

品德是一个整体的结构。品德结构中的各种心理成分是有机联系而不是分割的。道德认知是道德情感产生的基础，而道德情感又影响着道德认知的形成及其倾向性。儿童在道德认知和道德情感的基础上产生道德动机，并可产生一定的道德行为。道德意志调节和控制一个人的道德行为，使之贯彻始终，成为道德行为习惯。总之，品德的形成是这四个基本成分共同发生作用的综合平衡发展的过程。

三、社会性发展与品德

社会性发展是指个体在与社会相互作用中，将社会所期望的价值观、行为规范内化，获得社会生活所需要的知识和技能，以适应社会变迁的过程，即从“自然人”变为“社会人”的社会化过程。对社会而言，这是文化得以延续的手段；对个体而言，这是被社会认同、参与社会生活的必要途径。学前儿童社会性发展的主要内容包括人际关系的建立、社会性行为的习得、性别角色的形成和道德规范的掌握。品德的发展是社会性发展过程中掌握道德规范的部分，是个体社会性发展的核心内容。发展学前儿童的品德就是使学前儿童成为一个有道德、能够自觉地遵守社会规定的道德规范和行为准则的人。品德在学前儿童社会性发展中占有十分重要的地位，并对其后续发展具有长期影响。学前儿童社会性发展必须重视品德培养，将品德培养作为发展的重要任务之一。

四、学前儿童品德的发展

（一）学前儿童道德认知的发展

大约从 2 岁起，学前儿童开始成为有道德的个体，有了初步的道德认知。学前儿童道德认知的发展表现在他们对道德原则和道德规范的理解和掌握上。学前儿童道德认知发展的实质是道德概念与知识逐渐内化的过程，是学前儿童建构自己的道德认知体系，根据自己对道德的理解对行为做出道德判断和评价的过程。关于学前儿童道德认知发展的理论有很多，其中以皮亚杰和柯尔伯格的理论影响最为广泛。

拓展阅读

皮亚杰关于幼儿道德认知发展的研究

瑞士心理学家皮亚杰在 20 世纪 30 年代，依据精神分析学派的投射原理，采用对偶故事对儿童的道德认知发展进行了系统研究。

对偶故事法实例

A. 一个叫约翰的小男孩，听到有人叫他吃饭，就去开饭厅的门。他不知道门外有一张椅子，椅子上放着一只盘子，盘内有十五只茶杯，结果撞到了盘子，摔碎了十五只茶杯。

B. 有一个男孩叫亨利。一天他妈妈外出了。他想拿碗橱里的果酱吃，就爬上椅子伸手去拿。因为果酱放得太高，他的手够不着，结果在拿果酱时，碰翻了一只杯子。杯子掉在地上摔碎了。

问：哪个孩子犯错误更严重？

经过大量研究实验，皮亚杰概括出儿童道德认知发展的三个阶段。

1. 前道德阶段。这个阶段的儿童以自我为中心，很难理解别人的或一般的规则，只能按照自己的所谓“规则”行事，还没有形成真正的道德观念和道德意识。

2. 他律道德阶段或道德实在论阶段。这个阶段的儿童开始意识到道德规范的存在，倾向于把规范看作由权威人士定下来的、必须遵守执行的、绝对不可改变的存在；进行道德判断时只考虑客观现实结果，不考虑主观内在动机。

3. 自律道德阶段或道德主观主义阶段。这个阶段的儿童在道德水平上有了很大的进步，他们认识到“权威”也会犯错，不再盲从；知道判断行为对错不仅要看结果，还要考虑动机；开始认识到道德规范的相对性，知道道德是人们共同商定的、可以改变的社会契约；开始认识到不同社会有不同的道德观念和道德原则，一个人的行为应该根据他所处的社会的道德观念来评定。

柯尔伯格的儿童道德认知发展理论

柯尔伯格是皮亚杰道德认知发展理论的追随者，继承并发展了皮亚杰的理论。他首创两难故事法作为研究的主要方法。两难故事法是在一个故事中提出两个相互冲突而难以抉择的价值问题，让儿童听完故事后回答一系列问题，以此判断其道德发展水平。

两难故事法实例

有个妇人患了癌症，生命垂危。医生认为只有一种药才能救她。药剂师花了 200 元制造这种药，但他按 2 000 元售卖这种药。病妇的丈夫海因兹到处向熟人借钱，一共才借得 1 000 元，只够药费的一半。海因兹不得已，只好告诉药剂师，他的妻子快要死了，请求药剂师将药便宜一点卖给他，或者允许他赊欠。药剂师说："不成！我发明此药就是为了赚钱。"海因兹走投无路，竟撬开商店的门，为妻子偷来了药。

研究人员就此向儿童提出一系列问题：这个丈夫应该这样做吗？为什么？法官该不该判海因兹的刑？为什么？

柯尔伯格利用两难故事法，采用纵向追踪研究，又将研究结果做了跨文化验证，最后于1969年提出了他的三水平六阶段道德发展理论。

第一水平：前习俗水平

第1阶段：服从和惩罚的道德定向阶段，特点是儿童只根据后果来判断行为的好坏，为了免遭惩罚而听从权威人物的命令，尚未具有真正意义上的道德准则。

第2阶段：朴素的享乐主义或功利主义的道德定向阶段，特点是儿童以个人的最大利益为出发点来考虑是否遵守规则，满足自己需要的或者对自己有好处的，他就会遵守。

第二水平：习俗水平

第3阶段："好孩子"的道德定向阶段（也叫作人际和谐的道德定向阶段），特点是儿童在进行道德评价时总是考虑到他人和社会对一个"好孩子"的期望和要求，并以此为标准展开思维和行动。

第4阶段：尊重权威和维护社会秩序的道德定向阶段，特点是儿童更加广泛地注意到维护普遍的社会秩序的重要性，履行个人责任，强调对法律和权威的服从。

第三水平：后习俗水平

第5阶段：社会契约的道德定向阶段，特点是儿童认识到规则是人为的、民主的、契约性质的东西，当法律不符合公众的利益时，就应该修改。

第6阶段：良心或普遍原则的道德定向阶段，特点是儿童已经认识到了社会规则、法律的局限性，开始基于自己的良心或人类的普遍价值标准判断道德行为。

最新的国内外研究显示，学前儿童道德认知的发展比皮亚杰和柯尔伯格的描述在时间上要早一些，也更成熟一些。在责任心方面，小班幼儿表现为服从；中班幼儿能够认同；大班幼儿已经达到信奉的水平，即已经将责任内化为自己行为的标准，他们做事情的理由是"自己的事情应该自己做"。到学前晚期，幼儿可以区分道德规则、社会习俗以及个人私事，能够对不同性质的事件做出不同的道德判断。认为违背道德（如偷苹果）比违反社会习俗（如用手指吃冰激凌）更严重，至于选择什么玩具或什么颜色的衣服属于个人私事，不涉及善恶，可以由个人决定。研究还显示，中班是在园儿童学习各种道德观念和规范的关键期。

（二）学前儿童道德情感的发展

道德情感在学前儿童道德发展中有着特殊且重要的作用。道德情感制约道德认知的发展，是道德行为产生的动力源泉。道德情感的丰富与成熟贯穿于整个学前儿童道德发展的全过程。学前儿童进入幼儿园后，在教师和集体生活的要求下，逐渐掌握了各种行为规则，道德情感也有了进一步发展。小班幼儿的道德情感主要指向个别行为，由成人对行为的评价引起；中班幼儿可以因自己的行为遵守了教师的要求感到高兴，同时开始关心别人的行为是否符合道德标准；大班幼儿开始形成爱同伴、爱幼儿园、爱家乡等更抽象的情感。

（三）学前儿童道德意志的发展

学前儿童的道德意志水平较低，表现为自觉性较低、自我控制能力差、坚持性不强。自我控制能力差是学前儿童道德意志的突出特点。在教育实践中，教师通过合理执行一日生活制度，可以逐渐培养学前儿童的道德意志。在日常生活中，教师要对学前儿童的行为目的提出具体、合理的要求，促使他们将道德要求转化为自己的行动，并适当为他们创设困难，培养他们克服困难的勇气，全面促进学前儿童道德意志的发展。

（四）学前儿童道德行为的发展

道德行为是一个人道德发展水平的外在表现，是衡量个体道德品质高低的重要标志，也是道德发展与教育的最终目的。生活中，学前儿童的具体道德行为主要表现在守纪律、爱劳动、有礼貌、诚实、勇敢、关心他人、尊重长辈、爱护环境等对社会规范、幼儿园规则以及家庭规矩的遵守方面。由于学前儿童道德认知和道德情感的发展水平较低，他们的道德行为也体现出相应的特点。学前儿童的道德行为有时是主动自愿的，有时是被动的。他们常出现道德行为与道德认知不一致的情况，需要他人的监督和提醒。

思考与练习

一、名词解释

1. 社会性行为：

2. 依恋：

3. 移情：

二、选择题

1. 幼儿道德发展的核心问题是（　　）。

A. 亲子关系的发展　　B. 同伴关系的发展

C. 性别角色的发展　　D. 亲社会行为的发展

2. 最有利于儿童成长的依恋类型是（　　）。

A. 回避型　　B. 安全型　　C. 反抗型　　D. 迟钝型

3. 婴儿寻求并企图保持与另一个人亲密的身体和情感联系的倾向被称为（　　）。

A. 依恋　　B. 合作　　C. 移情　　D. 社会化

4. 在学龄前期，（　　）儿童的性别角色教育对儿童的智力发展和性格发展是有益的。

A. 强化　　B. 适当淡化　　C. 不考虑　　D. 以上说法都不对

5. 幼儿园促进幼儿社会性发展的主要途径是（　　）。

A. 人际交往　　B. 操作练习　　C. 教师讲解　　D. 集体教学

6. 在陌生情境实验中，妈妈在婴儿身边时，婴儿一般能安心玩耍，对陌生人的反应也比较积极。婴儿对妈妈的依恋属于（　　）。

A. 回避型　　B. 无依恋型　　C. 安全型　　D. 反抗型

7. 儿童心理社会化过程就是指儿童（　　）转变的过程。

A. 由社会人向自然人　　B. 由自然人向社会人

C. 由非社会人向社会人　　D. 由心理化向社会化

三、简答题

1. 学前儿童社会性发展的内容有哪些?

2. 学前儿童亲社会行为的影响因素有哪些?

3. 如何培养学前儿童的亲社会行为?

4. 简述学前儿童亲社会行为的特点。

5. 简述学前儿童攻击性行为的特点。

6. 简述学前儿童攻击性行为的影响因素。

四、案例分析题

在学前儿童的同伴交往中，有的孩子很受同伴欢迎，有的比较一般，有的则存在交友困难，欢欢就是其中的一例。

欢欢是个体质较弱、个子较小的女孩。她性格内向，胆子小，不爱说话，不喜欢交往，也不善交往，孤独感较强。由于没有小伙伴同她玩，她感到很难过。请运用学前儿童社会性发展的有关理论知识，回答下列问题：

1. 学前期交友困难的儿童可以分成哪几种类型？根据本案例中欢欢的行为表现，你认为她属于哪一种类型？

2. 怎样帮助那些交友困难的孩子？

参考文献

1. 陈帼眉. 学前心理学［M］. 2 版. 北京：北京师范大学出版社，2015.

2. 刘金花. 儿童发展心理学［M］. 2 版（修订版）. 上海：华东师范大学出版社，2001.

3. 万湘桂，康素洁. 学前心理学［M］. 上海：上海交通大学出版社，2017.

4. 钱峰，汪乃铭. 学前心理学［M］. 3 版. 上海：复旦大学出版社，2020.

5. 刘万伦. 学前儿童发展心理学［M］. 2 版. 上海：复旦大学出版社，2018.

6. 刘军. 学前儿童发展心理学［M］. 南京：南京师范大学出版社，2017.

7. 黄希庭. 心理学导论［M］. 2 版. 北京：人民教育出版社，2007.

8. 叶奕乾，何存道，梁宁道. 普通心理学［M］. 5 版. 上海：华东师范大学出版社，2016.

9. 张文军. 学前儿童发展心理学［M］. 2 版. 长春：东北师范大学出版社，2017.

10. 傅宏. 学前心理学［M］. 芜湖：安徽师范大学出版社，2018.

11. 鲍迈斯特，蒂尔尼. 意志力：关于专注、自控与效率的心理学［M］. 丁丹，译. 北京：中信出版社，2012.

12. 麦格尼格尔. 自控力［M］. 王岑卉，译. 北京：印刷工业出版社，2013.